"十四五"职业教育国家规划教材

第二批江苏省成人高等教育重点专业（精品资源共享课程）项目成果

U0653346

装配式建筑概论

（第三版）

主　编　高路恒　曹留峰
副主编　张珂峰　王斯海
　　　　方金强　余　佳
参　编　时书宝　王尉铭
主　审　成　军

南京大学出版社

图书在版编目(CIP)数据

装配式建筑概论 / 高路恒，曹留峰主编. —3 版.
南京 ：南京大学出版社，2025.7. -- ISBN 978 - 7 - 305 -
28682 - 7

Ⅰ. TU3

中国国家版本馆 CIP 数据核字第 2024VL5377 号

出版发行 南京大学出版社
社　　址　南京市汉口路 22 号　　　邮　　编　210093
书　　名　装配式建筑概论
　　　　　ZHUANGPEISHI JIANZHU GAILUN
主　　编　高路恒　曹留峰
责任编辑　朱彦霖　　　　　　　　编辑热线　025 - 83597482
照　　排　南京开卷文化传媒有限公司
印　　刷　南京凯德印刷有限公司
开　　本　787 mm×1092 mm　1/16　印张 15.75　字数 403 千
版　　次　2019 年 7 月第 1 版　2022 年 2 月第 2 版
　　　　　2025 年 7 月第 3 版　2025 年 7 月第 1 次印刷
ISBN　978 - 7 - 305 - 28682 - 7
定　　价　49.80 元

网　　址：http://www.njupco.com
官方微博：http://weibo.com/njupco
微信服务号：NJUyuexue
销售咨询热线：(025)83594756

前言
Preface

发展装配式建筑是建造方式的重大变革,是推动建筑业产业转型和高质量发展的必然要求,是新型建筑工业化与智能建造的必经之路。2022年1月19日,国家住房和城乡建设部发布《"十四五"建筑业发展规划》明确,到2035年,建筑业发展质量和效益大幅提升,建筑工业化全面实现,建筑品质显著提升,企业创新能力大幅提高,高素质人才队伍全面建立,产业整体优势明显增强,"中国建造"核心竞争力世界领先,迈入智能建造世界强国行列,全面服务社会主义现代化强国建设。《规划》还提出,"十四五"时期建筑业增加值占国内生产总值的比重保持在6%左右;智能建造与新型建筑工业化协同发展的政策体系和产业体系基本建立,装配式建筑占新建建筑的比例达到30%以上;绿色建造方式加快推行,新建建筑施工现场建筑垃圾排放量控制在每万平方米300吨以下;建筑工人实现公司化、专业化管理,中级工以上建筑工人达1 000万人以上。2022年10月,党的二十大胜利召开,推动我国建筑业建造加速优化升级,我国将进一步深化建筑业改革,坚持创新驱动、科技引领,推动建筑业转型升级和高质量发展,继续打造"中国建造"品牌,为我国经济社会持续健康发展作出更大贡献。

随着国家大力发展装配式建筑,越来越多的学校开设了"装配式建筑概论""装配式建筑施工"等课程,"装配式建筑概论"逐渐成为智能建造技术、建筑工程技术等专业中的一门专业必修课,通过本课程学习,学生可以了解目前建筑领域施工新技术及未来行业发展趋势,能够熟悉装配式建筑从设计到施工、管理等全过程特点。

本书为"十四五"职业教育国家规划教材、"十三五"职业教育国家规划教材,第二批江苏省成人高等教育重点专业(精品资源共享课程)项目成果。教材编写内容主要包括国内外装配整体式建筑的发展概况、常用装配式结构形式分类、预制构件生产、全预制装配整体式剪力墙结构、装配式木结构、装配式钢结构、BIM技术在装配式建筑中的应用等。全书也有机融入了课程思政元素，贯彻落实党的二十大精神。

本书由江苏工程职业技术学院高路恒、曹留峰担任主编，南通大学成军教授主审。南通开放大学张珂峰，江苏工程职业技术学院王斯海、余佳，连云港职业技术学院方金强，华盛兴伟工程咨询有限公司时书宝，南通中房建设工程集团有限公司王尉铭参与编写。

本书编写过程中得到了南通大学、江苏中南建设集团有限公司、上海模卡建筑工程科技发展有限公司、南通昆腾新材料科技有限公司、南通中房建设工程集团有限公司、江苏晟功建设集团有限公司、华盛兴伟工程咨询有限公司、南通市建设工程质量监督站、浙江交投高速公路建设管理有限公司及江苏南通睿创建筑科技有限公司等单位的大力支持与帮助。同时也感谢江苏工程职业技术学院教务处、科技处和规划处对本书出版的支持。此外，本书还参考了部分专家的著作和文献，谨在此表示诚挚的谢意。

提供一部符合当前建筑业转型发展要求的教材是全体编者追求的目标，但鉴于编者水平有限，书中若有不当之处，恳请读者谅解并提出宝贵意见。

特别鸣谢江苏建筑职业技术学院陈年和教授对本书编写提供的全程指导和帮助！

编　者

2024 年 12 月

扫码查看

配套资源

目录
Contents

第 1 篇　装配式混凝土结构建筑

第 2 篇　其他结构装配式建筑

第 3 篇　BIM 技术在装配式建筑中的应用

绪　　论

素质目标（依据专业教学标准）

（1）坚定拥护中国共产党领导和我国社会主义制度，践行社会主义核心价值观，具有深厚的爱国情感和中华民族自豪感。

（2）崇尚宪法、遵纪守法、崇德向善、诚实守信、尊重生命、热爱劳动，履行道德准则和行为规范，具有社会责任感和社会参与意识。

（3）具有质量意识、环保意识、安全意识、信息素养、工匠精神和创新意识。

（4）勇于奋斗、乐观向上，具有自我管理能力和职业生涯规划意识，具有较强的集体意识和团队合作精神。

（5）具有健康的体魄、心理和健全的人格，以及良好的行为习惯。

（6）具有正确的审美和人文素养。

知识目标

（1）了解我国推进装配式建筑发展的原因。

（2）了解装配式混凝土结构的含义。

（3）了解装配式混凝土结构、新型建筑工业化、建筑产业现代化的关系。

（4）了解国内外装配式建筑发展水平。

（5）了解装配式建筑未来发展方向。

（6）掌握国内目前典型的装配式建筑建造技术体系。

（7）掌握装配式建筑目前存在的问题及提升策略。

能力目标

（1）能够准确区别装配式建筑与传统现浇结构建筑在建造方式上的不同。

（2）能够熟练查阅国家相关技术标准、规范等资料文件。

（3）能够编写装配式建造技术发展调研报告。

学习资料准备

（1）中华人民共和国住房和城乡建设部.《"十四五"建筑业发展规划》（建市〔2022〕11号），2022.1.19.

（2）中华人民共和国住房和城乡建设部.装配式混凝土结构技术规程:JGJ 1—2014[S].北京:中国建筑工业出版社,2016.

（3）中华人民共和国住房和城乡建设部.混凝土结构设计规范（2015 版）:GB 50010—2010[S].北京:中国建筑工业出版社,2016.

▶ 0.1 认识装配式建筑 ◀

▮▶ 0.1.1 为什么要做装配式建筑

装配式建筑是对传统"湿作业"建造方式的重大变革。装配式建筑表现出耗能少、污染小、劳动力需求低、建设速度快和文明施工等优点,符合行业发展转型升级需求。预制装配式建筑(Prefabricated Construction,简称 PC)是一种新型建筑生产方式,标准化设计、工业化生产、机械化施工、智能化管理等全产业链的建造模式。装配式建筑起源于 20 世纪初,到六十年代在德、英、法、美、日本、新加坡等国率先开展实施,"像搭积木一样建房子""像造汽车一样建房子"。新中国成立以后,随着社会飞速发展和人口迅速增长,住房问题成了社会的焦点问题,在充分学习和借鉴国外建造新技术的基础上,我国开始大力发展装配式建筑。装配式建筑的出现不仅仅是单纯学习国外先进水平,更是顺应国内社会发展的需要。2016年 2 月,中共中央、国务院印发《关于进一步加强城市规划建设管理工作的若干意见》,提出发展新型建造方式,大力推广装配式建筑,力争用 10 年左右时间使国内装配式建筑占新建建筑的比例能够达到 30%。为深入实施国家战略,各地方也纷纷出台了相关的政策法规,"十四五"时期将是装配式建筑发展关键期,装配建造比例预计远超计划要求。装配式建筑发展是社会发展、行业进步的重要表征,"绿色建造"是未来建筑发展的主流,符合国家的产业发展政策,具有深远的历史意义。

▮▶ 0.1.2 装配式建筑与现浇混凝土建筑的区别

现有混凝土建筑结构多为现浇混凝土结构,其施工工序主要包括现场绑扎钢筋笼、现场制作构件模板、浇捣混凝土、养护及拆模等,结构整体性能与刚度较好,适合于抗震设防及整体性要求较高的建筑。但整个施工过程必须在现场操作、工序繁多、养护时间长、施工工期长、大量使用模板等问题的存在。同时,现浇混凝土还有一个显著缺点就是易开裂,尤其在混凝土体积大、养护情况不佳的情况下,易导致大面积开裂。

装配式混凝土结构(Precast Concrete Structure),简称 PC 结构,是由预制混凝土构件通过可靠的连接方式装配而成的混凝土结构,包括装配整体式混凝土结构、全装配混凝土结构等。采用装配式混凝土结构,具有节约劳动力、克服季节影响、节能减排等优点。推广装配式混凝土结构,是实现建筑工业化的重要途径之一。PC 结构建筑实现工业化生产,具有多种优势:

(1) 预制构件工业化流水施工,工业化程度高;构件精度高,质量容易控制。

(2) 成型模具和生产设备可以重复使用,降低模板消耗,节约资源与费用。

(3) 现场装配施工可避免或者减轻对施工场地周围环境的影响,节能降耗效果显著。

(4) 工程周期短,劳动力资源投入相对减少。

(5) 机械化程度高,操作人员劳动强度得到缓解。

▌▶ 0.1.3　装配式建筑存在的问题及提升策略

1. 装配成本较高

装配式建筑的建造成本较高的原因主要归于预制构件的集成化生产与运输过程产生的费用,由于当前我国装配式建筑标准化设计水平还未达到更好的效果,各地区、各企业装配式建筑设计、施工对预制部品部件未能够形成统一的设计标准,这就导致了不同的项目各类型构件生产的模具不统一,模具生产根据不同的项目再利用程度不高,模具定制费用贵;另外,装配式建筑预制构件运输成本较高,运输成本也是影响建造成本高的重要原因之一,不同的地区交通线路不同,各地区成本也不一,比如江浙沪区域由于交通网络线发达,运输成本相比其他地区可能要少一些,但总体装配式建筑建造成本要比现浇结构高很多。建议就近选择预制装配式厂供货,仔细规划路线,尽量缩短路程,减少运输费用。

2. 构件尺寸精度高,专业间协调难度大

装配式建筑由各种预制构件现场吊装、拼装而成,对于预制构件基本尺寸、机械设备吊装水平、机械工吊装水平等要求极高,前期预制构件生产、土建与水电管线专业协调要充分考虑得当,不可采用后期在预制构件上开槽设管方式。针对该问题,首先应鼓励开发更加精密的测量仪器和安装设备,实施EPC管理模式。

3. 层数、高度、跨度限制

《集装箱模块化组合房屋技术规程》(CECS 334—2013)中规定集装箱模块化建筑适用于非地震区或抗震设防烈度为 8 度以下的地区,其层数不宜超过 6 层,高度不超过 24 m。从经济指标方面来说对高度、跨度限制有如下研究,国内装配式建筑高度为 30.8 m,柱截面为 600 mm×600 mm 时,跨度 7.8 m 比较合理;高度为 44.8 m,柱截面为 800 mm×800 mm 时,跨度 9.0 m 比较合理。对于装配式模块化建筑在尺寸中的应用问题,有学者提出采用以下结构体系来解决装配式建筑在层数、高度上限制,即外框架、核心筒、剪力墙与预制构件模块结合。在国家政策驱动下,我国装配式建筑设计层数、高度以及跨度的设计有了更大灵活的调整空间,尤其是在高层建筑中,不同的地区推进预制率、装配率的要求也在不断地创新发展,比如江苏地区重点推进"三板"装配,对于大跨度预制构件有效结合预应力技术等创新发展手段。

4. 运输、存放限制

装配式建筑在预制构件运输、存放方面存在很大问题,比如装配式预制叠合梁、预制楼梯、预制柱等单根构件重量较大,运输难度大,每次不能大批量集中运输,导致运输次数多,运输成本高等问题凸显,并且运输过程中对预制构件的保护难度大,运输构件过程中受损构件验收不通过、修补难度高等也是问题;同时,由于项目现场可利用空间相对紧凑,预制构件堆放问题难以解决。建议合理化进行组织设计安排,协调好不同批次预制构件的进场与吊装时间。

5. 构件重量大、施工工序增加、连接质量难以检查

装配式混凝土构件现场吊装施工,由于预制构件重量大,对于吊装机械的要求较高,吊装过程各道工序多、就位精度要求也高,致使相比现浇混凝土结构施工,装配式混凝土建筑

构件吊装对施工人员配置、技术方案可行性分析、吊装就位误差调整等均有更高的要求。同时,装配式混凝土建筑吊装连接,比如"灌浆节点",大多属于"隐蔽工程",对吊装就位完毕后的连接节点质量检查难度较大,隐蔽工程验收质量不好把关,可控性有待完善。建议装配式建筑预制构件吊装应严格按照验收标准,层层把控,优化好现场施工技术方案,加强施工人员培训,全方位做好精细化施工。

▶ 0.2 装配式建筑在国外发展情况 ◀

国外装配式建筑发展起源于 20 世纪,二战战后快速经济复苏重建成了装配式建筑发展的"导火索"。尤其是欧洲,在战后欧洲国家由于二战的影响受到极大的创伤,经济萧条、住房问题、就业问题、社会安定问题等凸显,欧洲采取"工业化流水线"的建造方式快速重建新家园,并针对装配式建造技术形成了一系列的标准体系。

1. 德国

装配式建造技术发展起源于约 20 世纪 20 年代,"大板建筑"成为德国在装配式建筑领域的典型代表。20 世纪 70—80 年代,德国在东德地区建造的预制装配式建筑占当时新建建筑就达 60% 以上。随后德国开始研究建筑节能,又提出了零能耗的被动式建筑体系的概念。典型案例就是柏林利希藤伯格-弗里德希菲尔德(Berlin-Lichtenberg, Friedrichsfelde)建造的战争伤残军人住宅区。该项目共有 138 套住宅,为两到三层建筑,如今该项目的名称是施普朗曼(Splanemann)居住区(图 0-1),该项目采用现场预制混凝土多层复合板材构件,构件最大重量达到 7 吨。

图 0-1 德国最早的预制混凝土建筑—柏林施普朗曼居住小区

德国的装配式住宅主要采取叠合板、剪力墙结构体系,剪力墙板、梁、柱、楼板、内隔墙板、外挂板、阳台板等构件采用预制装配式混凝土结构,耐久性较好。由此可见,德国的装配式建造方式采用了多类型构件形式,构件连接方式也是德国政府大力提倡、强制革新的手段,因此德国产业现代化发展的步伐特别快。

2. 法国

法国是世界上推行建筑工业化最早的国家之一,在 1891 年就已实施了装配式混凝土结构建造技术研究与应用,迄今有 130 年的历史,代表性建造技术为混凝土装配式框架结构体系,该技术体系在当时吸引了众多行业学者的关注,装配率极高,可达 80% 以上。到了 20 世纪 70 年代,法国在标准化设计方面属于"先行者",逐步开展"建筑模数制",使法国装

图 0-2 法国巴黎 28 套公寓楼(法国世构体系建筑)

配建筑技术发展在国际上产生了重大影响力,其中"世构体系"成了法国装配式建筑发展的典型建造新技术,即预制预应力框架结构体系(图0-2)。

3. 英国

英国装配式建筑甚至可以追溯到一战时期,世界上第一座采用玻璃和铁架进行装配的大型建筑——英国水晶宫(图0-3)。它是近代最早的装配式建筑,开创了近代功能型装配式建筑的先河。到了21世纪初期,英国装配式建筑行业的产值约占新建建筑市场的3.6%,并以每年25%的比例持续增长。

4. 美国

美国的装配式建筑起源于20世纪30年代,经济大萧条迫使美国人民采取"流动式"生存模式,"房车式"住宅是美国装配式建筑的"雏形"。到20世纪70年代,美国国会通过了国家工业化住宅建造及安全法案,同年住房和城市发展部(HUD)又制定行业内统一标准规范,并沿用至今。美国在装配式钢结构和装配式木结构方面发展快速(图0-4),不完全数据统计,1997年美国的装配式建筑占比达到了新建建筑的77%,其中装配式木结构更是占了88%,装配式钢结构占比达22%。同时,美国城市发展部出台了一系列严格的行业标准规范,一直沿用至今,并与后来的美国建筑体系逐步融合。美国城市住宅结构基本上以工厂化、装配式混凝土结构和装配式钢结构为主,降低了建设成本,提高了工厂通用性,增加了施工的可操作性。总部位于美国的预制和预应力混凝土协会PCI编制的《PCI设计手册》中着重强调加强装配式构件连接节点构造设计,并要求在项目实施过程中及时更新技术手段,不断对已编制的《PCI设计手册》进行优化,逐步形成一套更加成熟的设计规程。

图0-3　英国水晶宫　　　　　　　　图0-4　美国钢结构、PC挂板组合结构

5. 日本

日本装配式建筑发展速度更快,二战结束后,日本政府颁布了一系列相关法律规范助推装配式建筑在日本快速发展。1951年,日本颁布了《公营住宅法》,1968年提出住宅产业化的理念,颁布《推动住宅产业标准化五年计划》。到了70年代,日本又建立BL认定制度,住宅产品进行统一审核鉴定。随后发布《住宅建设计划法》《住生活基本法》《住宅品质确保促进法》等住宅方面的相关法规。到2008年,日本装配式住宅占全部住房总量的42%,装配式

钢结构、装配式木结构在日本装配式建造技术领域发展水平较高。同时，日本在建筑抗震方面做得比较好，比如东京塔（图0-5）。

日本住宅建筑工业化的三个特点：

（1）建筑设计标准化，产品选择多样化

设计标准化是建筑生产工业化的前提条件，包括建筑设计的标准化、建筑体系的定型化、建筑部品的通用化和系列化。建筑设计标准化就是在设计中按照一定的模数标准规范构件和产品，形成标准化、系列化的部品，减少设计的随意性，并简化施工手段，以便于建筑产品能够进行成批生产。钢结构小别墅，标准化产品。顾客可以直接过来看实体房子，选定房子后就按图施工建造，减少设计过程的改动，简化施工手段，方便产品批量生产。但标准化并不代表产品单一，为了适应不同经济条件、审美品位的顾客，房产公司设置

图0-5　日本东京塔

了不同面积段，从两百平方米到四五百平方米，从现代风格、英式、日式到美洲草原别墅风格（图0-6）。

图0-6　日本住宅展示区

（2）生产方式工业化，建造过程精细化

生产方式工业化是指将建筑产品形成过程中需要的中间产品（包括各种构配件等）生产由施工现场转入工厂化制造，用工业产品的方式控制建筑产品的建造，实现以最短的工期、最小的资源消耗，保证住宅最好的品质。日本建筑工业化借助信息化手段，用整体集成的方法把工程建设组织起来，使得设计、采购、施工、机械设备和劳动力配置更加优化，提高了资源的利用效率。由于机械化程度高，现场都是专业施工技术人员，而不是我们工地现场的建筑班组。由于建筑构配件大部分在工厂制造，机械及技术施工受气象因素影响小，工人严格按照8小时工作，现场有条不紊，房屋建造过程特别精细（图0-7～图0-8）。

图 0-7　日本装配建筑特色样板房构造剖析　　　　图 0-8　日本装配式预制构件精细化生产

（3）产品展示强调技术，寻找客户的需求和痛点

日本是一个地震多发地区，国民特别关注建筑的安全和抗震性能。另外，日本也是一个高纬度国家，保温节能也是购房者的现实需求。某些样板房会直接把一栋楼内的结构体系、维护构造做法、隐蔽工程的施工层面等内容展示给购房者，让购房者对建筑技术和材料有直观的了解。再加上技术人员的现场讲解，更有一种身临建造过程的感觉。对于一些较为专业的概念，房屋还设置有专门的工法展示区，和国内的做法类似，只是增加了一些声、光、电的试验仪器，使得展示更加清晰直观，提高说服力。

6. 新加坡

新加坡装配式建筑发展主要表现在住宅领域，装配式建筑发展的典型代表就是"装配式组屋"。由于新加坡在装配式建造领域发展相对较晚，直到 20 世纪 70 年代，新加坡政府才将装配

图 0-9　新加坡达士岭组屋

式建筑作为行业发展的需要，主要研究预制剪力墙、楼板、梁、柱、卫生间、楼梯、垃圾槽等装配式构件。成果就是新加坡最著名的达士岭组屋（图 0-9），高度达到 150 m，预制装配率达到了 90% 以上。

▶ 0.3　装配式建筑在国内发展情况 ◀

我国装配式建筑发展经受了历史的严峻考验，装配式建筑发展起源于 20 世纪 50 年代，受到战争的严重影响，居住问题成为我国当时社会最为关

微课

装配式建筑发展
历程及展望

注的问题。战后快速重建成为国家的战略发展之一,苏联的帮助成为我国装配式建筑发展的历史基础,诸多学者一时间深入研究装配式建造技术。到 20 世纪 70—80 年代,我国国民经济得到一定的发展,人口数量增加,很多厂家、建筑人士大量生产、研究装配式建筑,促使装配式建筑的发展达到顶峰,这个时期是我国装配式建筑的辉煌时期,装配式混凝土建筑和采用预制空心楼板的砌体建筑的应用普及率最高。

1999 年国务院办公厅颁布了《关于推进住宅产业现代化提高住宅量的若干意见的通知》(国办发〔1997〕72 号),提出了 5～10 年内通过建立住宅技术保障体系、完善住宅的建筑和部品体系、建立完善的质量控制体系等达到解决过程质量通病、初步实现住宅建筑体系以及节能降耗的主要目标。自此我国开始以住宅产业化为突破口,推进建筑工业发展。在各级政府与企业的积极组织与实施下,在借鉴学习发达国家成功经验的基础上,我国的住宅产业化尤其在近几年取得了显著的成就。

2013 年初,国务院转发了国家发展改革委、住房和城乡建设部《绿色建筑行动方案》(国办发〔2013〕1 号文件),将推动新型建筑工业化作为一项重要内容;2015 年底,在中国工程建设项目管理发展大会上,住建部新型建筑工业化集成建造工程技术研究中心,关于《建筑产业现代化发展纲要》明确提出,到 2020 年,装配式建筑占新建建筑的比例 20% 以上,到 2025 年,装配式建筑占新建建筑的比例 50% 以上。

明确了建筑产业现代化发展目标,在《发展纲要》中强调未来 5 年～10 年建筑产业现代化的发展目标:到 2020 年,基本形成适应建筑产业现代化的市场机制和发展环境、建筑产业现代化技术体系基本成熟,形成一批达到国际先进水平的关键核心技术和成套技术,建设一批国家级、省级示范城市、产业基地、技术研发中心,培育一批龙头企业。装配式混凝土、钢结构、木结构建筑发展布局合理、规模逐步提高,新建公共建筑优先采用钢结构,鼓励农村、景区建筑发展木结构和轻钢结构。

(1)装配式建筑占新建建筑的比例 20% 以上,直辖市、计划单列市及省会城市 30% 以上,保障性安居工程采取装配式建造的比例达到 40% 以上。

(2)新开工全装修成品住宅面积比率 30% 以上。直辖市、计划单列市及省会城市保障性住房的全装修成品房面积比率达到 50% 以上。

(3)建筑业劳动生产率、施工机械装备率提高 1 倍。到 2025 年,建筑品质全面提升,节能减排、绿色发展成效明显,创新能力大幅提升,形成一批具有较强综合实力的企业和产业体系。

(4)装配式建筑占新建建筑的比例 50% 以上,保障性安居工程采取装配式建造的比例达到 60% 以上。

(5)全面普及成品住宅,新开工全装修成品住宅面积比率 50% 以上,保障性住房的全装修成品房面积比率达到 70% 以上。

2016 年 9 月 27 日,国务院办公厅又印发了《关于大力发展装配式建筑的指导意见》(国办发〔2016〕71 号),提出以京津冀、长三角、珠三角三大城市群为重点推进地区,常住人口超过 300 万的其他城市为积极推进地区,其余城市为鼓励推进地区,因地制宜发展装配式混凝土结构、钢结构和现代木结构建筑。

90 年代以后,我国进入房地产发展的高潮,这种发展以资金和土地的大量投入为基础,建筑技术仍然停留在原有水平,而此时建筑工业化的研究和发展几乎处于停滞甚至倒退阶段。直至 1995 年以后，为了 2000 年实现小康的需要，我国开始注重住宅的功能和质量，在总结和借鉴国内外经验教训的基础上，重新提出建筑工业化的口号。尤其是住宅建筑工业化仍将是今后发展的方向，并提出了发展住宅产业化和推进住宅产业化的思路，从而使住宅建设步入一个新的发展阶段。

虽然国家大力支持，但是国内装配式的技术规范和标准还跟不上大力发展装配式建筑的需求，因此，住建部和中国建筑标准设计研究院牵头编制了《装配式混凝土建筑技术标准》（GB/T 51231—2016）、《装配式钢结构建筑技术标准》（GB/T 51232—2016）两本国家标准，各地也在积极推动装配式建筑的发展。北京、浙江提出到 2020 年，提前实现装配式建筑占新建建筑比例 30% 的目标；河北明确提出把钢结构建筑作为发展装配式建筑的主攻方向；吉林提出了创造条件，试点发展木结构建筑产业化的工作思路；山东省实施"四个强制"政策，积极发展装配式建筑。除了上述提到的城市，上海也是较早推进装配式建筑的城市之一。早在 2015 年 1 月，上海市住房保障房屋管理局、市发展改革委、市规划国土资源局、市财政部就联合印发了《关于推进本市装配式建筑发展的实施意见》，里面提到，各区县政府和相关管委会在本区域供地面积总量中落实的装配式建筑的建筑面积比例，2015 年不少于 50%，2016 年起外环线以内新建民用建筑应全部采用装配式建筑、外环线以外超过 50%；2017 年起外环线以外在 50% 基础上逐年增加。

此外，各地方也颁布了如《装配式混凝土建筑工程施工及验收技术标准》（DBJ 41/T 251—2021）、《装配式混凝土建筑施工安全技术标准》（DBJ 43/T 103—2020）等地方标准。装配式建筑发展至今，国家大力推进装配式建筑在国内新建建筑中的占比，建筑产业化基地建设、政府对于装配式建筑建造的优惠政策、装配式新技术人才培养、培训如春笋般在我国快速实施，"绿色建筑""文明施工""智慧工地""BIM 技术"等成为行业发展的主导方向。

随着建筑产业现代化的发展，国内先后引进了日本、澳大利亚、新加坡、德国、法国、芬兰等先进混凝土预制装配结构技术；目前深圳万科、长沙远大、长春亚泰、江苏中南、黑龙江宇辉、南京大地、龙信集团、华新集团等企业的预制装配技术在自主创新的基础上，分别参与了江苏、上海、深圳、北京、辽宁、湖南、黑龙江、安徽等地的保障房建设及部分房地产开发项目。国内预制装配式结构技术体系如图 0-10、图 0-11 所示。

微课

装配式建筑概述
（典型项目介绍）

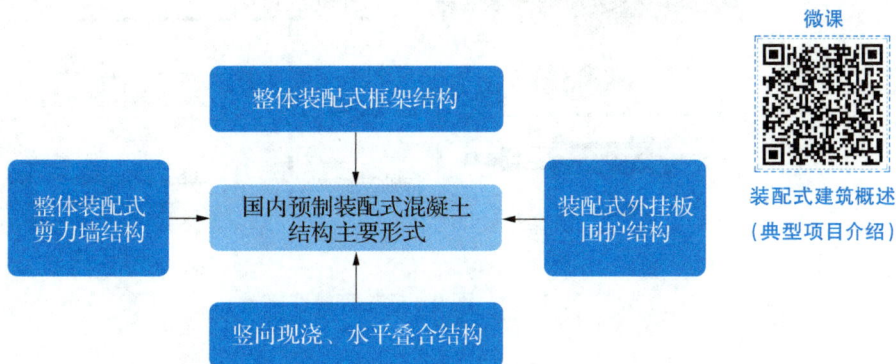

图 0-10　国内预制装配式混凝土结构主要形式

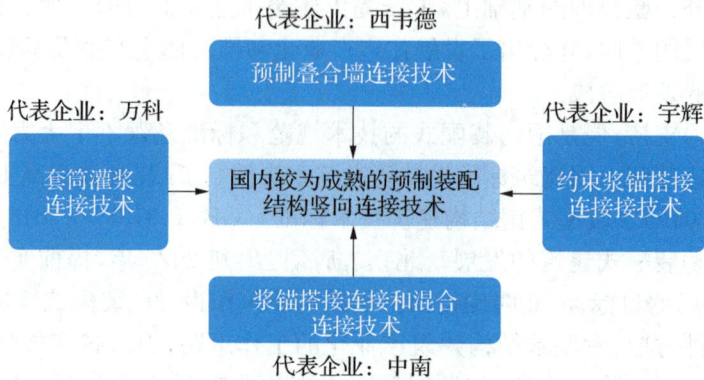

图 0-11　国内较为成熟的预制装配结构竖向连接技术

1. 套筒灌浆连接技术——万科、台湾润泰

原理概述：通过铸造的中空型套筒，钢筋从两端开口穿入套筒内部，不需要搭接或融接，钢筋与套筒间填充高强度微膨胀结构性砂浆。

连接机理：主要借助砂浆受到套筒的围束作用，加上本身具有微膨胀特性，增强与钢筋、套筒内侧间的正向作用力，钢筋由该正向力与粗糙表面产生摩擦力，来传递钢筋应力。

深圳龙华 0008 地块保障房项目应用在竖向预制构件连接成为国内典型套筒灌浆连接技术的应用代表（图 0-12～图 0-15）。

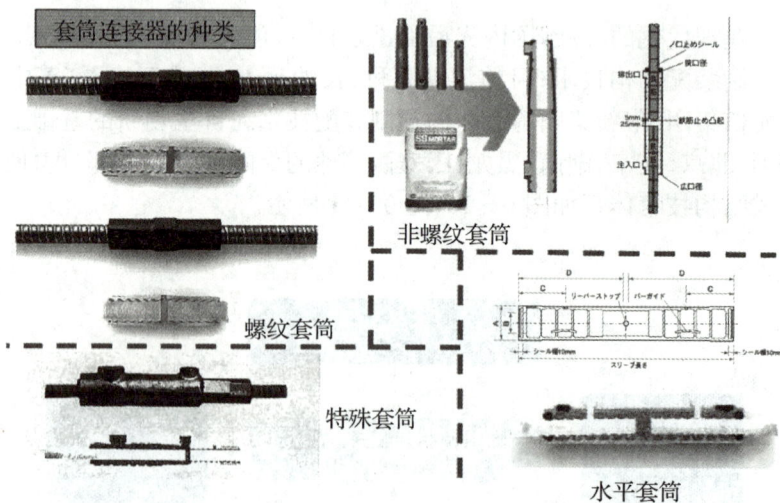

图 0-12　套筒连接器

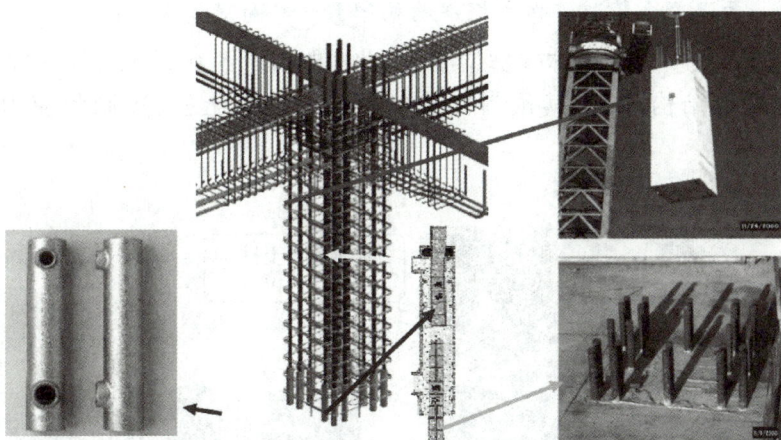

图 0‑13　预制柱注浆采用套筒连接器连接

图 0‑14　吊装工艺

图 0‑15　典型项目

2. 预制预应力混凝土装配整体式框架结构体系——南京大地

预制预应力混凝土装配整体式框架结构(世构体系)(图 0-16、图 0-17)是从法国引进的一种装配框架结构体系,其预制构件包括预制混凝土柱、预制预应力混凝土叠合梁板。

预制混凝土柱吊装就位

图 0-16　世构体系

预制预应力混凝土叠合梁板施工

图 0-17　预制预应力混凝土叠合梁板施工

3. 约束浆锚搭接连接技术——黑龙江宇辉

黑龙江宇辉预制装配技术在沈阳、黑龙江等地保障房得到运用。剪力墙竖向采用"约束浆锚搭接连接"(图 0-18),水平向采用"环状水平钢筋搭接连接"及叠合梁;外墙采用外保温,保温板厚 5 cm。

1. 预制混凝土构件；
2. 预埋钢筋；
3. 预留孔洞；
4. 加强筋；
5. 灌浆孔；
6. 排气孔；
7. 被连接钢筋；
8. 弹性橡胶密封圈

图 0-18　约束浆锚搭接连接

4. 预制外挂板体系（PCF）——万科

万科和上海建工二建、北京榆树庄构件厂等联合开发 PCF（precast concrete form）技术，即预制混凝土模板技术（图 0-19），该技术主要用于预制混凝土剪力墙外墙模以及叠合楼板的预制板等。结构其他部分，如内部剪力墙、部分内隔墙、电梯井等仍然采用支模现浇。

预制墙板构件运输及现场安装

图 0-19　预制墙板构件运输及现场安装

5. 装配式复合外挂板围护结构——长沙远大

长沙远大预制装配技术在沈阳、长沙等地保障房得到运用，其外墙板采用夹心式围护结构（三明治板）（图 0-20），内部剪力墙、柱均采用现浇混凝土结构。

6. 预制叠合板式剪力墙结构体系——合肥西韦德

合肥西韦德公司引进德国的叠合板式混凝土剪力墙结构体系技术，该体系构件采用格构钢筋叠合墙板和叠合楼板（图 0-21）。叠合墙板可应用于地上剪力墙结构和地下车库工程。

7. 浆锚搭接连接技术（预埋波纹管）——江苏中南

预制装配整体式剪力墙结构（NPC）体系：竖向构件剪力墙、柱、电梯井采用预制，水平构件梁、板采用叠合形式；竖向构件连接节点采用浆锚连接，水平构件与竖向构件连接节点及水平构件间连接节点采用预留钢筋叠合现浇连接,形成整体结构体系(图0-22~图0-24)。

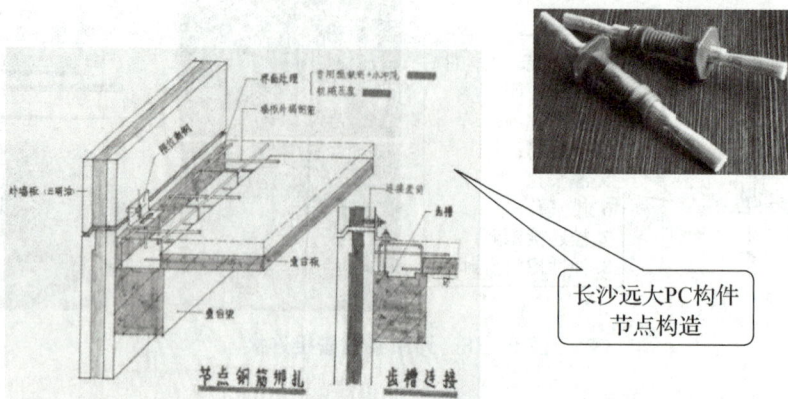

图0-20 外墙夹心式围护结构(三明治板)

叠合板式剪力墙安装　　　　　　竖向接缝增设加强筋

图0-21 预制叠合板式剪力墙结构体系

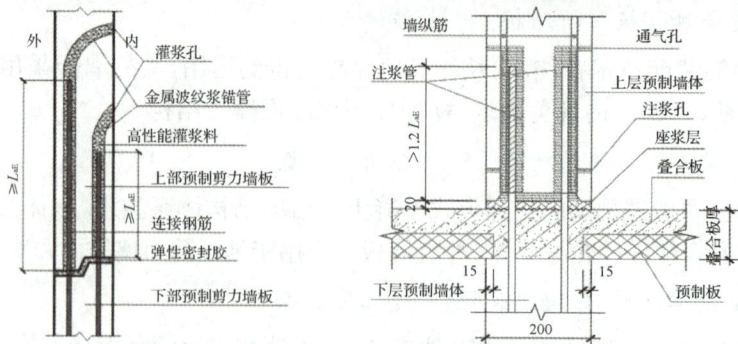

图0-22 浆锚搭接连接技术(预埋波纹管)

图 0-23　浆锚搭接连接现场吊装

剪力墙"T"型连接节点　　　　　　　　剪力墙"L"型连接节点

图 0-24　剪力墙连接形式

▶ 0.4　装配式建筑未来发展展望 ◀

党的二十大的胜利召开,将推动我国建筑业建造加速优化升级。"十四五"时期是新发展阶段的开局起步期,是实施城市更新行动、推进新型城镇化建设的机遇期,也是加快建筑业转型发展的关键期。一方面,建筑市场作为我国超大规模市场的重要组成部分,是构建新发展格局的重要阵地,在与先进制造业、新一代信息技术深度融合发展方面有着巨大的潜力和发展空间。另一方面,我国城市发展由大规模增量建设转为存量提质改造和增量结构调整并重,人民群众对住房的要求从"有没有"转向追求"好不好",将为建筑业提供难得的转型发展机遇。建筑业迫切需要树立新发展思路,将扩大内需与转变发展方式有机结合起来,同步推进,从追求高速增长转向追求高质量发展,从"量"的扩张转向"质"的提升,走出一条内涵集约式发展新路。

▮▶ 0.4.1　2035 年远景目标

2022 年 1 月,住房和城乡建设部发布的《"十四五"建筑业发展规划》(建市〔2022〕11 号)(以下简称《规划》)明确提出,以建设世界建造强国为目标,着力构建市场机制有效、质量安全可控、标准支撑有力、市场主体有活力的现代化建筑业发展体系。到 2035 年,建筑业发展质量和效益大幅提升,建筑工业化全面实现,建筑品质显著提升,企业创新能力大幅提高,高素质人才队伍全面建立,产业整体优势明显增强,"中国建造"核心竞争力世界领先,迈入智能建造世界强国行列,全面服务社会主义现代化强国建设。

▶ 0.4.2 "十四五"时期发展目标

对标 2035 年远景目标,初步形成建筑业高质量发展体系框架,建筑市场运行机制更加完善,营商环境和产业结构不断优化,建筑市场秩序明显改善,工程质量安全保障体系基本健全,建筑工业化、数字化、智能化水平大幅提升,建造方式绿色转型成效显著,加速建筑业由大向强转变,为形成强大国内市场、构建新发展格局提供有力支撑。

《规划》明确提出,智能建造与新型建筑工业化协同发展的政策体系和产业体系基本建立,装配式建筑占新建建筑的比例达到30%以上,打造一批建筑产业互联网平台,形成一批建筑机器人标志性产品,培育一批智能建造和装配式建筑产业基地。

▶ 0.4.3 完善智能建造政策和产业体系

实施智能建造试点示范创建行动,发展一批试点城市,建设一批示范项目,总结推广可复制政策机制。加强基础共性和关键核心技术研发,构建先进适用的智能建造标准体系。发布智能建造新技术新产品创新服务典型案例,编制智能建造白皮书,推广数字设计、智能生产和智能施工。培育智能建造产业基地,加快人才队伍建设,形成涵盖科研、设计、生产加工、施工装配、运营等全产业链融合一体的智能建造产业体系。

▶ 0.4.4 夯实标准化和数字化基础

完善模数协调、构件选型等标准,建立标准化部品部件库,推进建筑平面、立面、部品部件、接口标准化,推广少规格、多组合设计方法,实现标准化和多样化的统一。加快推进建筑信息模型(BIM)技术在工程全寿命期的集成应用,健全数据交互和安全标准,强化设计、生产、施工各环节数字化协同,推动工程建设全过程数字化成果交付和应用。

2025 年,基本形成 BIM 技术框架和标准体系。

(1) 推进自主可控 BIM 软件研发。积极引导培育一批 BIM 软件开发骨干企业和专业人才,保障信息安全。

(2) 完善 BIM 标准体系。加快编制数据接口、信息交换等标准,推进 BIM 与生产管理系统、工程管理信息系统、建筑产业互联网平台的一体化应用。

(3) 引导企业建立 BIM 云服务平台。推动信息传递云端化,实现设计、生产、施工环节数据共享。

(4) 建立基于 BIM 的区域管理体系。研究利用 BIM 技术进行区域管理的标准、导则和平台建设要求,建立应用场景,在新建区域探索建立单个项目建设与区域管理融合的新模式,在既有建筑区域探索基于现状的快速建模技术。

(5) 开展 BIM 报建审批试点。完善 BIM 报建审批标准,建立 BIM 辅助审查审批的信息系统,推进 BIM 与城市信息模型(CIM)平台融通联动,提高信息化监管能力。

▶ 0.4.5 推广数字化协同设计

应用数字化手段丰富方案创作方法,提高建筑设计方案创作水平。鼓励大型设计企业建立数字化协同设计平台,推进建筑、结构、设备管线、装修等一体化集成设计,提高各专业协同设计能力。完善施工图设计文件编制深度要求,提升精细化设计水平,为后续精细化生产和施工提供基础。研发利用参数化、生成式设计软件,探索人工智能技术在设计中应用。研究应用岩土工程勘测信息挖掘、集成技术和方法,推进勘测过程数字化。

▐▶ 0.4.6　大力发展多类型装配式建筑结构体系

构建装配式建筑标准化设计和生产体系,推动生产和施工智能化升级,扩大标准化构件和部品部件使用规模,提高装配式建筑综合效益。完善适用不同建筑类型装配式混凝土建筑结构体系,加大高性能混凝土、高强钢筋和消能减震、预应力技术集成应用。完善钢结构建筑标准体系,推动建立钢结构住宅通用技术体系,健全钢结构建筑工程计价依据,以标准化为主线引导上下游产业链协同发展。积极推进装配化装修方式在商品住房项目中的应用,推广管线分离、一体化装修技术,推广集成化模块化建筑部品,促进装配化装修与装配式建筑深度融合。大力推广应用装配式建筑,积极推进高品质钢结构住宅建设,鼓励学校、医院等公共建筑优先采用钢结构。培育一批装配式建筑生产基地。

▐▶ 0.4.7　打造建筑产业互联网平台

加大建筑产业互联网平台基础共性技术攻关力度,编制关键技术标准、发展指南和白皮书。开展建筑产业互联网平台建设试点,探索适合不同应用场景的系统解决方案,培育一批行业级、企业级、项目级建筑产业互联网平台,建设政府监管平台。鼓励建筑企业、互联网企业和科研院所等开展合作,加强物联网、大数据、云计算、人工智能、区块链等新一代信息技术在建筑领域中的融合应用。

2025 年,建筑产业互联网平台体系初步形成,培育一批行业级、企业级、项目级平台和政府监管平台。

（1）加快建设行业级平台。围绕部品部件生产采购配送、工程机械设备租赁、建筑劳务用工、装饰装修等重点领域推进行业级建筑产业互联网平台建设,提高供应链协同水平,推动资源高效配置。

（2）积极培育企业级平台。发挥龙头企业示范引领作用,以企业资源计划（ERP）平台为基础,建设企业级建筑产业互联网平台,实现企业资源集约调配和智能决策,提升企业运营管理效益。

（3）研发应用项目级平台。以智慧工地建设为载体推广项目级建筑产业互联网平台,运用信息化手段解决施工现场实际问题,强化关键环节质量安全管控,提升工程项目建设管理水平。

（4）探索建设政府监管平台。完善全国建筑市场监管公共服务平台,推动各地研发基于建筑产业互联网平台的政府监管平台,汇聚整合建筑业大数据资源,支撑市场监测和数据分析功能,探索建立大数据辅助科学决策和市场监管的机制。

▐▶ 0.4.8　加快建筑机器人研发和应用

加强新型传感、智能控制和优化、多机协同、人机协作等建筑机器人核心技术研究,研究编制关键技术标准,形成一批建筑机器人标志性产品。积极推进建筑机器人在生产、施工、维保等环节的典型应用,重点推进与装配式建筑相配套的建筑机器人应用,辅助和替代"危、繁、脏、重"施工作业。推广智能塔吊、智能混凝土泵送设备等智能化工程设备,提高工程建设机械化、智能化水平。

2025年,形成一批建筑机器人标志性产品,实现部分领域批量化应用。

(1)推广部品部件生产机器人。以混凝土预制构件制作、钢构件下料焊接、隔墙板和集成厨卫生产等工厂生产关键工艺环节为重点,推进建筑机器人创新应用。

(2)加快研发施工机器人。以测量、材料配送、钢筋加工、混凝土浇筑、构部件安装、楼面墙面装饰装修、高空焊接、深基坑施工等现场施工环节为重点,加快建筑机器人研发应用。

(3)积极探索运维机器人。在建筑安全监测、安防巡检、高层建筑清洁等运维环节,加强建筑机器人应用场景探索。

▌▶ 0.4.9 推广绿色建造方式

持续深化绿色建造试点工作,提炼可复制推广经验。开展绿色建造示范工程创建行动,提升工程建设集约化水平,实现精细化设计和施工。培育绿色建造创新中心,加快推进关键核心技术攻关及产业化应用。研究建立绿色建造政策、技术、实施体系,出台绿色建造技术导则和计价依据,构建覆盖工程建设全过程的绿色建造标准体系。在政府投资工程和大型公共建筑中全面推行绿色建造。积极推进施工现场建筑垃圾减量化,推动建筑废弃物的高效处理与再利用,探索建立研发、设计、建材和部品部件生产、施工、资源回收再利用等一体化协同的绿色建造产业链。

2025年,各地区建筑垃圾减量化工作机制进一步完善,实现新建建筑施工现场建筑垃圾(不包括工程渣土、工程泥浆)排放量每万平方米不高于300吨,其中装配式建筑排放量不高于200吨。

(1)完善制度和标准体系。构建依法治废、源头减量、资源利用制度体系和建筑垃圾分类、收集、统计、处置及再生利用标准体系。探索建立施工现场建筑垃圾排放量公示制度,研究建筑垃圾资源化产品准入与保障机制。

(2)推动技术和管理创新。支持开展建筑垃圾减量化技术和管理创新研究,打造一批技术转化平台,形成基础研究、技术攻关、成果产业化的建筑垃圾治理全过程创新生态链。

(3)提升建筑垃圾信息化管理水平。引导和推广建立建筑垃圾管理平台。构建全程覆盖、精细高效的监管体系,实现建筑垃圾可量化、可追踪的全过程闭合管理。

▶ 0.5 常用术语 ◀

1. 建筑产业

建筑产业包括建筑业、房地产业、市政公用业、勘察设计业以及相关装备制造、运输物流在内的广泛的产业概念。

2. 建筑工业化

建筑工业化是随西方工业革命出现的概念,工业革命让造船、汽车生产效率大幅提升,随着欧洲兴起的新建筑运动,实行工厂预制、现场机械装配,逐步形成了建筑工业化最初的理论雏形。二战后,西方国家亟须解决大量的住房而劳动力严重缺乏的情况,为推行建筑工业化提供了实践的基础,因其工作效率高而在欧美风靡一时。1974 年,联合国出版的《政府逐步实现建筑工业化的政策和措施指引》中定义了"建筑工业化":按照大工业生产方式改造建筑业,使之逐步从手工业生产转向社会化大生产的过程。它的基本途径是建筑标准化,构配件生产工厂化,施工机械化和组织管理科学化,并逐步采用现代科学技术的新成果,以提高劳动生产率,加快建设速度,降低工程成本,提高工程质量。

建筑工业化,指通过现代化的制造、运输、安装和科学管理的大工业的生产方式,来代替传统建筑业中分散的、低水平的、低效率的手工业生产方式。它的主要标志是建筑设计标准化、构配件生产工厂化,施工机械化和组织管理科学化。

3. 建筑产业现代化

建筑产业现代化是将现代科学技术和管理方法应用于整个建筑产业,以工业化、信息化、产业化的深度融合实现对建筑全产业链进行更新、改造和全面提升。建筑产业现代化是以发展绿色建筑为方向,以新型建筑工业化生产方式为手段,以住宅产业现代化为重点,以"标准化设计、工厂化生产、装配化施工、成品化装修、信息化管理、智能化运营"为主要特征的高级产业形态及其实现过程。

4. 装配式建筑

由预制构件在工地装配而成的建筑,称为装配式建筑。

5. 装配式混凝土结构

由预制混凝土构件通过可靠的连接方式装配而成的混凝土结构,包括装配整体式混凝土结构、全装配混凝土结构等。在建筑工程中,简称装配式建筑;在结构工程中,简称装配式结构。

装配整体式混凝土结构由预制混凝土构件通过可靠的方式进行连接并与现场后浇混凝土、水泥基灌浆料形成整体的装配式混凝土结构。全装配混凝土结构指所有结构构件均为预制构件,并采用干式连接方法形成的混凝土结构。

6. 装配式木结构

装配式木结构是指单纯由木材或主要由木材承受荷载的结构,通过各种金属连接件或榫卯手段将各类预制构件进行连接和固定的建筑结构形式。木结构体系的优点很多,如维护结构与支撑结构相分离,抗震性能较高,取材方便,施工速度快等特点。

7. 装配式钢结构

装配式钢结构建筑是指建筑的结构系统由钢(构)件构成的装配式建筑。钢结构是天然的装配式结构,但并非所有的钢结构建筑均是装配式建筑,必须是钢结构、围护系统、设备与管线系统和内装系统做到和谐统一,才能算得上是装配式钢结构建筑。

8. 预制混凝土构件

在工厂或现场预先制作的混凝土构件,简称预制构件。包括全预制梁、叠合板、全预制柱、全预制剪力墙、单层叠合剪力墙、双层叠合剪力墙、外挂墙板、全预制楼梯、叠合楼板、叠合阳台板、预制飘窗、全预制空调板、全预制女儿墙等。

9. 装配整体式混凝土框架结构

框架结构中全部或部分框架梁、柱采用预制构件建成的装配整体式混凝土框架结构,简称装配式框架结构。

10. 装配整体式混凝土剪力墙结构

剪力墙结构中全部或部分剪力墙采用预制墙板构建成的装配整体式混凝土结构,简称装配式剪力墙结构。

11. 混凝土叠合受弯构件

预制混凝土梁、板顶部在现场后浇部分混凝土而形成的整体受弯构件,简称叠合板、叠合梁。

12. 预制混凝土叠合墙板

在墙厚方面,部分采用预制,部分采用现浇工艺生产制作而成的钢筋混凝土墙体。

13. 预制混凝土叠合夹心保温板墙

在墙厚方面,部分采用预制,部分采用现浇,而预制和现浇之间夹保温材料,并通过连接件将预制与现浇部分连接为整体而成的钢筋混凝土叠合墙体。

14. 预制混凝土叠合板(梁)

在预制混凝土板、梁构件安装就位后,在其上部浇筑混凝土而形成整体的混凝土构件。

15. 预制外挂墙板

安装在主体结构上,起围护、装饰作用的非承重预制混凝土墙板,简称外挂墙板。

16. 预制混凝土夹心保温外墙板

中间夹有保温层的预制混凝土外墙板,简称夹心外墙板。

17. 连接件

连接预制混凝土夹心保温墙体内、外墙板,用于传递荷载,并将内、外墙板连成整体的连接器。

18. 钢筋套筒灌浆连接

在预制混凝土构件内预埋的金属套筒中插入钢筋并灌注水泥基灌浆料而实现的钢筋连接方式。

19. 钢筋浆锚搭接连接

在预制混凝土构件中预留孔道,在孔道中插入需搭接的钢筋,并灌注水泥基灌浆料而实现的钢筋搭接连接方式。

20. 预制率

装配混凝土结构住宅建筑单体±0.000 标高以上的主体结构和围护结构中,预制构件部分的混凝土用量占对应部分混凝土总用量的体积比。

21. 装配率

装配式混凝土结构住宅建筑中预制构件、建筑部品的数量(或面积)占同类构件或部品总数量(或面积)的比率。

22. 有机类保温板

由有机材料制成的保温板称为有机类保温板,如聚苯乙烯板,硬泡聚氨酯板和酚醛泡沫板等。

23. 无机类保温板

由无机材料制成的保温板称为无机类保温板,如发泡水泥板和泡沫玻璃板等。

24. 外墙饰面砖(或石材)反打工艺

构件加工厂生产预制夹心外墙板时,先将饰面砖(或石材)铺设在模具内,在浇筑混凝土,将饰面砖(或石材)与外墙板连接成一体的制作工艺。

25. 临时支撑系统

预制构件安装时起到临时固定和垂直度或标高等空间位置调整作用的支撑体系。根据被安置的预制构架的受力形式和形状,临时支撑系统又可分为斜撑系统和竖向支撑系统。

(1) 斜撑系统

由撑杆、垂直度调整装置、锁定装置和预埋固定装置等组成的用于竖向构件安装的临时支撑体系。主要功能是将预制柱和预制墙板等竖向构件吊装就位后起到临时固定的作用,同时,通过设置在斜撑上的调节装置对垂直度进行微调。

(2) 竖向支撑系统

单榀支撑架沿预制构件长度方向均匀布置构成的用于水平向构件安装的临时支撑系统。单榀支撑架由立柱、斜拉杆和横梁组成,并设有标高调整装置。主要功能是用于预制主次梁和预制楼板等水平承载构件在吊装就位后起到垂直荷载的临时支撑作用,同时,通过标高调节装置对标高进行微调。

26. 建筑信息模型

以建筑工程项目的各项相关信息数据作为模型的基础,进行建筑模型的建立,通过数字信息仿真模拟建筑物所具有的真实信息。全寿命期工程项目或其组成部分物理特征、功能特性及管理要素的共享数字化表达。

27. 无线射频识别技术 RFID

利用射频方式进行非接触双向通信以实现自动识别目标对象并获取相关数据。

▶ 0.6　本章小结 ◀

随着现代工业技术的发展,建造房屋可以像机器生产那样,成批成套地制造。只要把预制好的房屋构件,运到工地装配起来就成了。装配式建筑在 20 世纪初就开始引起人们的兴趣,到六十年代终于实现。英、法、苏联等国首先作了尝试。由于装配式建筑的建造速度快,而且生产成本较低,迅速在世界各地推广开来。我国装配式建筑规划自 2015 年以来密集出台,2015 年底召开的全国住房城乡建设工作会议上,提出 2016 年全国全面推广装配式建筑,并取得突破性进展;2016 年 3 月 5 日政府工作报告提出要大力发展钢结构和装配式建筑,提高建筑工程标准和质量;2016 年 7 月 5 日住房和城乡建设部发布《住房城乡建设部 2016 年科学技术项目计划——装配式建筑科技示范项目》(建科〔2016〕137 号)并公布了 2016 年科学技术项目建设装配式建筑科技示范项目名单;2016 年 9 月 14 日国务院召开国务院常务会议,提出要大力发展装配式建筑,推动产业结构调整升;2016 年 9 月 27 日国务院出台《国务院办公厅关于大力发展装配式建筑的指导意见》(国发办〔2016〕71 号),对大力发展装配式建筑和钢结构重点区域、未来装配式建筑占比新建筑目标、重点发展城市进行了明确要求要因地制宜发展装配式混凝土结构、钢结构和现代木结构等装配式建筑,力争用 10 年左右的时间,使装配式建筑占新建建筑面积的比例达到 30％;2017 年 3 月 23 日,住房和城乡建设部印发《"十三五"装配式建筑行动方案》《装配式建筑示范城市管理办法》《装配式建筑产业基地管理办法》(建科〔2017〕77 号);2020 年 08 月 28 日,住建部发布《住房和城乡建设部等部门关于加快新型建筑工业化发展的若干意见》(建标规〔2020〕8 号);2020 年 9 月 10 日,住房和城乡建设部发布《住房和城乡建设部办公厅关于认定第二批装配式建筑范例城市和产业基地的通知》(建办标函〔2020〕470 号);2022 年 1 月,住房和城乡建设部发布了《"十四五"建筑业发展规划》(建市〔2022〕11 号),明确"十四五"时期,我国要初步形成建筑业高质量发展体系框架,建筑市场运行机制更加完善,工程质量安全保障体系基本健全,建筑工业化、数字化、智能化水平大幅提升,建造方式绿色转型成效显著,加速建筑业由大向强转变,还提出 2035 年远景目标,到 2035 年,建筑业发展质量和效益大幅提升,建筑工业化全面实现,建筑品质显著提升,企业创新能力大幅提高,高素质人才队伍全面建立,产业整体优势明显增强,"中国建造"核心竞争力世界领先,迈入智能建造世界强国行列。因此,为加快我国建筑业更好的转型升级,行业内对装配式建造技术的学习、应用与技术创新成为当下的重要任务。

▶ 思考练习题 ◀

1. 了解装配式建筑的含义。
2. 了解装配式建筑、新型建筑工业化、建筑产业现代化的关系。
3. 了解装配式建筑在国内外的发展历程。
4. 了解装配式建筑的发展方向与趋势。
5. 了解我国为推进装配式建筑的发展出台的各项政策。

第 1 篇
装配式混凝土结构建筑

学习情境 1 装配式混凝土建筑部品构配件与连接

素质目标 （依据专业教学标准）

(1) 坚定拥护中国共产党领导和我国社会主义制度,践行社会主义核心价值观,具有深厚的爱国情感和中华民族自豪感。

(2) 崇尚宪法、遵纪守法、崇德向善、诚实守信、尊重生命、热爱劳动,履行道德准则和行为规范,具有社会责任感和社会参与意识。

(3) 具有质量意识、环保意识、安全意识、信息素养、工匠精神和创新意识。

(4) 勇于奋斗、乐观向上,具有自我管理能力和职业生涯规划意识,具有较强的集体意识和团队合作精神。

(5) 具有健康的体魄、心理和健全的人格,以及良好的行为习惯。

(6) 具有正确的审美和人文素养。

知识目标

(1) 了解预制墙板的类型与分类。

(2) 了解预制构件的混凝土强度等级设计标准。

(3) 了解叠合楼板的构造设计及特点。

(4) 掌握柱纵向受力钢筋在柱底采用套筒灌浆连接时的加密区设置。

(5) 掌握预制剪力墙开洞构造设计要求。

(6) 根据《装配式混凝土结构技术规程》(JGJ 1—2014),掌握外挂墙板设计要求。

能力目标

(1) 能初步编写叠合板吊装方案。

(2) 能初步编写预制剪力墙接缝设计方案。

(3) 能初步编写钢筋套筒灌浆连接接头和钢筋浆锚搭接连接接头设计方案。

学习资料准备

(1) 中华人民共和国住房和城乡建设部.混凝土结构设计规范(2015 版):GB 50010—2010[S].北京:中国建筑工业出版社,2016.

(2) 中华人民共和国住房和城乡建设部.装配式混凝土结构技术规程:JGJ 1—2014[S].北京:中国建筑工业出版社,2014.

▶ 1.1 装配式混凝土建筑部品和构配件分类 ◀

根据《装配式混凝土建筑技术标准》(GB/T 51231—2016),装配式混凝土建筑是指建筑的结构系统由混凝土部件(预制构件)构成的装配式建筑,包括结构系统、外围护系统、设备与管线系统、内装系统。其中:

结构系统是指由结构构件通过可靠的连接方式装配而成,以承受或传递力的作用,包括预制梁、预制柱、叠合楼盖、外挂墙板等构件(表1-1)。

表1-1 装配式混凝土建筑部品和构配件分类

类别	名 称		
部品	装饰件		
	内装修部品	内隔墙	
		吊顶	
		地面	
		墙面	
		整体厨房	
		整体卫浴	
	预制墙板	夹芯保温墙板(围护体系用)	
		双面叠合墙板(围护体系用)	
		轻质预制条板	
		预制外墙挂板	
	功能性盒子房		
	装配式给排水设备及管线系统		
	装配式电气和智能化设备及管线系统		
预制构件	预制梁		
	预制柱		
	全预制剪力墙板		
	夹芯保温墙板(结构体系用)		
	双面叠合墙板(结构体系用)		
	预制楼板		
	预制楼梯		
	预制阳台		
	预制凸窗		

（续表）

类别	名　称		
配件		预制空调板	
		预制女儿墙	
		预制基础	
	连接件		钢筋机械连接接头
			套筒灌浆连接组件
			保温拉结件
		锚固件	
	预埋件		吊装预埋件

外围护系统主要包括建筑外墙、屋面、外门窗及其他部品部件，用于分隔建筑室内外环境。

设备与管线系统主要包括给水排水、供暖通风空调、电气和智能化、燃气等设备与管线，用于满足建筑使用功能。

内装系统主要包括楼地面、墙面、轻质隔墙、吊顶、内门窗、厨房和卫生间，用于满足建筑空间使用要求。

微课

预制构件

▶ 1.2　预制柱 ◀

预制混凝土结构柱是通过在工厂进行结构柱的钢筋绑扎和混凝土浇筑，在柱的底部通过预留孔洞与楼板上预留的钢筋进行灌浆连接，同时顶部也预留钢筋，与板、梁等构件进行灌浆连接或者叠合连接（图 1-1）。

图 1-1　预制柱

预制柱的设计应符合现行国家标准《混凝土结构设计规范（2015 版）》（GB 50010—2010）的要求，并应符合下列规定：

（1）柱纵向受力钢筋直径不宜小于 20 mm。

（2）矩形柱截面宽度或圆柱直径不宜小于 400 mm，且不宜小于同方向梁宽的 1.5 倍。

（3）柱纵向受力钢筋在柱底采用套筒灌浆连接时（图 1-2、1-3），柱箍筋加密区长度不应小于纵向受力钢筋连接区域长度与 500 mm 之和,套筒上端第一道箍筋距离套筒顶部不应大于 50 mm。

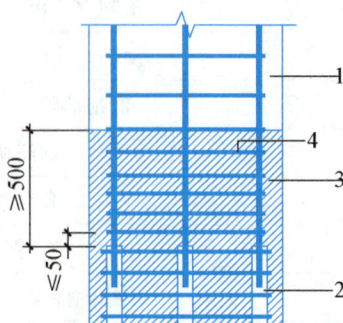

图 1-2　钢筋采用套筒灌浆连接时柱底箍筋加密区域构造示意
1—预制柱;2—套筒灌浆连接接头;3—箍筋加密区(阴影部分);4—加密区箍筋

现场视频

柱底灌浆孔

图 1-3　柱纵向钢筋的连接节点(套筒灌浆节点)

微课

预制墙板

▶ 1.3　预制墙板 ◀

　　采用横墙承重的预制装配式住宅建筑的墙板类型,可按所在位置、构造做法、材料选用等方面分类。

▶ 1.3.1　按所在位置分类

1. 内墙板

内墙板又分为横向内墙板、纵向内墙板和隔墙板三种。

(1) 横向内墙板

横向内墙板是建筑物的主要承重构件,要求具有足够的强度和足够的厚度,以满足承受荷载的要求和保证楼板有足够的支承长度。这类墙板多采用单一材料,分别采用钢筋混凝土板、粉煤灰矿渣混凝土板和振动砖墙板,其中钢筋混凝土板又分为实心板和空心板两种。

（2）纵向内墙板

纵向内墙板在结构平面布置中处于非承重墙体的位置，不承受楼板荷载。为了保证整个建筑物的空间刚度，共同抵御地震力，纵向内墙板要与横向内墙板共同作用，因此，常采用与横向内墙板同一种类和强度的材料。

（3）隔墙板

主要用于内部的分隔。这种墙板没有承重要求，但应满足建筑功能上隔声、防火、防潮等方面的要求，采用较多的有钢筋混凝土薄板、加气混凝土条板、石膏板等。

所有的内墙板，为了满足内装修减少现场抹灰湿作业的要求，墙面必须平整。

2. 外墙板

横墙承重时，除山墙板为承重墙板外，纵向外墙板都是自承重板材。外墙板主要应该满足保温、隔热、防止雨水渗透等围护功能的要求，同时也应起到立面装饰的作用。外墙板也应有一定的强度，这样与横墙结合后，能承担一部分纵向地震力和风力，以保证整个建筑物的整体性。

外墙板亦可用于框架结构的挂板。

外墙板在我国北方多采用复合板材，既带有各种保温材料夹芯的钢筋混凝土板，也有用各种轻骨料如陶粒、浮石等做成的单一材料板材；用于框架结构的挂板亦可采用加气混凝土拼装大板。在我国南方地区则采用单一材料空心板材较多。

山墙板是外墙板中的特殊类型，既要满足承重要求，也要满足保温、隔热和防止雨水渗透的围护功能要求。

▶▶ 1.3.2　按构造分类

1. 单一材料板墙

单一材料板材是用一种材料做成的实心板或空心板（见表 1-2、表 1-3）。根据《装配式混凝土结构技术规程》(JGJ 1—2014)中条款 4.1.2 规定，预制构件的混凝土强度等级不宜低于 C30；预应力混凝土预制构件的混凝土强度等级不宜低于 C40，且不应低于 C30；现浇混凝土的强度等级不应低于 C25。

表 1-2　实心墙板类型参考

名　称	材　料	混凝土强度等级	墙板规格	用　途
普通混凝土墙板	水泥、砂、石	C20 ≥C20 ≤C20	一间一块，厚 140 mm 一间一块，厚 160 mm 一间一块，厚 60～100 mm	承重内墙板 高层承重内墙板 隔墙板
轻骨料混凝土墙板	水泥、膨胀矿渣珠水泥、膨胀珍珠岩、页岩陶粒水泥、粉煤灰陶粒	C10 C15 C10	一间一块，厚 240 mm 一间一块，厚 160 mm 一间一块，厚 200 mm	自承重外墙板 承重内墙板 自承重外墙板

(续表)

名称	材 料	混凝土 强度等级	墙板规格	用 途
工业废料 墙板	胶结料:粉煤灰、生石灰粉、 石膏 骨料:硬矿渣(用于内墙板) 膨胀矿渣(用于外墙板)	C15 C10	一间一块,厚 140 mm 一间一块,厚 240 mm	承重内墙板 自承重外墙板

注:1. 膨胀矿渣是将热熔渣(约 1 500 ℃)在倾倒渣池过程中,受到从水管喷嘴喷出压力为 0.6 MPa 侧向压力水的冲击,与水混合膨胀成半固体状态,再经 328 r/min 的滚筒将半固体状态的矿渣高速甩出,冷却后,即成膨胀矿渣。
　　2. 膨胀矿渣珠的生产工艺基本和膨胀矿渣相同,膨胀矿渣为开孔骨料,膨胀矿渣珠为闭孔骨料。
　　3. 一间一块是指一块的尺寸为层高×开间(或进深),以下同。

表 1-3　空心墙板类型参考

名称	材 料	混凝土 强度等级	墙板规格	用 途
普通混凝土 墙板	水泥、砂、石	C25	一间一块,厚 150 mm,抽 Φ 114 孔 一间一块,厚 140 mm,抽 Φ 89 孔	内、外墙板
轻骨料混凝 土墙板	水泥、粉煤灰陶粒、砂	C20 C15	一间一块,厚 160 mm,抽 Φ 100 孔 一间一块,厚 220 mm,抽 Φ 159 孔	承重内墙板 自承重外墙板
工业废料 墙板	胶结料:粉煤灰、生石 灰粉、石膏 骨料:液态渣	C15 C15 C15	一间一块,厚 140 mm,抽 Φ 50 孔 一间一块,厚 160 mm,抽 Φ 80 孔 一间一块,厚 240 mm,抽 Φ 80 孔	隔墙板 内墙板 外墙板

注:液态渣是由火力发电厂锅炉中液态排出的煤粉废渣,这种渣基本上呈细小颗粒,粒径为 0.6~5 mm,活性较高,粉状物较少,含碳量低。

2. 复合材料板材

复合材料板材是由几种按功能要求所选用的材料组合而成的,一般用于外墙板。复合材料外墙板由三层复合组成。

(1) 承重层

承重层是复合外墙板的主要承重结构,它除了承担荷载和板自身的重量外,还要分担一部分纵向水平力。承重层的材料密度较大,一般多放在板的内壁,这样对于减少室内水蒸气的渗透,防止在内墙面产生凝结水有利。承重层一般多采用普通混凝土或承重的轻骨料混凝土。

(2) 保温隔热层

保温隔热层一般置于中间夹层的部位,其材料多采用容重较轻的无机或有机材料,如加气混凝土、岩棉、泡沫聚苯乙烯等。

(3) 面层

面层是复合板材的外层,主要起装饰和防雨水等防护作用,一般均采用细石混凝土。

面层的装饰作法较多,除了在面层上做干粘石、水刷石和镶贴陶瓷锦砖(马赛克)、面砖外,还可利用混凝土的可塑性,采用不同的衬模,制作出不同纹理、质感和线条的装饰混凝土立面。

复合材料墙板类型参考见表 1-4。

表 1-4　复合材料墙板类型

名称	材　料	材料强度等级	规格	用途
加气混凝土夹层墙板	结构层：普通混凝土 保温层：加气混凝土 面层：细石混凝土	C20 C3 C15	厚 100 mm、125 mm 厚 125 mm 厚 25 mm、30 mm	自承重外墙板（一间一块）
无砂大孔炉渣混凝土夹层墙板	结构层：水泥炉渣混凝土 保温层：水泥矿渣无砂大孔混凝土 面层：水泥砂浆	C10 C3 M7.5	厚 80 mm 厚 200 mm 厚 20 mm	自承重外墙板（一间一块）
混凝土岩棉复合墙板	结构层：普通混凝土 保温层：岩棉 面层：细石混凝土	C20 C15	厚 150 mm 厚 50 mm 厚 50 mm	自承重外墙板（一间一块）

1.3.3　按材料分类

我国各地用于装配式大板建筑及框架挂板的墙板材料较多，一般根据"因地制宜、就地取材"的原则，按照建筑物对墙体不同功能的要求，合理选用墙体材料。常用的有以下几种：

1. 振动砖墙板

振动砖墙板一般采用普通烧结黏土砖或多孔黏土砖制作而成，灰缝填以砂浆，采用振捣器振实，包括面层厚度分为 140 mm 和 210 mm（表 1-5），分别用于承重内墙板和外墙板。

表 1-5　振动砖墙板类型参考

名称	材　料	材料强度等级	墙板规格	用　途
普通黏土砖墙板	砖（240 mm×115 mm×53 mm） 水泥砂浆 普通混凝土（板肋部位）	大于 MU7.5 M10 大于 C15	一间一块、厚 140 mm	承重内墙板
多孔黏土砖墙板	砖（240 mm×115 mm×90 mm，孔率 19%） 水泥砂浆 普通混凝土（板肋部位）	M10 M10 C20	一间一块、厚 140 mm	承重内墙板
	砖（240 mm×180 mm×115 mm，孔率 28%） 水泥砂浆 普通混凝土（板肋部位）	MU10 M7.5 C20	一间一块、厚 210 mm	自承重外墙板

振动砖墙板的制作一般采取在台座上进行，亦可利用建筑物的房心地面作台座，生产墙板。

普通黏土砖振动砖墙板的排砖方法是采用横排错缝，这样可以避免墙板出现竖向裂缝。为了脱模起吊方便，在板内预埋为安设活动吊环用的混凝土吊孔块，这样可以节省吊环钢材。预制混凝土吊孔为 C20 普通混凝土，净体积每 100 个约为 4 m³。在墙板制作时，按照设计图纸规定的位置安放混凝土吊孔。为防止灰浆杂物进入吊孔，墙板制作时必须盖好吊孔盖(图1-4),待墙板成型后,随即取出吊孔盖,并清除渗入吊孔内的灰浆,用活动吊环在吊孔内转动(图1-5),确保活动吊环在吊孔内能灵活转动。墙板脱模起吊时,将活动吊环从吊孔缝隙中插入,并旋转90°,使吊环嵌在吊孔凹槽中,即成了临时吊环。活动吊环可在墙板起吊就位后取出重复使用。另外,为了增强墙板脱模起板时的抗折能力,墙板中应布置竖向混凝土肋,每三皮砖设一个咬口。在墙板的四周要布置连续钢筋骨架。

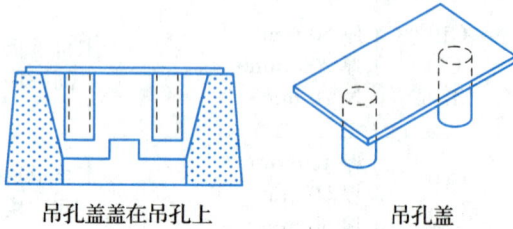

图1-4 吊孔盖及用法示意

图1-5 活动吊环用法示意图

多孔黏土砖振动砖墙板亦采取横排错缝。为使墙板脱模起吊不出现裂缝,在墙板内设置工具式预应力钢筋吊具(图1-6)。用预应力钢筋吊具给墙板施加预应力,不但可以减少墙板抗脱模起吊弯矩的竖向配筋数量,使墙板不致因受弯而产生裂缝,并且可提高墙板在装卸、运输过程中的刚度。另外,在施加预应力时,因产生压缩而破坏了墙板与台座间的吸附力,便于脱模起吊。但是这种方法一次耗钢量较大(一个四单元五层的居住建筑需准备300~400根,每根用钢约20 kg),且需加强保管,防止损坏和丢失。

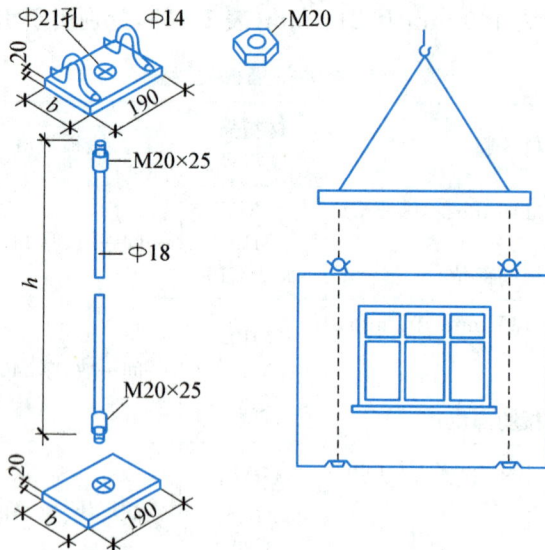

图1-6 预应力钢筋吊具及使用示意图

b—墙板厚度;h—墙板支承面间距加螺杆长度

预应力钢筋吊具是由一根击18冷拉Ⅱ级或Ⅲ级钢筋,两端各焊接螺丝端杆。底端螺杆的丝杆长40 mm,供旋入底座钢垫板中;上端丝杆长150~200 mm,以便套入带吊钩的顶座钢垫板中,丝杆末端有方头,以便于施加预应力。杆长应根据墙板尺寸决定,为便于施加预应力,应留有40~50 mm余量。

　　生产墙板时,先将 ф 19 钢管作为芯管埋入构件内,上下端模穿 ф 30 孔。芯管还可兼做固定模板的拉杆使用,即在芯管伸出模板外 50 mm 处打一个圆孔,插上钢筋,用木楔楔紧(图 1-7)。

　　墙板灌筑混凝土振捣成型后,开始转动芯管,并定人定时(一般每隔半小时)转动。待墙板混凝土或砂浆终凝表面不致塌陷时,将芯管拔出,如由一端看另一端孔洞明亮呈圆形则合格,否则需用小于芯管直径的钢筋疏通,如疏通后不呈圆形,则应将芯管重新插入,待混凝土或砂浆具有一定强度后再拔出芯管。

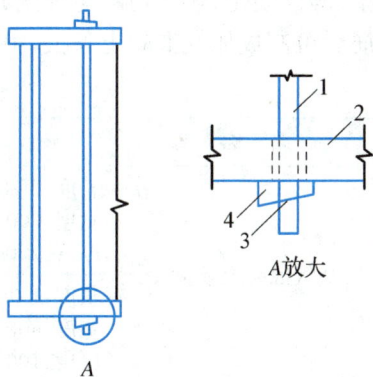

图 1-7　预应力钢筋吊具芯管安放示意图
1—预应力钢筋吊具的芯管;
2—下端楔;3—钢筋;4—木楔

　　如设计无规定,待墙板混凝土达到设计强度等级的 70% 时,穿预应力钢筋吊具并施加预应力。采用振动砖墙板,则砂浆的强度等级应不低于 7.5 N/mm²。施加预应力可采用人工或机械方法。按理论计算,每根预应力钢筋应施加的张拉力约 45 kN。人工施加预应力时,可用活动扳手,一般到扳不动为止。墙板上下两端安放钢垫板的凹槽面要清理平整,施加预应力时,应使垫板与墙板凹槽面贴紧,杆尾套入垫板后外露长度不应超过凹槽。

　　墙板安装就位固定焊接后方可抽出预应力钢筋,先松螺帽,再撤垫板,然后垂直地抽出预应力钢筋。抽出的预应力钢筋,丝口要涂油保护,与垫板、螺帽配套由专人负责保管。凡有损伤、滑丝的预应力钢筋,严禁使用。

2. 粉煤灰矿渣混凝土墙板

　　这种墙板的原材料全部或大部分均采用工业废料制成,有利于贯彻环保的要求。其配合比(重量比)可参见表 1-6。

表 1-6　粉煤灰矿渣混凝土配合比

墙板类别	强度等级	胶结材料	水胶比	胶结料：细骨料：粗骨料	砂率(%)	坍落度(cm)
		粉煤灰：生石灰：石膏				
内墙板	C15	65：35：5	0.75~0.85	1：1.4~1.5：2.4~2.7	36	8~10
外墙板	C10	65：35：5	0.80~0.90	1：1.3：1.9	40	6~8

注:1. 内墙板粗骨料为硬矿渣,细骨料为 6% 矿渣屑和 30% 的水渣。
　　2. 外墙板粗骨料为膨胀矿渣,细骨料为 10% 矿渣屑和 30% 的水渣。

3. 钢筋混凝土墙板

　　这种墙板多用于承重内墙板,北方多采用实心墙板,南方多采用空心墙板。

4. 轻骨料混凝土墙板

　　这种墙板以粉煤灰陶粒、页岩陶粒、浮石、膨胀矿渣珠、膨胀珍珠岩等轻骨料配制的混凝土,制作单一材料外墙板,质量密度小于 1 900 kg/m³,以满足外墙围护功能的要求。

5. 加气混凝土等轻质板材

　　加气混凝土板材是由水泥(或部分用水淬矿渣、生石灰代替)和含硅材料(如砂、粉煤灰、尾矿粉等)经过磨细并加入发气剂(如铝粉)和其他材料按比例配合,再经料浆浇注、发气成型、静停硬化、坯体切割与蒸汽养护(蒸压或蒸养)等工序制成的一种轻质多孔建筑材料,配筋后可制成加气混凝土条板,用于外墙板、隔墙板。加气混凝土板材规格见表1-7。

表1-7 加气混凝土板材规格参考

名 称	板材规格	板材标号	用途
加气混凝土条板	长度:2 700～6 000,按 300 mm 变动 宽度:600 mm 厚度:100～250 mm,按 25 mm 变动	30	框架挂板
	长度:1 000～3 500,按 100 mm 变动 宽度:600 mm 厚度:100 mm、125 mm	30	隔断墙

其他轻质材料板材还有石膏板等,亦用于隔断墙。

▶▶ 1.3.4 墙板构造设计

装配式建筑预制剪力墙属于竖向预制构件,预制剪力墙宜采用一字型,也可采用 L 型、T 型或 U 型;开洞预制剪力墙洞口宜居中设置,洞口两侧的墙肢宽度不应小于 200 mm,洞口上方连梁高度不宜小于 250 mm。

预制剪力墙的连梁不宜开洞;当需要开洞时,洞口宜预埋套管,洞口上、下截面的有效高度不宜小于梁高的 1/3,且不宜小于 200 mm;被洞口削弱的连梁的截面应进行承载力验算,洞口处应配置补强纵向钢筋和箍筋,补强纵向钢筋的直径不应小于 12 mm。

预制剪力墙开有边长小于 800 mm 的洞口且在结构整体计算中不考虑其影响时,应沿洞口周边配置补强钢筋;补强钢筋的直径不应小于 12 mm,截面面积不应小于同方向被洞口截断的钢筋面积;该钢筋自孔洞边角算起伸入墙内的长度,非抗震设计时不应小于 l_a,抗震设计时不应小于 l_{aE},如图 1-8 所示。

当采用套筒灌浆连接时,自套筒底部至套筒顶部向上延伸 300 mm 范围内,预制剪力墙的水平分布筋应加密(如图 1-9),加密区水平分布筋的最大间距和最小直径应符合表 1-8 的规定,套筒上端第一道水平分布筋距离套筒顶端不应大于 50 mm。

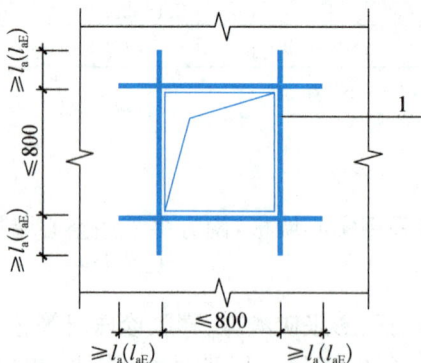

现场视频

窗墙一体化墙板

现场视频

剪力墙底部灌浆套筒

图 1-8 预制剪力墙洞口补强钢筋配置示意

1—洞口补强钢筋

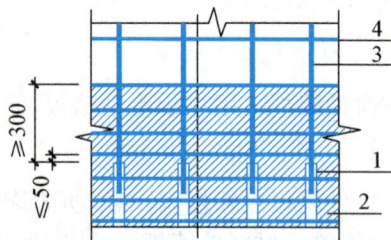

图 1-9 钢筋套筒灌浆连接部位分布钢筋的加密构造示意

1—灌浆套筒;2—水平分布筋加密区(阴影部分);3—竖向钢筋;4—水平分布筋

表 1-8　加密区水平分布钢筋的要求

抗震等级	最大间距(mm)	最小直径(mm)
一、二级	100	8
三、四级	150	8

端部无边缘构件的预制剪力墙,宜在端部配置 2 根直径不小于 12 mm 的竖向构造钢筋;沿该钢筋竖向应配置拉筋,拉筋直径不应小于 6 mm、间距不宜大于 250 mm。

1.3.5　墙板连接设计

楼层内相邻预制剪力墙之间应采用整体式接缝连接,且应符合下列规定:

(1)当接缝位于纵横墙交接处的约束边缘构件区域时,约束边缘构件的阴影区域(图1-10)宜全部采用后浇混凝土,并应在后浇段内设置封闭箍筋。

(2)当接缝位于纵横墙交接处的构造边缘构件区域时,构造边缘构件宜全部采用后浇混凝土(图 1-11);当仅在一面墙上设置后浇段时,后浇段的长度不宜小于 300 mm(图1-12)。

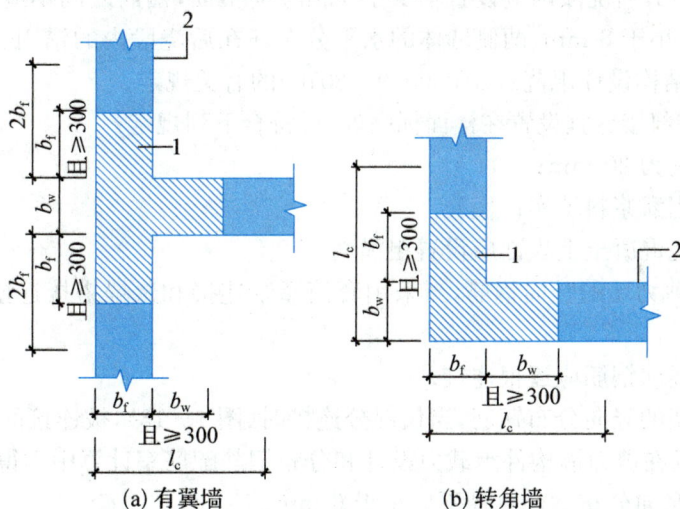

(a) 有翼墙　　(b) 转角墙

图 1-10　约束边缘构件的阴影区域全部后浇构造示意

l_c—约束边缘构件沿墙肢的长度;1—后浇段;2—预制剪力墙

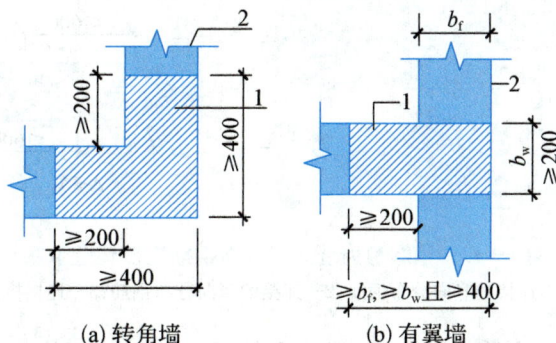

(a) 转角墙　　(b) 有翼墙

图 1-11　构造边缘构件全部后浇构造示意

(阴影区域为构造边缘构件范围);1—后浇段;2—预制剪力墙

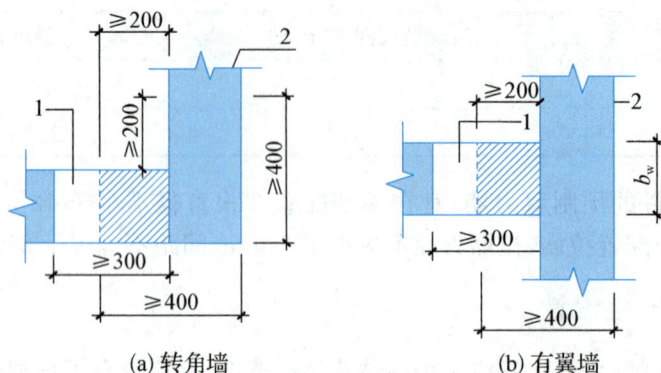

(a) 转角墙   (b) 有翼墙

图 1‑12 构造边缘构件部分后浇构造示意

(阴影区域为构造边缘构件范围);1—后浇段;2—预制剪力墙

(3) 非边缘构件位置,相邻预制剪力墙之间应设置后浇段,后浇段的宽度不应小于墙厚且不宜小于 200 mm;后浇段内应设置不少于 4 根竖向钢筋,钢筋之间不应小于墙体竖向分布钢筋直径且不应小于 8 mm;两侧墙体的水平分布筋在后浇段内的锚固、连接应符合现行国家标准《混凝土结构设计规范》(GB 50010—2010)的有关规定。

预制剪力墙底部接缝宜设置在楼面标高处,应符合下列规定:

① 接缝高度宜为 20 mm;

② 接缝宜采用灌浆料填实;

③ 接缝处后浇混凝土上表面应设置粗糙面。

上、下层预制剪力墙的竖向钢筋,当采用套筒灌浆连接和浆锚搭接连接时,应符合下列规定:

① 边缘构件竖向钢筋应逐根连接;

② 预制剪力墙的竖向分布钢筋,当仅部分连接时(图 1‑13),被连接的同侧钢筋间距不应大于 600 mm,且在剪力墙构件承载力设计和分布钢筋配筋率计算中不得计入不连接的分布钢筋;不连接的竖向分布钢筋直径不应小于 6 mm。

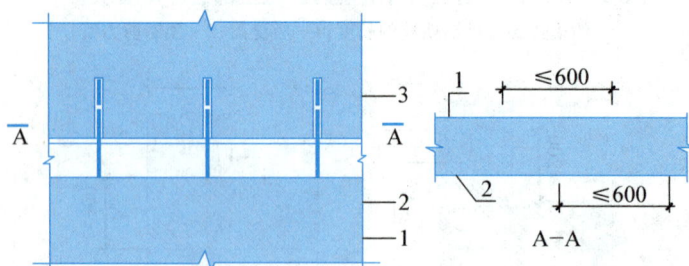

图 1‑13 预制剪力墙竖向分布钢筋连接构造示意

1—不连接的竖向分布钢筋;2—连接的竖向分布钢筋;3—连接接头

(4) 一级抗震等级剪力墙以及二、三级抗震等级底部加强部位,剪力墙的边缘构件竖向钢筋宜采用套筒灌浆连接。

（5）预制剪力墙与基础的连接应符合下列规定：

① 基础顶面应设置现浇混凝土圈梁，圈梁上表面应设置粗糙面；

② 预制剪力墙与圈梁顶面之间的接缝构造应符合《装配式混凝土结构技术规程》（JGJ 1—2014）中 9.3.3 条款相关规定，连接钢筋应在基础中可靠锚固，且宜伸入到基础底部；

③ 剪力墙后浇暗柱和竖向接缝内的纵向钢筋应在基础中可靠锚固，且宜伸入到基础底部。

▶ 1.3.6　外挂墙板

预制混凝土外挂墙板，指应用于外挂墙板系统中的非结构预制混凝土墙板构件。安装在主体结构上由预制混凝土外挂墙板、墙板与主体结构连接节点、防水密封构造、外饰面材料等组成，具有规定的承载能力、变形能力、适应主体结构位移能力、防水性能、防火性能等，起围护或装饰作用的外围护结构系统，简称外挂墙板系统。外挂墙板系统的混凝土构件和节点连接件的设计使用年限宜与主体结构相同。

外挂墙板应采用合理的连接节点并与主体结构可靠连接。有抗震设防要求时，外挂墙板及其与主体结构的连接节点，应进行抗震设计。外挂墙板与主体结构宜采用柔性连接节点应具有足够的承载力和适应主体结构变形的能力，并应采用可靠的防腐、防锈和防火措施。

夹心保温外挂墙板，指由内叶墙板、外叶墙板、夹心保温层和拉结件组成的预制混凝土外挂墙板。内叶墙板和外叶墙板在平面外协同受力时，称为组合夹心保温墙板；内叶墙板和外叶墙板单独受力时，称为非组合夹心保温墙板；内叶墙板和外叶墙板受力介于二者之间时，称为部分组合夹心保温墙板。

（1）根据《装配式混凝土结构技术规程》（JGJ 1—2014）中 10.3 条款相关规定，外挂墙板设计应符合以下规定：

① 外挂墙板的高度不宜大于一个层高，厚度不宜小于 100 mm；

② 外挂墙板宜采用双层、双向钢筋，竖向和水平钢筋的配筋率不应小于 0.15%，且钢筋直径不宜小于 5 mm，间距不宜大于 200 mm；

③ 门窗洞口周边、角部应配置加强钢筋。

（2）外挂墙板最外层钢筋的混凝土保护层厚度除有专门要求外，应符合下列规定：

① 对石材或面砖饰面，不应小于 15 mm；

② 对清水混凝土，不应小于 20 mm；

③ 对露骨料装饰面，应从最凹处混凝土表面计起，且不应小于 20 mm。

（3）外挂墙板间接缝的构造应符合下列规定：

① 接缝构造应满足防水、防火和隔声等建筑功能要求；

② 接缝宽度应满足主体结构的层间位移、密封材料的变形能力、施工误差、温差引起变形等要求，且不应小于 15 mm。

（4）当预制外墙采用夹心板墙时（图 1 - 14），应满足下列要求：

① 外叶墙板厚度不应小于 50 mm，且外叶墙板应与内叶墙板可靠连接；

② 夹心外墙板的夹层厚度不宜大于 120 mm；

③ 当作为承重墙时，内叶墙板应按剪力墙进行设计。

图 1-14　夹心保温板墙(三明治板)

(5) 根据《预制混凝土外挂墙板应用技术标准》(JGJ/T458—2018)中 3.0.3 条款相关规定,外挂墙板系统在地震作用下的性能应符合下列规定:

① 当遭受低于本地区抗震设防烈度的多遇地震作用时,外挂墙板应不受损坏或不需修理可继续使用;

② 当遭受相当于本地区抗震设防烈度的设防地震作用时,节点连接件应不受损坏,外挂墙板可能发生损坏,但经一般性修理后仍可继续使用;

③ 当遭受高于本地区抗震设防烈度的罕遇地震作用时,外挂墙板不应脱落;

④ 使用功能或其他方面有特殊要求的外挂墙板系统,可设置更高的抗震设防目标。

(6) 外挂墙板的混凝土强度等级不宜低于 C30。当采用轻骨料混凝土时,轻骨料混凝土强度等级不宜低于 LC25。当采用清水混凝土或装饰混凝土时,混凝土强度等级不宜低于 C40。

(7) 夹心保温墙板中连接内外叶墙板的拉结件宜采用纤维增强塑料拉结件或不锈钢拉结件(考虑金属材料热传导问题)。当有可靠依据时,也可采用其他材料拉结件。

(8) 夹心保温板墙中的保温材料,其导热系数不宜大于 0.040 W/(m·K),体积比吸水率不宜大于 0.3%,燃烧性能不宜低于现行国家标准《建筑材料及制品燃烧性能分级》(GB 8624—2012)中 B_2 级的规定。

(9) 外挂墙板接缝密封胶的背衬材料可采用直径为缝宽 1.3 倍~1.5 倍的发泡闭孔聚乙烯棒或发泡氯丁橡胶棒;当采用发泡闭孔聚乙烯棒时,其密度不宜大于 37 kg/m³。

(10) 外挂墙板接缝应符合下列规定:

① 接缝宽度应考虑主体结构的层间位移、密封材料的变形能力及施工安装误差等因素;接缝宽度不应小于 15 mm,且不宜大于 35 mm;当计算接缝宽度大于 35 mm 时,宜调整外挂墙板的板型或节点连接形式,也可采用具有更高位移能力的弹性密封胶;

② 密封胶厚度不宜小于 8 mm,且不宜小于缝宽的一半;

③ 密封胶内侧宜设置背衬材料填充(图 1-15)。

(11) 外挂墙板与主体结构之间的接缝应采用防火封堵材料

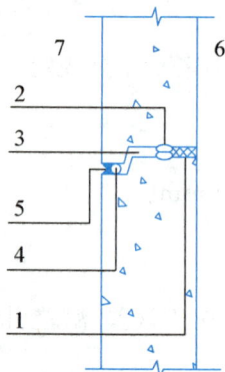

图 1-15　外挂墙板水平缝企口构造示意

1—防火封堵材料;2—气密条;
3—空腔;4—背衬材料;
5—密封胶;6—室内;7—室外

进行封堵(图 1-16、1-17),防火封堵材料的耐火极限不应低于现行国家标准《建筑设计防火规范(2018 年版)》(GB 50016—2014)中楼板的耐火极限要求。外挂墙板之间的接缝应在室内侧采用 A 级不燃材料进行封堵。

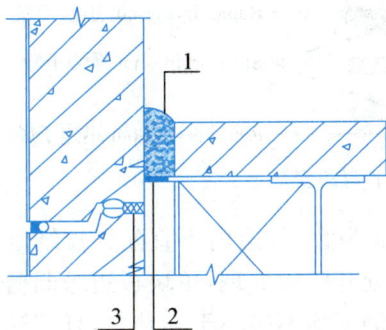

图 1-16　非节点连接处防火构造
1—墙板与主体间防火封堵材料;2—钢板或钢丝网;
3—墙板间防火封堵材料,采用耐火气密条时不可设置

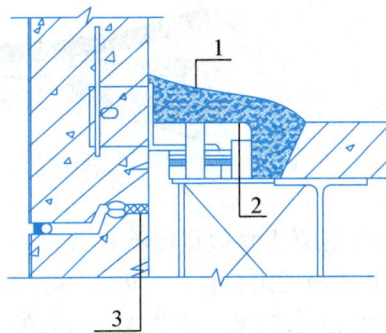

图 1-17　节点连接处防火构造
1—墙板与主体间防火封堵材料;2—钢板或钢丝网;
3—墙板间防火封堵材料,采用耐火气密条时不可设置

(12) 外挂墙板装饰面层采用石材时,石材背面应采用不锈钢锚固卡钩与混凝土进行机械锚固。石材厚度不宜小于 25 mm,单块尺寸不宜大于 1 200 mm×1 200 mm 或等效面积。

(13) 当外挂墙板与主体结构采用点支承连接时,面外连接点不应少于 4 个,竖向承重连接点不宜少于 2 个;外挂墙板承重节点验算时,选取的计算承重连接点不应多于 2 个。当外挂墙板与主体结构采用线支承连接时,宜在墙板顶部与主体结构支承构件之间采用后浇段连接,墙板的底端应设置不少于 2 个仅对墙板有平面外约束的连接节点,墙板的侧边与主体结构应不连接或仅设置柔性连接。

(14) 夹心保温墙板的夹心保温层厚度不宜小于 30 mm,且不宜大于 100 mm。

(15) 夹心保温墙板的拉结件应符合下列规定:

① 应满足夹心保温墙板的节能设计要求;

② 应满足防腐、防火设计要求;

③ 拉结件在墙板内的锚固构造应满足受力要求,且锚固长度不应小于 30 mm。

(16) 夹心保温墙板应用过程中的关键技术点(4 点):

① 夹心保温墙板边缘封边问题:温度变化导致的弯曲变形(图 1-18)和混凝土收缩导致的弯曲变形(图 1-19)。

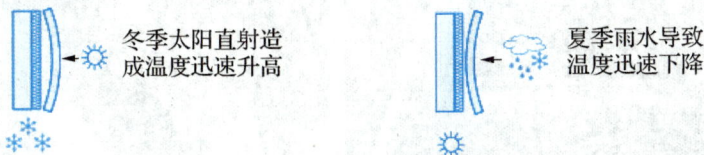

冬季太阳直射造成温度迅速升高

夏季雨水导致温度迅速下降

图 1-18　温度变化导致的弯曲变形

收缩主要取决于混凝土的干燥–由外到内的过程
内部结构层和面板层往相反的方向弯曲
外部迅速干燥和内部缓慢干燥会产生巨大的变形

  ⇒ 使用吸水性小的保温层
  ⇒ 刚生产出来的夹芯板应避免直接暴露在日晒和风力条件下

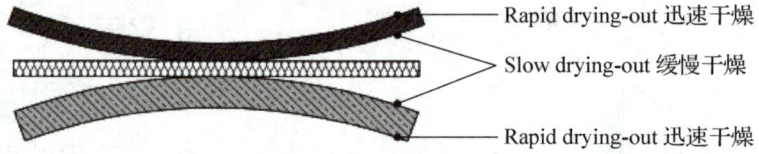

Rapid drying-out 迅速干燥
Slow drying-out 缓慢干燥
Rapid drying-out 迅速干燥

图 1–19　混凝土收缩导致的弯曲变形

  建议:混凝土封边宽度不宜太大,30 mm～40 mm 为宜,封边内不宜配置拉结钢筋以弱化内外叶墙板的组合作用;应在内叶墙板混凝土封边处开凹槽处理,单块板边缘凹槽宽度不宜小于 60 mm,凹槽深宜为 20 mm;外叶墙板单向配筋率均不应小于 0.15%,且钢筋直径不宜小于 6 mm,间距不宜大于 200 mm。

  ② 转角带保温悬翼 PC 板加强问题(图 1–20)。

图 1–20　转角带保温悬翼 PC 板加强问题

  ③ FRP 连接件松脱问题(图 1–21)。

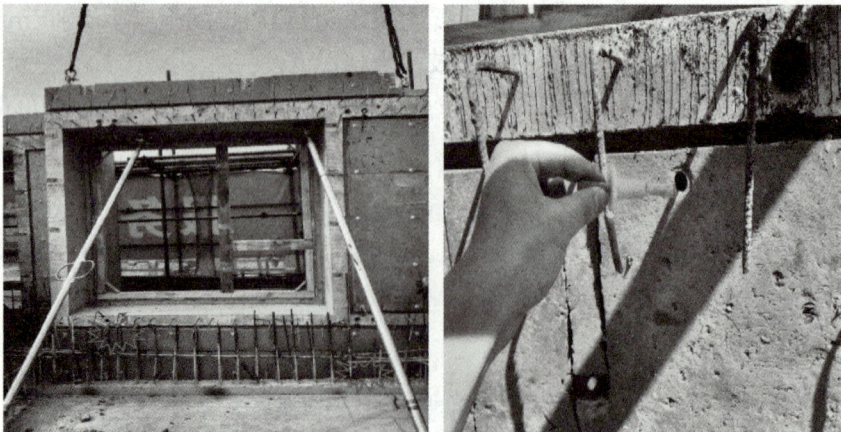

图 1–21　FRP 连接件松脱问题

④ 不锈钢连接件安装相关问题(图1-22~1-25)。

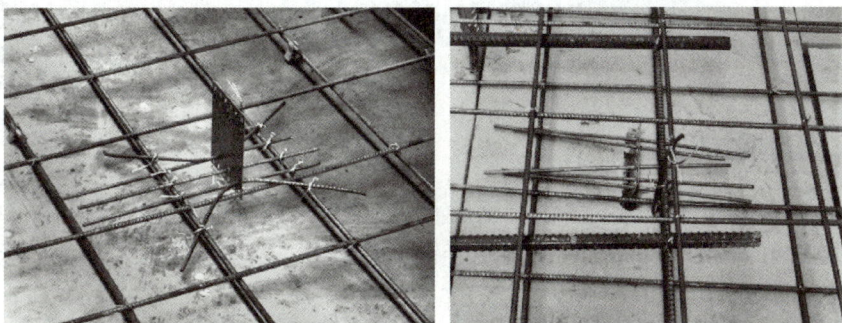

图 1-22 穿孔锚固筋未放置于钢筋网外侧

图 1-23 别针连接件无限位易下沉

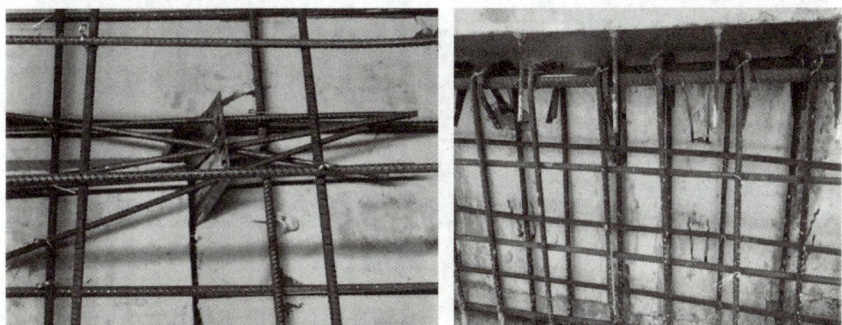

图 1-24 连接件宜被折弯或倾斜

图 1-25 别针连接件局部需要加密设置

1.4 楼板(叠合板)

1.4.1 预制叠合板

叠合板是由预制板和现浇钢筋混凝土层叠合而成的装配整体式楼板(图1-26、1-27)。叠合楼板整体性好,板的上下表面平整,便于饰面层装修,适用于对整体刚度要求较高的高层建筑和大开间建筑。

图1-26 预制叠合板

图1-27 叠合楼板下支撑体系

叠合楼板厚度因楼板的跨度大小而异,由于在现浇混凝土层内配置了负钢筋,形成"峰间支点"。叠合楼板跨度一般为4～6 m,最大跨度可达9 m。

叠合板应按现行国家标准《混凝土结构设计规范》(GB 50010—2010)进行设计。叠合板预制厚度不宜小于60 mm,后浇混凝土叠合层厚度不小于60 mm;跨度大于3 m的叠合板,宜采用桁架钢筋混凝土叠合板。

叠合板根据预制接缝构造、支座构造、长宽比按单向板或双向板设计。当预制板之间采用分离式接缝时,宜按单向板设计;对长宽比不大于3的四边支承叠合板,当预制板之间采用整体式接缝或无缝时,可按双向板设计。

1.4.2　叠合楼板特点

（1）采用整间整板布置,增加吊装效率,减少拼缝。

（2）60 mm 厚预制底板,代替传统底模板,同时作为结构受力板;降低建筑成本,促进环境保护。

（3）现场仅需绑扎现浇层板面钢筋,现场混凝土浇筑量较少,且板底无需粉刷。

1.4.3　叠合楼板节点连接

（1）轻质隔墙及轻质围护墙墙板与主体结构可采用预埋件焊接的方式连接。

（2）叠合板与预制墙板的连接可采用叠合层整浇节点。

根据江苏省《预制装配整体式剪力墙结构体系技术规程》(DGJ 32/TJ 125—2011)中条款 8.2.4 规定,在浇筑楼面叠合板后,下层预制内墙板的主筋应插入本层预制内墙板底部预留的金属浆锚管内,插入长度应不小于 $30d$(d 为主筋公称直径),并应采用强度不小于 50 MPa 的无收缩水泥基灌浆料灌浆。

根据江苏省《预制装配整体式剪力墙结构体系技术规程》中条款 8.2.5 规定,预制外墙板拼缝截面采用内高外低的防雨水渗漏构造。下层预制外墙板的主筋应插入本层预制外墙板底部预留的金属浆锚管内,插入长度应不小于 $30d$(d 为主筋直径),并应采用强度不小于 50 MPa 的无收缩水泥基灌浆料灌浆。

（3）叠合板的预制板上宜设置增强叠合板叠合面抗剪力的纵向钢筋桁架。

（4）叠合板的预制板之间拼缝处可在预制板面铺钢筋网片,拼缝宽度不宜小于 40 mm,预制板搁置在梁上、墙上的宽度分别不宜小于 20 mm 和 15 mm。

（5）板底钢筋锚入梁内或墙内的长度应符合现浇楼盖的要求,现浇层混凝土强度等级应比预制板高出一个等级。

（6）叠合楼板采用密拼的单向板连接方式如图 1-28 所示。

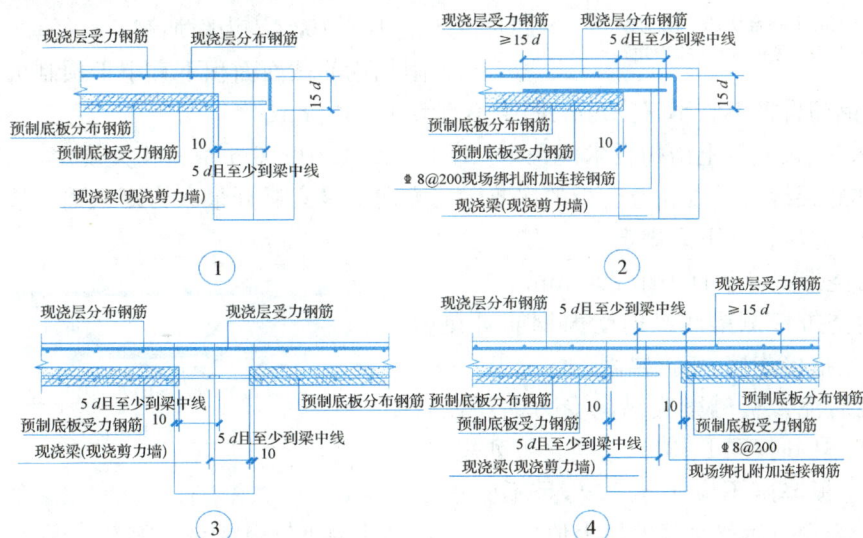

图 1-28　叠合楼板采用密拼的单向板连接方式

根据《装配式混凝土结构技术规程》(JGJ 1—2014)中 6.6.4 条款相关规定,叠合板支座处的纵向钢筋应符合下列规定:

(1) 板端支座处,预制板内的纵向受力钢筋宜从板端伸出并锚入支承梁或墙的后浇混凝土中,锚固长度不应小于 $5d$(d 为纵向受力钢筋直径),且宜伸过支座中心线(图 1-29a)。

(2) 单向叠合板的板侧支座处,当预制板内的板底分布钢筋伸入支承梁或墙的后浇混凝土中时,应符合上述第(1)条款要求;当板底分布钢筋不伸入支座时,宜在紧邻预制板顶面的后浇混凝土叠合层中设置附加钢筋,附加钢筋截面面积不宜小于预制板内的同向分布钢筋面积,间距不宜大于 600 mm,在板的后浇混凝土叠合层内锚固长度不宜小于 $15d$(d 为附加钢筋直径)且宜伸过支座中心线(图 1-29b)。

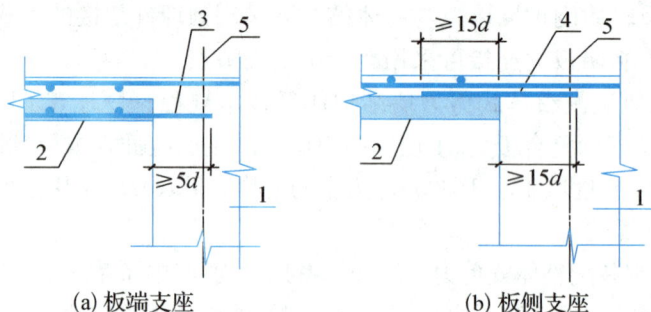

(a) 板端支座　　　　(b) 板侧支座

图 1-29　叠合板端及板侧支座构造示意

1—支承梁或墙;2—预制板;3—纵向受力钢筋;4—附加钢筋;5—支座中心线

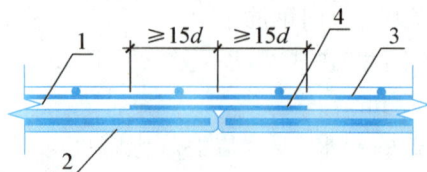

图 1-30　单向叠合板板侧分离式接缝构造示意

1—后浇混凝土叠合层;2—预制板;3—后浇层内钢筋;4—附加钢筋

根据《装配式混凝土结构技术规程》(JGJ 1—2014)中 6.6.5 条款相关规定,单向叠合板板侧的分离式接缝宜配置附加钢筋(图 1-30),并应符合下列规定:

(1) 接缝处紧邻预制板顶面宜设置垂直于板缝的附加钢筋,附加钢筋伸入两侧后浇混凝土叠合层的锚固长度不应小于 $15d$(d 为附加钢筋直径)。

(2) 附加钢筋截面面积不宜小于预制板中该方向钢筋面积,钢筋直径不宜小于 6 mm、间距不宜大于 250 mm。

根据《装配式混凝土结构技术规程》(JGJ 1—2014)中 6.6.6 条款相关规定,双向叠合板板侧的整体式接缝宜设置在叠合板的次要受力方向上且宜避开最大弯矩截面。接缝可采用后浇带形式,并应符合下列规定:

(1) 后浇带宽度不宜小于 200 mm。

(2) 后浇带板侧梁底纵向受力钢筋可在后浇带中焊接、搭接连接、弯折锚固。

(3) 当后浇带板侧梁底纵向受力钢筋在后浇带中弯折锚固时(图 1-31),应符合下列规定:

① 叠合板厚度不应小于 $10d$,且不应小于 120 mm(d 为弯折钢筋直径的较大值);

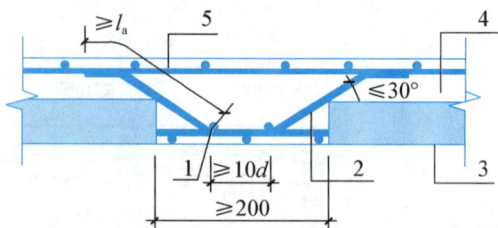

图 1-31　双向叠合板板侧整体式接缝构造示意

1—通长构造钢筋;2—纵向受力钢筋;3—预制板;4—后浇混凝土叠合层;5—后浇层内钢筋

② 接缝处预制板侧伸出的纵向受力钢筋应在后浇混凝土叠合层内锚固,且锚固长度不应小于 l_a;两侧钢筋在接缝处重叠的长度不应小于 $10d$,钢筋弯折角度不应大于 $30°$,弯折处沿接缝方向应不少于 2 根通长构造钢筋,且直径不应小于该方向预制板内钢筋直径。

1.4.4　桁架钢筋

现场视频

桁架筋

根据《装配式混凝土结构技术规程》(JGJ 1—2014)中 6.6.7 条款相关规定,桁架钢筋混凝土叠合板应满足下列要求:

(1)桁架钢筋应沿主要受力方向布置。

(2)桁架钢筋距板边不应大于 300 mm,间距不宜大于 600 mm。

(3)桁架钢筋弦杆钢筋直径不宜小于 8 mm,腹杆钢筋直径不应小于 4 mm。

(4)桁架钢筋弦杆混凝土保护层厚度不应小于 15 mm。

当未设置桁架钢筋时,在下列情况下,叠合板的预制板与后浇混凝土叠合层之间应设置抗剪构造钢筋:

(1)单向叠合板跨度大于 4.0 m 时,距制作 1/4 跨范围内。

(2)双向叠合板短向跨度大于 4.0 m 时,距四边支座 1/4 短跨范围内。

(3)悬挑叠合板。

(4)悬挑板的上部纵向受力钢筋在相邻叠合板的后浇混凝土锚固范围内。

微课

预制(叠合)梁

▶ 1.5　预制梁 ◀

在装配整体式框架结构中,常将预制梁做成 T 形截面,在预制板安装就位后,再现浇部分混凝土,即形成所谓的叠合梁(图 1-32、1-33)。

叠合梁是分两次浇捣混凝土的梁,第一次在预制场做成预制梁;第二次在施工现场进行,当预制梁吊装安放完成后,再浇捣上部的混凝土使其连成整体。叠合梁按受力性能又可分为“一阶段受力叠合梁”和“二阶段受力叠合梁”两类。前者是指施工阶段在预制梁下设有可靠支撑,能保证施工阶段作用的荷载全部传给支撑;后者则是指施工阶段在简支的预制梁下不设支撑,施工阶段的全部荷载完全由预制梁承担。

图 1-32　预制叠合梁

图 1 - 33　叠合梁现场吊装

▸ 1.5.1　基本要求

（1）叠合梁两端设抗剪键槽。

（2）在外侧边和高低板连接处叠合梁高的一侧设计 PC 模板。

（3）叠合梁底伸出钢筋锚入柱内。

▸ 1.5.2　承载力设计计算

预制混凝土叠合梁竖向接缝的受剪承载力设计值应按下列公式计算：

（1）持久设计状况：

$$V_u = 0.07 f_c A_{cl} + 0.10 f_c A_k + 1.65 A_{sd}(f_c f_y)$$

（2）地震设计状况：

$$V_{uE} = 0.04 f_c A_{cl} + 0.06 f_c A_k + 1.65 A_{sd}(f_c f_y)$$

式中：A_{cl}——叠合梁端截面后浇混凝土叠合层截面面积；

　　　f_c——预制构件混凝土轴心抗压强度设计值；

　　　f_y——垂直穿过结合面钢筋抗拉强度设计；

　　　A_k——键槽根部截面面积之和；

　　　A_{sd}——垂直穿过结合面所有钢筋面积（图 1 - 34），包括叠合层内的纵向钢筋。

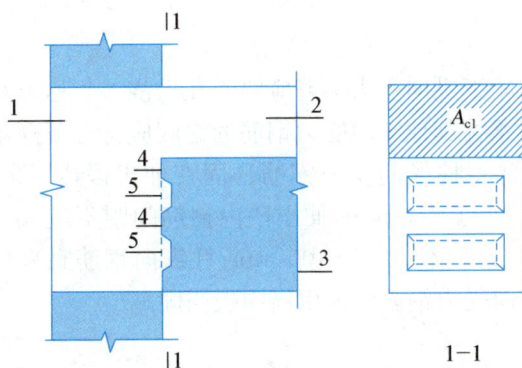

图1-34　叠合梁端受剪承载力计算参数示意
1—后浇节点区;2—后浇混凝土叠合层;3—预制梁;
4—预制键槽根部截面;5—后浇键槽根部截面

1.5.3　构造设计

(1) 抗震等级为一、二级的叠合框架梁的梁端箍筋加密区宜采用整体封闭箍筋。

(2) 采用组合封闭箍筋的形式时,开口箍筋上方应做成135°弯钩,非抗震设计时,弯钩端头平直段长度不应小于5d(d为箍筋直径);抗震设计时,平直段长度不应小于10d,现场应采用箍筋帽封闭开口箍,箍筋帽末端应做成135°弯钩,非抗震设计时,弯钩端头平直段长度不应小于5d;抗震设计时,平直段长度不应小于10d。

(3) 叠合梁可采用对接连接,并应符合下列规定:

① 连接处应设置后浇段,后浇段的长度应满足梁下部纵向钢筋连接作业的空间需求;

② 梁下部纵向钢筋在后浇段内宜采用机械连接、套筒灌浆连接或焊接连接;

③ 后浇段内的箍筋应加密,箍筋间距不应大于5d(d为纵向钢筋直径),且不应大于100 mm(图1-35)。

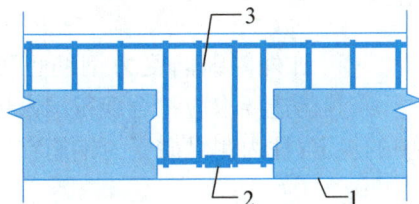

图1-35　叠合梁连接节点示意
1—预制叠合梁;2—钢筋连接接头;3—后浇段

1.5.4　主次梁连接节点

(1) 装配整体式框架结构中,当采用叠合梁时,框架梁的后浇混凝土叠合层厚度不宜小于150 mm,次梁的后浇混凝土叠合层厚度不宜小于120 mm;当采用凹口截面预制梁时,凹口深度不宜小于50 mm,凹口边厚度不宜小于60 mm。

(2) 主梁与次梁采用后浇段连接时,应符合下列规定:

① 在端部节点处,次梁下部纵向钢筋伸入主梁后浇段内的长度不应小于12d。次梁上部纵向钢筋应在主梁后浇段内锚固。当采用弯折锚固或锚固板时,锚固直段长度不应小于0.6l_{ab};当钢筋应力不大于钢筋强度设计值的50%时,锚固直段长度不应小于0.35l_{ab};弯折锚固的弯折后直段长度不应小于12d(d为纵向钢筋直径)。

② 在中间节点处,两侧次梁的下部纵向钢筋伸入主梁后浇段内长度不应小于12d(d为纵向钢筋直径);次梁上部纵向钢筋应在现浇层内贯通。

▶ 1.5.5 锚固板

微课

锚固板及其他
预制构件

对框架顶层端节点,梁下纵向受力钢筋应锚固在后浇节点区域内,且宜采用锚固板的锚固方式;梁柱其他纵向受力钢筋的锚固应符合下列规定:

(1)柱宜伸出屋面并将柱纵向受力钢筋锚固在伸出段内(图 1 - 36、1 - 37a),伸出段长度不宜小于 500 mm,伸出段内箍筋间距不应大于 $5d$(d 代表柱纵向受力钢筋直径),且不应大于 100 mm;柱纵向钢筋宜采用锚固板锚固,锚固长度不应小于 $40d$;梁上部纵向受力钢筋宜采用锚固板锚固。

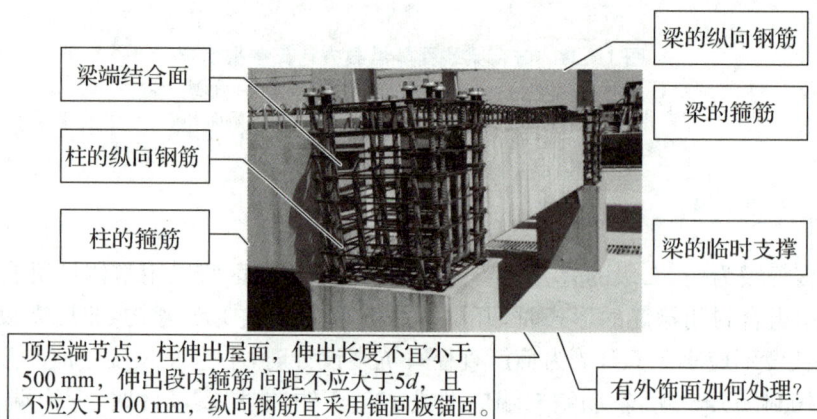

图 1 - 36   梁柱节点锚固板连接

(2)柱外侧纵向受力钢筋也可与梁上部纵向受力钢筋在后浇节点区域搭接(图 1 - 37b),其构造要求应符合现行国家标准《混凝土结构设计规范(2015 版)》(GB 50010—2010)中的规定;柱内侧纵向受力钢筋宜采用锚固板锚固(图 1 - 38)。

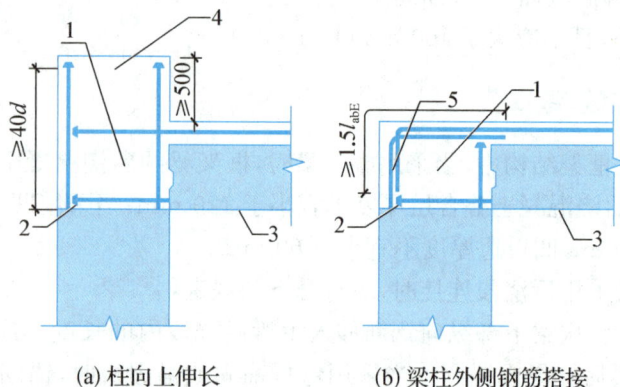

(a) 柱向上伸长   (b) 梁柱外侧钢筋搭接

图 1 - 37   预制柱及叠合梁框架顶层端节点构造示意
1—后浇区;2—梁下部纵向受力钢筋锚固;
3—预制梁;4—柱延伸段;5—梁柱外侧钢筋搭接

图 1-38　现场叠合梁纵向钢筋锚固板

现场视频

预制楼梯

▶ 1.6　预制楼梯 ◀

楼梯采用预制装配式(图 1-39)。楼梯段与休息板之间,休息板与楼梯间墙板之间均采用可靠的连接。常用的做法是在楼梯间墙板上预留洞、槽或挑出牛腿以及焊接托座,保证休息板的横梁有足够的支承长度。

图 1-39　预制楼梯

▌▶ 1.6.1　预制楼梯特点

(1) 构件制作简单,施工方便,节省工期,减少现场的工作量。

(2) 预制梯段板上端铰接连接,下端铰接滑动于梯梁挑边上。

(3) 预制楼梯面一次成型,无需抹灰。

1.6.2　技术要求

（1）预制楼梯设计遵循模数化、标准化、系列化。

（2）楼梯梯段板按简支计算模型考虑，支座处为销键连接，上端支承处为固定铰支座，下端支承处为滑动铰支座，可不参与整体结构计算。

（3）预制楼梯梯段板应进行结构性能检验（型式检验）。

1.6.3　连接方式

（1）预制楼梯连接节点：上端固定铰，下端滑动铰。

（2）根据《装配式混凝土结构技术规程》（JGJ 1—2014）中条款 6.5.8 规定，预制楼梯与支承构件之间宜采用简支连接。采用简支连接时，应符合下列规定：

① 预制楼梯宜一段设置固定铰，另一端设置滑动铰，其转动及滑动变形能力应满足结构层间位移的要求，且预制楼梯端部在支承构件上的最小搁置长度应符合表 1-9 的规定。

表 1-9　预制楼梯端部在支承构件上的最小搁置长度

抗震设防烈度	6 度	7 度	8 度
最小搁置长度（mm）	75	75	100

② 预制楼梯设置滑动铰的端部应采取防止滑落的构造措施（图 1-40）。

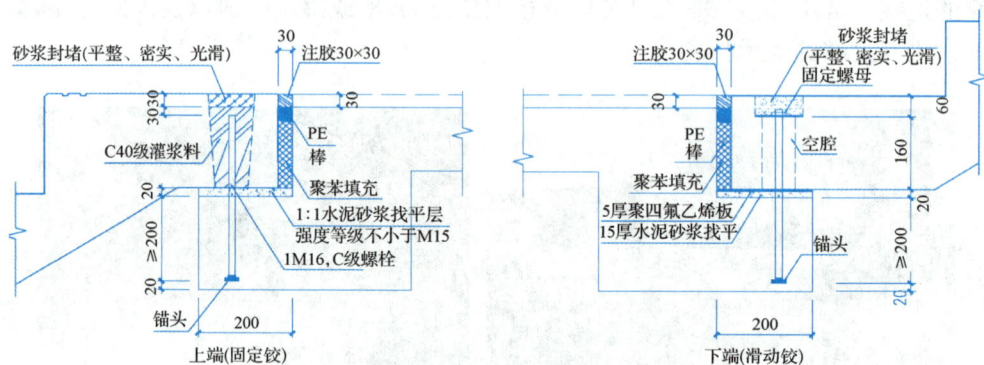

图 1-40　预制楼梯连接节点构造示意

1.7　其他构件

1.7.1　女儿墙

装配式建筑中的女儿墙有砌筑和预制两种做法。预制女儿墙一般是在轻骨料混凝土墙板的侧面做出销键，预留套环，板底有凹槽与下层墙板结合。板的厚度可与主体墙板一致。女儿墙板内侧设凹槽预埋木砖，供与屋面防水卷材交接（图 1-41）。

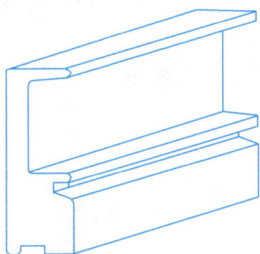

图 1-41　女儿墙

▶ 1.7.2　阳台板、空调板

阳台板、空调板宜采用叠合构件或预制构件(图 1-42～1-44)。预制构件应与主体结构可靠连接;叠合构件的负弯矩钢筋应在相邻叠合板的后浇混凝土中可靠锚固。

图 1-42　叠合阳台构件图

图 1-43　叠合阳台现场构件拼装　　　　图 1-44　预制空调板

1. 预制阳台板特点

(1) 板式阳台采用预制叠合阳台板,将立面装饰线条一起预制,取消了外脚手架。

(2) 立面建筑造型与预制阳台一体化,无需二次装饰。

2. 节点连接要求

根据《装配式混凝土结构技术规程》(JGJ 1—2014)中条款 6.6.10 规定,叠合构件中预制板底钢筋的锚固应符合下列规定:

(1) 当板底为构造配筋时,其钢筋锚固应符合《装配式混凝土结构技术规程》(JGJ 1—2014)中条款 6.6.4 条第 1 款的规定。

(2) 当板底为计算要求配筋时,钢筋应满足受拉钢筋的锚固要求。

1.8 粗糙面与键槽

根据《装配式混凝土结构技术规程》(JGJ 1—2014)中条款 6.5.5 规定,预制构件与后浇混凝土、灌浆料、坐浆材料的结合面应设置粗糙面、键槽,并应符合下列规定:

(1) 预制板与后浇混凝土叠合层之间的结合面应设置粗糙面。

(2) 预制梁端面应设置键槽(图 1-45、图 1-46)且宜设置粗糙面。键槽的尺寸和数量应按《装配式混凝土结构技术规程》(JGJ 1—2014)中条款 7.2.2 规定执行;键槽的深度 t 不宜小于 30 mm,宽度 w 不宜小于深度的 3 倍且不宜大于深度的 10 倍;键槽可贯通截面,当不贯通时槽口距离截面边缘不宜小于 50 mm;键槽间距宜等于键槽宽度;键槽端部斜面倾角不宜大于 30°。

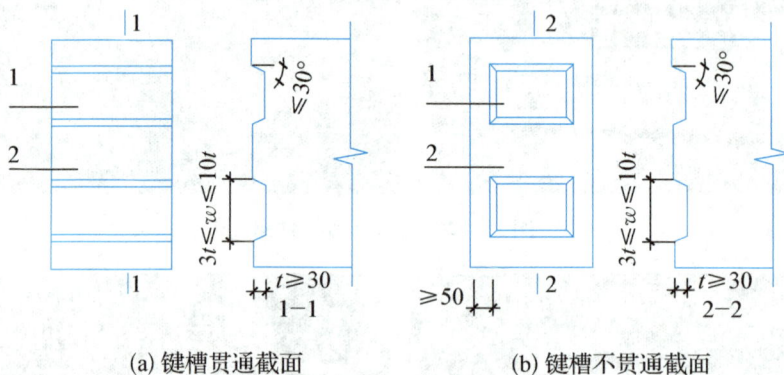

(a) 键槽贯通截面　　　　　(b) 键槽不贯通截面

图 1-45　梁端键槽构造示意

图 1-46　成品预制梁端部键槽

(3) 预制剪力墙的顶部和底部与后浇混凝土的结合面应设置粗糙面;侧面与后浇混凝土的结合面应设置粗糙面,也可设置键槽;键槽深度 t 不宜小于 20 mm,宽度 w 不宜小于深度的 3 倍且不宜大于深度的 10 倍;键槽间距宜等于键槽宽度;键槽端部斜面倾角不宜大于 30°。

(4) 预制柱的底部应设置键槽且宜设置粗糙面,键槽应均匀布置,键槽深度不宜小于 30 mm,键槽端部斜面倾角不宜大于 30°。

(5) 粗糙面的面积不宜小于结合面的 80%(图 1-47),预制板的粗糙面凹凸深度不应小于 4 mm,预制梁端、预制柱端、预制墙端的粗糙面凹凸深度不应小于 6 mm。

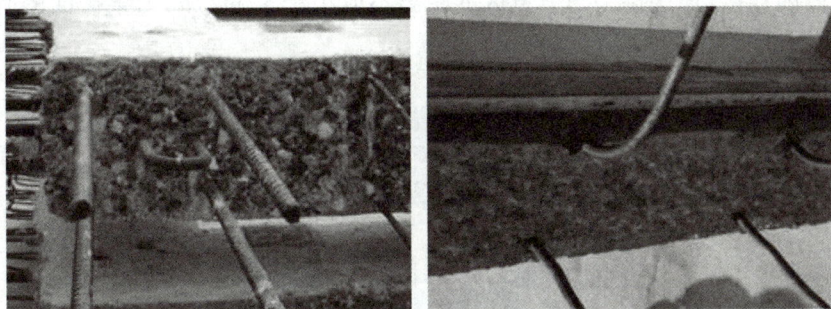

图 1-47　预制墙板端面设置粗糙面

▶ 1.9　预制剪力墙接缝 ◀

当房屋高度不大于 10 m 且不超过 3 层时,预制剪力墙截面厚度不应小于 120 mm;当房屋超过 3 层时,预制剪力墙截面厚度不宜小于 140 mm。当预制剪力墙截面厚度不小于140 mm 时,应配置双排双向分布钢筋网,剪力墙中水平及竖向分布筋的最小配筋率不应小于 0.15%。

(1) 预制剪力墙底部接缝宜设置在楼面标高处,并应符合下列规定:

① 接缝高度宜为 20 mm;

② 接缝宜采用灌浆料填实;

③ 接缝处后浇混凝土上表面应设置粗糙面。

(2) 楼层内相邻预制剪力墙之间的竖向接缝可采用后浇段连接,并符合下列规定:

① 后浇段内应设置竖向钢筋,竖向钢筋配筋率不应小于墙体竖向分布筋配筋率,且不宜小于 2 Φ 12。

② 预制剪力墙的水平分布钢筋在后浇段内的锚固、连接应符合现行国家标准《混凝土结构设计规范(2015 版)》(GB 50010—2010)的有关规定。

(3) 预制剪力墙水平接缝宜设置在楼面标高处,并应满足下列要求:

① 接缝厚度宜为 20 mm。

② 接缝处应设置连接节点,连接节点间距不宜大于 1 m;穿过接缝的连接钢筋数量应满足接缝受剪承载力的要求,且配筋率不应低于墙板竖向钢筋配筋率,连接钢筋直径不应小于 14 mm。

③ 连接钢筋可采用套筒灌浆连接、浆锚搭接连接、焊接连接。

▶ 1.10　梁柱节点连接 ◀

采用预制柱及叠合梁的装配整体式框架节点(图 1-48～图 1-50),梁纵向受力钢筋应伸入后浇节点内锚固或连接,并应符合下列规定:

(1) 采用预制柱及叠合梁的装配整体式框架节点,梁下部纵向受力钢筋也可伸至节点

现场视频

剪力墙交接处构造钢筋

微课

预制剪力墙接缝

区外的后浇段内连接,连接接头与节点区的距离不应小于 $1.5h_0$(h_0 为梁截面的有效高度),见图 1-48。

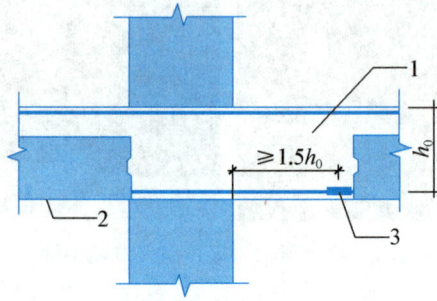

图 1-48 梁纵向钢筋在节点区域外的后浇段内连接示意
1—后浇段;2—预制梁;3—纵向受力钢筋连接

(2) 对框架中间层中节点,节点两侧的梁下部纵向受力钢筋宜锚固在后浇节点区内(图 1-49a),也可采用机械连接或焊接的方式直接连接(图 1-49b);梁的上部纵向受力钢筋应贯穿后浇节点区。

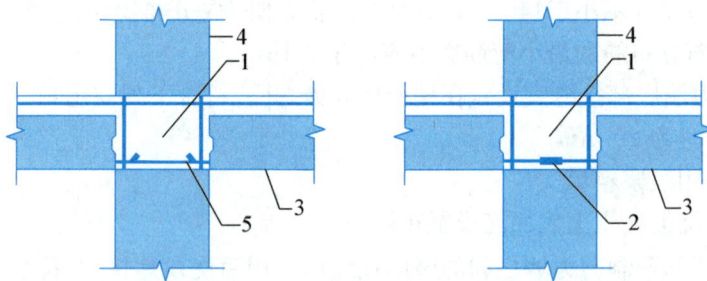

(a) 梁下部纵向受力钢筋锚固　　　　(b) 梁下部纵向受力钢筋连接

图 1-49 预制柱及叠合梁框架中间层中节点构造示意
1—后浇区;2—梁下部纵向受力钢筋连接;3—预制梁;4—预制柱;5—梁下部纵向受力钢筋锚固

(3) 对框架中间层端节点,当柱截面尺寸不满足梁纵向受力钢筋的直线锚固要求时,宜采用锚固板锚固(图 1-50),也可采用 90°弯折锚固。

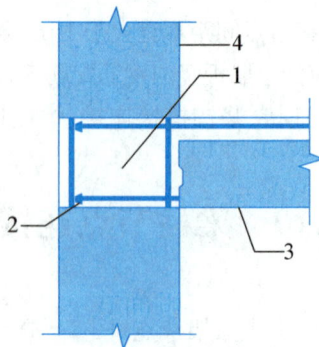

图 1-50 预制柱及叠合梁框架中间层端节点构造示意
1—后浇区;2—梁纵向受力钢筋锚固;3—预制梁;4—预制柱

（4）对框架顶层中节点，梁纵向受力钢筋的构造如图1-51所示。柱纵向受力钢筋宜采用直线锚固；当梁截面尺寸不满足直线锚固要求时，宜采用锚固板锚固（图1-52）。

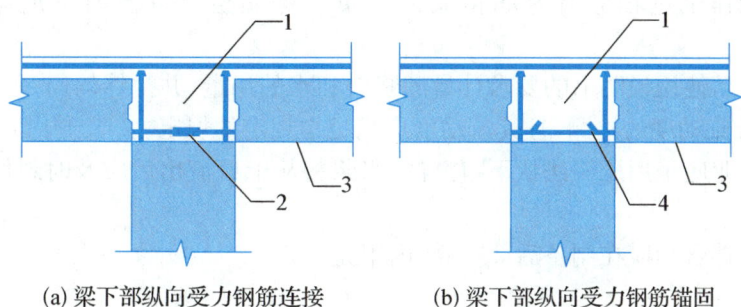

(a) 梁下部纵向受力钢筋连接　　　　(b) 梁下部纵向受力钢筋锚固

图1-51　预制柱及叠合梁框架顶层中节点构造示意

1—后浇区；2—梁下部纵向受力钢筋连接；3—预制梁；4—梁下部纵向受力钢筋锚固

图1-52　预制梁柱节点现场钢筋连接锚固板示意

现场预制梁柱节点安装如图1-53所示。

图1-53　框架柱-梁后浇节点

1.11　节点灌浆

钢筋套筒灌浆连接接头、钢筋浆锚搭接连接接头应按检验批划分要求及时灌浆，灌浆作业应符合国家现行有关标准及施工方案的要求（图1-54～1-55），并应符合下列规定：

（1）灌浆施工时，环境温度不应低于5℃；当连接部位养护温度低于10℃时，应采取加热保温措施。

（2）灌浆操作全过程应有专职检验人员负责旁站监督并及时形成施工质量检查记录。

（3）应按产品使用说明书的要求计量灌浆料和水的用量，并搅拌均匀；每次拌制的灌浆料拌合物应进行流动度的检测，且其流动度应满足本规定的规定。

（4）灌浆作业应采用压浆法从下口灌注，当浆料从上口流出后应及时封堵，必要时可设分仓进行灌浆。

（5）灌浆料拌合物应在制备后30 min内用完。

图1-54　竖向构件钢筋灌浆套筒连接(预制柱)

图1-55　水平构件钢筋灌浆套筒连接(叠合梁)

▶ 1.12　连接节点后浇段 ◀

(1) 预制构件结合面疏松部分的混凝土应剔除并清理干净。

(2) 模板应保证后浇混凝土部分形状、尺寸和位置准确,并应防止漏浆。

(3) 在浇筑混凝土前应洒水润湿结合面,混凝土应振捣密实。

(4) 同一配合比的混凝土,每工作班且建筑面积不超过 1 000 m² 应制作一组标准养护试件,同一楼层应制作不少于 3 组标准养护试件。

▶ 1.13　外墙板接缝 ◀

外墙板接缝防水施工应符合下列规定:

(1) 防水施工前,应将板缝空腔清理干净。

(2) 应按设计要求填塞背衬材料。

(3) 密封材料嵌填应饱满、密实、均匀、顺直、表面平滑其厚度应符合设计要求。

▶ 1.14　竖向构件底部连接部位封堵构造做法 ◀

(1) 现浇混凝土浇筑完成 24 h 后,进行测量放线,包括轴线、边线、控制线、墙板的左右位置线等。

(2) 墙底根部标高的抄测。根据施工及工艺要求,墙板根部应留设 2 cm 缝隙,吊装前,在墙板根部垫设钢垫片,每块墙板不应少于垫设 2 处,以此控制预制墙板的上下位移。

(3) 连接钢筋的检查,在吊装之前,应根据施工控制线进行位置的检查,并抄测连接钢筋高度,根据套筒深度对高出的部分采用切割机进行切除,严禁超割(图 1-56)。

(4) 根部连接部位的封堵:在墙板吊装前,应沿外墙板保温板位置垫设保温板或者海绵条,厚度宜为 3 cm~5 cm,宽度同外墙板保温厚度,以此防止注浆时根部跑浆(图 1-57)。

图 1-56　高出部分钢筋现场切除　　图 1-57　标高抄测及海绵条封堵

▶ 1.15 支撑体系 ◀

图 1-58 水平向预制构件临时支撑

图 1-59 竖向预制构件临时支撑

图 1-60 夹心保温外墙封模

▶ 思考练习题 ◀

1. 简述预制墙板的分类。
2. 简述预制剪力墙开洞构造技术要求。
3. 简述预制剪力墙底部接缝位置及技术要求。
4. 简述外挂墙板最外层钢筋的保护层厚度设置要求。
5. 简述预制柱底部加密区位置及基本要求。
6. 简述键槽设置要求。

学习情境 2 预制构件生产工艺

素质目标 （依据专业教学标准）

（1）坚定拥护中国共产党领导和我国社会主义制度，践行社会主义核心价值观，具有深厚的爱国情感和中华民族自豪感。

（2）崇尚宪法、遵纪守法、崇德向善、诚实守信、尊重生命、热爱劳动，履行道德准则和行为规范，具有社会责任感和社会参与意识。

（3）具有质量意识、环保意识、安全意识、信息素养、工匠精神和创新意识。

（4）勇于奋斗、乐观向上，具有自我管理能力和职业生涯规划意识，具有较强的集体意识和团队合作精神。

（5）具有健康的体魄、心理和健全的人格，以及良好的行为习惯。

（6）具有正确的审美和人文素养。

知识目标

（1）了解预制构件生产基本要求。

（2）了解预制构件模具处理流程及操作要求。

（3）了解国内外钢筋加工技术水平。

（4）掌握抗剪键槽留置质量控制标准。

（5）掌握混凝土养护质量标准。

能力目标

（1）能编写铝合金窗墙一体化产品生产工艺流程及技术要点。

（2）能编写预制石材倒模反打工艺流程及技术要点。

（3）能编写典型工程预制构件生产、运输、堆放、吊装等全过程初步技术方案。

学习资料准备

（1）中华人民共和国住房和城乡建设部.钢筋连接用套筒灌浆料:JG/T 408—2019[S].北京:中国标准出版社,2019.

（2）中华人民共和国住房和城乡建设部.普通混凝土配合比设计规程:JGJ 55—2011[S].北京:中国建筑工业出版社,2012.

（3）中华人民共和国住房和城乡建设部.钢筋机械连接技术规程:JGJ 107—2016[S].北京:中国建筑工业出版社,2016.

▶ 2.1　预制构件生产基本要求 ◀

现场视频

台模处理

　　预制构件生产质量直接影响整体装配式建筑建造质量,当前全国各地区相关标准逐步趋于统一,装配式建筑预制构件在生产过程中应符合国家及行业相关标准的基本要求:

　　(1)构件浇筑成型前,模具、脱模剂涂刷、钢筋骨架质量、保护层控制措施、预埋管道及线盒、配件和埋件、吊环等应进行隐蔽验收,符合有关标准规定和设计文件要求后方可浇筑混凝土(图2-1、图2-2)。

现场视频

PC工厂流水线

现场视频

预埋线盒

图 2-1　台模涂刷脱模剂

　　(2)混凝土浇筑时的投料高度应小于500 mm。

　　(3)混凝土振捣宜采用插入式振动器振捣或工厂自动化振动台振捣(图2-2)。

图 2-2　叠合板浇筑与振捣

　　(4)凝土浇筑应连续进行,浇筑过程中应观察模具、门窗框、预埋件等是否有变形和位移,如有异常应及时采取补救措施(图2-3)。

现场视频

图 2-3　预制剪力墙窗洞口加固

墙板混凝土
浇筑成型

（5）配件、埋件、门窗框处混凝土应浇捣密实,其外露部分应有防污染措施。

（6）预制构件混凝土浇筑完毕后应及时养护。台模内混凝土浇筑振捣应减少漏浆量,采用的堵漏插件如图 2-4 所示。

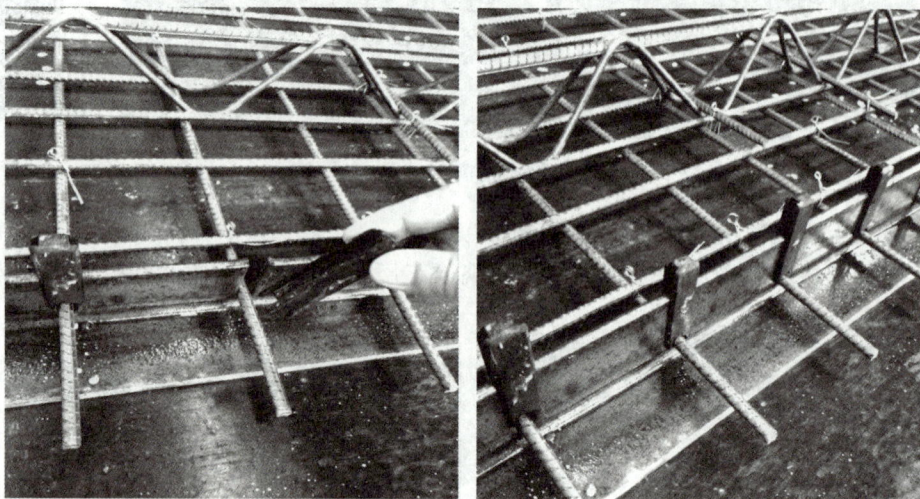

图 2-4　堵漏插件

（7）当采用蒸汽养护时应符合下列要求:

① 静停时间为混凝土全部浇捣完毕后不宜小于 2 h。

② 升温速度不得大于 25 ℃/h。

③ 恒温时最高温度不宜超过 70 ℃,恒温时间不宜小于 3 h。

④ 降温速度不宜大于 15 ℃/h,构件脱模后其表面与外界环境温差不宜大于 20 ℃。

（8）带饰面的预制构件宜采用反打成型,也可采用后贴工艺制作。面砖背面宜带有燕尾槽,石材背面应做涂覆防水处理。

（9）对带保温材料的预制构件宜采用水平浇筑方式成型,保温材料宜在混凝土成型过程中放置固定。

（10）带门窗框、预埋管线的预制构件，其制作应符合下列规定：

① 窗框、预埋管线应在浇筑混凝土前预先放置并固定，固定时应采取防止窗框破坏及污染窗体表面的保护措施；

② 当采用铝窗框时，应采取避免铝窗框与混凝土直接接触发生电化学腐蚀的措施；

③ 应采取措施控制温度或受力变形对门窗产生的不利影响。

（11）预制构件与现浇结构的结合面应采取拉毛或凿毛处理，也可采用露骨料粗糙面（图 2-5、图 2-6）。

图 2-5　剪力墙板端面粗糙处理

图 2-6　夹心保温墙板端面粗糙处理

现场视频

钢筋自动
加工设备

▶ 2.2　钢筋加工 ◀

▶ 2.2.1　国外钢筋加工设备的现状

欧美发达国家在钢筋加工设备自动化技术方面走在世界的前面，一些数控钢筋加工设备的知名企业都来自欧洲国家，其技术水平更是站在世界钢筋加工设备技术的前端。加之国外发达国家装配式建筑起步较早，其钢筋加工设备的智能化程度较高，而且在相关领域已经进行了很多标准化工作。比较知名的有 MEP 公司、德国 PEDAX、SCHNELL 公司、EVG 公司、普瑞集团等（表 2-1）。

表 2-1　国外钢筋加工设备厂家自动化水平及软件系统

公司名称	钢筋生产线性能	智能化软件系统
奥地利 EVG 公司	架焊接生产线：实现钢筋自动上料，桁架宽度可调，可实现特殊的焊接要求。数控钢筋网焊接生产线：实现横筋和纵筋的自动上料，可实现网片的开口自动焊接，焊接成品自动拉钩。	完成钢筋产品从设计到生产一体化。

(续表)

公司名称	钢筋生产线性能	智能化软件系统
意大利 MEP 公司	1. 盘条钢筋网片焊机设备:能够在最大指定的尺寸范围内使用不同直径的线材,焊接成任何形状(带有预留的润、窗户或开口)的钢筋网片。 2. 桁架焊接生产线;该设备由自动化电器控制,生产焊接、切割成型的筋桁架梁。 3. 钢筋定尺剪切弯曲成型设备:设备由自动化程序控制,消除了剪切和折弯单元之间的中间存储和中间处理,该机器自动将需要折弯的钢从仅需进行长度剪切的钢筋中区分出来。 4. 数控钢筋弯箍机:集弯箍、成型、剪切于一体,该设备为高端全自动,电气控制,盘圆钢筋均可加工。	实现钢筋产业主数据的管理以及计划表和钢筋表的输入的程序。在主数据的基础上,可以形成新的计划表,可以对相应已有的计划表进行操作。能够打印钢材表、标签和计划表中能够加工的列表。接着输入的条形标签能被直接传递到机器。
德国 PEDAX 公司	1. 数控剪切生产线:对棒材钢筋进行高质量的剪切、输送、储存、弯曲等一体化加工。 2. 数控钢筋网焊接生产线:需手动将纵筋插入安装在传送装置上,能实现网片开窗焊接要求。 3. 桁架筋焊接生产线:全自动数控焊接机、产能高,主筋和腹筋被伺服驱动的数控传输装置拉入焊接机。	采用图形符号,操作系统良好,操作简单、直观。

▶ 2.2.2 国内钢筋加工设备的现状

现场视频

箍筋设备
自动化加工

目前国内的数控钢筋加工设备的设计研发、生产制造发展迅速,年生产总量 3 000 多台,年产销量位于世界前列。由于近些年我国城市建设的飞速发展,使国内钢筋加工行业也在快速进步。在参考 MEP、SCHNELL、PROGRESS、日本、韩国等公司产品情况下,结合现有技术,国内钢筋加工设备的技术水平迅猛提高,许多新型产品不断涌现。常用的数控钢筋加工设备种类已经全部开发出来。数控钢筋弯箍机、钢筋剪切生产线、钢筋弯曲生产线、钢筋网焊接生产线、钢筋笼焊接生产线、钢筋桁架焊接生产线等自动化生产设备得到广泛应用,主要功能方面已经处于国际一流水平,对钢筋的适用性优于国外设备。设备采用伺服电机、PLC 控制技术和工业级触摸屏人机交换界面技术,对于钢筋加工原材料的运输、焊接以及成品的收集工作都可以实现自动智能化的控制,大大减轻了工人劳动强度,提高了生产效率和加工质量,大大缩减了与国外钢筋加工机械产品的技术差距(表 2-2)。

表 2-2 国内钢筋加工设备厂家自动化水平及软件系统

公司名称	钢筋生产线性能	智能化软件系统
天津建科	1. 数控钢筋网焊接生产线:横向和纵向钢筋均能自动上料,现场生产线。 2. 自动钢筋桁架焊接生产线:桁架焊接成型后由自动接料机构自动堆叠,通过辊道自动输送出主机进行存放。	MES 智能化软件管理系统,实现图形编辑,数据下发,条码打印,配筋单打印,生产加工一体化。
廊坊凯博建设机械	包括数控钢筋弯箍机、钢筋调直切断机、数控立式弯曲中心、数控剪切生产线、自动钢筋桁架焊接生产线、数控钢筋焊网机、钢筋直螺纹套丝机等设备,可实现自动上料、自动加工。	MES 智能化软件管理系统

（续表）

公司名称	钢筋生产线性能	智能化软件系统
天津施耐尔	数控钢筋弯箍机、钢筋调直切断机：可以同时加工双线，压轮式调直方式，可以从上、下、前、后四个方向调直钢筋。 数控剪切生产线：集原料分类铺存、输送、长度测量、剪切、分类收集等功能于一体。 数控棒材钢筋弯曲中心：可以和剪切线联机使用，只需 1 人操作。	Coil-H-Control 软件
天津市银丰机械	全自动柔性焊网生产线，数控钢筋桁架生产线、数控钢筋弯箍机、数控钢筋弯曲中心等全套设备均能自动识别钢筋产品图形，自动化生产加工成型钢筋。	MB-Manipulate 软件管理系统，实现与 BM 模型软件数据对接，自动软件数据对接，自动记录生产过程信息，生成产品条形码，生产加工一体化。

微课

预制构件生产——预制构件生产基本要求

2.3　预制构件生产工艺

微课

预制构件生产——PC 工厂规划设计

2.3.1　铝合金窗墙一体化产品生产工艺

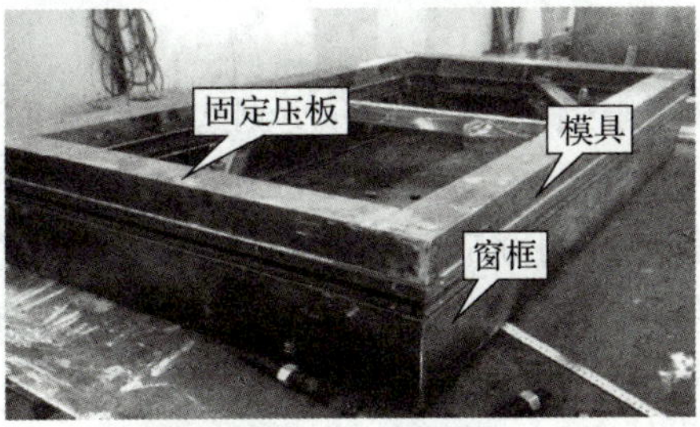

图 2－7　窗框模板支模

微课

预制构件生产——生产线布置及装备

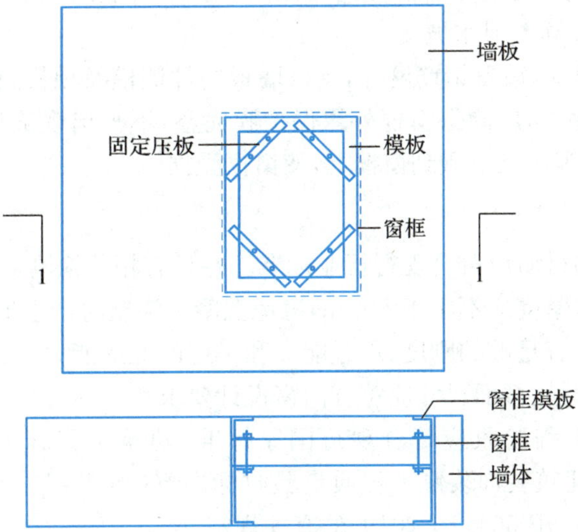

现场视频

窗框预埋件

图 2－8　窗一体化示意图及 1—1 剖面图

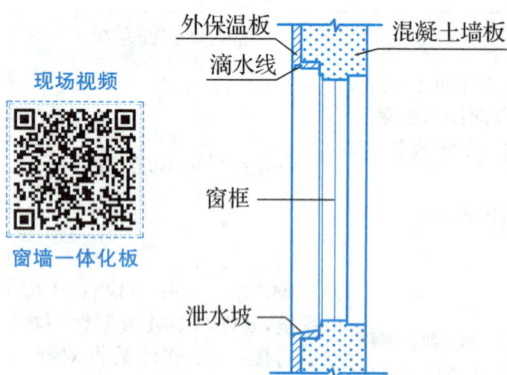

图 2-9　预制铝合金窗一次成型剖面图

图 2-10　成品示意图

铝合金窗一体化施工工艺：

1. 工艺流程

加工窗模—组合窗模窗框—铺设保温板—放钢筋笼—支侧模—放套筒等附属部件—浇筑混凝土

2. 操作工艺

（1）根据窗框尺寸使用 5～8 mm 钢板分别制作两个窗模板，窗框高度、外包尺寸应根据设计要求加工。

（2）加工前首先将窗框外侧边保护膜清除，使侧边凹槽外露，同时注意保留窗框表面保护膜。将窗框下模板放置在台模上，校准位置并固定，窗框放置在窗模板上，四边分别距离窗模板侧边 0.5 cm，窗框四周距侧边 0.5 cm 处四周粘贴 1 cm 宽双面胶条（起到保护窗框以及防止混凝土浆渗漏的作用）使框架与双面胶条贴合紧密。底部框架放置完成后依照同样原理在窗框上边放置上部窗模板，最后用螺杆和压条固定窗框。

（3）在窗框固定完毕后，再次校准窗框位置。按照施工工艺要求，在窗框与外界接触侧壁放置保温板，紧贴窗框；窗框处断桥应铺设保温。其中窗框洞口上部按要求加设滴水线，下部保温板按要求裁设高差泄水坡度。

（4）铺设外墙保温板，放置钢筋网片，支设墙板构件侧模及顶模，焊接埋件、套筒等附属部件。同时在此类工序中，应确保窗框外露保护膜完整，不得出现破损、撕毁等情况。以防浇筑混凝土时，水泥浆等污染物溅到窗框上，使窗框受损。

3. 质量要求

（1）铝合金窗框的材质应符合现行行业标准。并具有相关检测资料及进场复检报告。

（2）窗框模板材质厚度应不小于 5 mm，避免混凝土浇筑时产生形变。

（3）铝合金窗应具有足够的刚度、承载能力和一定的变形能力。

（4）铝合金型材牌号、截面尺寸应符合门窗设计要求。

（5）铝合金门窗工程验收应符合现行国家标准《建筑工程施工质量验收统一标准》（GB 50300—2013）、《建筑装饰装修工程质量验收标准》（GB 50210—2018）及《建筑节能工程施工质量验收标准》（GB 50411—2019）的有关规定。

2.3.2　外墙保温一体化产品生产工艺

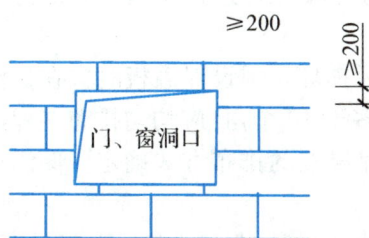

图 2－11　保温板排布

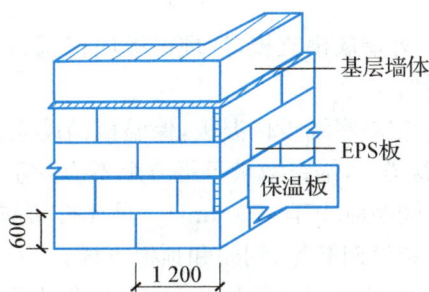

图 2－12　门窗洞口保温板排布

图 2－13　保温板排布

图 2－14　铺设钢筋笼及模板支模

根据《装配式混凝土结构技术规程》(JGJ 1—2014)中条款 4.3.2 规定,夹心外墙板中的保温材料,其导热系数不宜大于 0.040 W/(m·K),体积比吸水率不宜大于 0.3%,燃烧性能不宜低于国家标准《建筑材料及制品燃烧性能分级》(GB 8624—2012)中 A 级的要求。

保温一体化施工工艺:

1. 工艺流程

清理台模—支模—铺设保温板—安装钢筋笼—浇筑混凝土—构件起吊—抹面层施工

2. 操作工艺

(1) 根据墙板构件图纸,应预先将外墙图纸送至保温板加工区域,由制作人员画出外墙尺寸并标注需要铺设保温板的区域。根据铺设面积以及保温板尺寸,确定需要的保温板数量。

(2) 在保温板铺设区域内排布保温板,排布保温板时,接缝不平处应用粗砂纸进行打磨,打磨动作宜为轻柔的圆周运动,不要沿着保温板接缝平整的方向打磨。打磨后应用刷子或压缩空气将打磨产生的碎屑、浮灰清理干净。

(3) 保温板应竖缝逐行错缝,墙角处应交错互锁。有门窗洞口的,应放置 30 mm×70 mm 的保温条,起到隔热断桥作用,且门窗洞口四角保温板不得拼接,应采用整块板切割成形,且接缝应离开角部至少 200 mm。

(4) 保温板在加工区域内排布完成后,应进行检查,确定无误。再在保温板上用记号笔编号,以方便在台模上铺设。编号完成后,按构件编号整理,并送至流水线保温板放置区域内。

(5) 外墙底模支模,清理模板内保温板铺设区域内垃圾、油污、脱模剂等可能污染保温板的异物。

(6) 按顺序铺设保温板,保温板铺设应保证平整,无损坏。铺设保温板时应在保温板中锚上保温锚钉,锚钉数量每平方米不应少于 7 个,不宜多于 10 个,且应均匀排布在保温层中(保温钉间距应小于 400 mm)。具体排布应根据实际保温板的排布方式确定。保温板铺设完成后,铺设钢筋笼、侧模和顶模支模。

(7) 构件平运成品保护,应在构件上下用于垫置木方的区域不排布保温板,预留尺寸200 mm×200 mm。构件必须达到拆模其强度才允许拆模,且必须采用专用拆模工具。构件起吊、运输过程中应缓慢、平稳,不得出现碰撞,构件四角宜用专用角条包裹。木方应垫置在指定的预留区域内,不得随意垫置,以防损坏保温层。构件出场前应定期检查,确保饰面层无污染、无空鼓等现象,确保保温层无损伤。

(8) 构件竖向运输成品保护,构件保温板应满铺外保温区域,构件吊运之竖向运输架时,应注意外保温面朝外,且构件必须确保固定在架子上,方可去除吊钩。构件出场前应定期检查,确保饰面层无污染、无空鼓等现象,确保保温层无损伤。

3. 质量要求

(1) 外保温系统及主要组成材料性能应符合国家现行标准。

(2) 保温板厚度应符合设计要求。

(3) 保温板在施工过程中应确保表面无油污、无脚印等污染物。

(4) 混凝土浇筑应充分振捣密实。

(5) 保温钉排布应均匀且纵横向间距不应大于 400 mm。

(6) 保温板排布应纵向逐行错缝,墙角处应交错互锁。

(7) 保温板排布应紧凑,板与板之间不得有空隙、不得有漏浆现象。

(8) 抹面层表面平整度 1 mm,立面垂直度 1 mm,阳、阴角方正。

2.3.3 外墙饰面产品生产工艺

1. 仿石饰面施工工艺

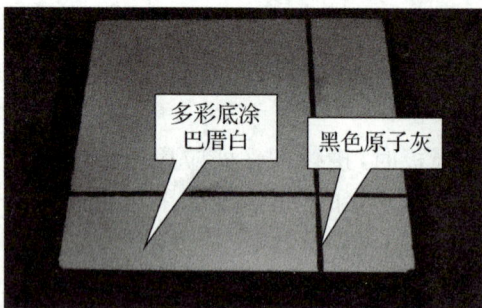

图 2-15　构件表面喷涂底漆

图 2-16　仿石饰面成品

(1) 工艺流程

固定模具—刷脱模剂—布设抗裂网片—浇筑混凝土—混凝土养护—拆除模具—喷涂底漆—分割线处理—喷仿石漆—喷保护漆

(2) 操作工艺

① 浇筑混凝土的同时制作三个立方体试块同条件下养护，待养护至混凝土强度的 70％，拆除模具，并清理构件表面。

② 在构件需要做仿石饰面层的一面，喷涂一层多彩底涂巴厝白，并用墨斗弹出 10 mm 的分割线，在割线上涂上黑色原子灰，构件静置一段时间，待底漆凝固后，用 10 mm 的防水胶带贴在分割线上。

③ 按比例调制仿石漆，并用专用喷枪喷涂在巴厝白底漆上，喷涂应按照从上到下，从左到右的顺序进行。喷灌压力应控制在 1 MPa，以保证喷涂均匀。

④ 待仿石漆喷涂完毕后，防水胶带方可拆除。仿石漆凝固后，在表面喷涂一层透明保护漆。

2. 镜面清水混凝土施工工艺

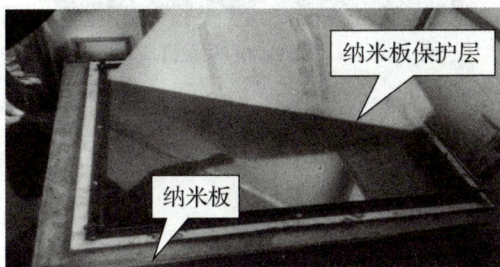

图 2－17　除去纳米板保护层

图 2－18　镜面混凝土成品

(1) 工艺流程

剪裁纳米板作底模—固定侧模—刷脱模剂—配细石混凝土—除去纳米板保护层—浇筑混凝土—养护—拆模

(2) 操作工艺

① 混凝土的搅拌：经试配选择出较优配合比，严格按配合比配置细石混凝土，控制混凝土坍落度。

② 有机纳米板的保护层需在浇筑混凝土时去除，不可提前去除，防止刮花纳米板表面。

③ 保证构件有充足的养护时间，不应少于 3 天，否则影响镜面效果。

④ 构件拆模后，应将其放置在不易污染的地方，严禁触摸构件的表面。待镜面效果完全显现，在其表面覆盖薄膜进行保护。

(3) 质量要求

① 构件表面平整、光滑、色泽一致。

② 无蜂窝、麻面、露筋及气泡等现象。

③ 模板拼缝有规律。

3. 预制构件石材(或饰面砖)倒模反打施工工艺

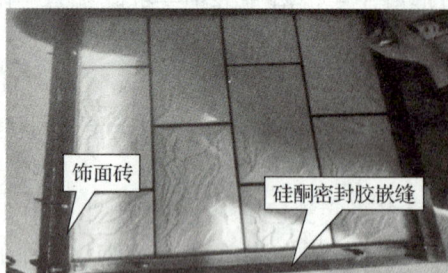

图 2-19　饰面砖铺设

图 2-20　硅胶浇筑

图 2-21　硅胶倒模

图 2-22　饰面砖倒模反打成品

(1) 工艺流程

模板安装—排列石材(或饰面砖)—打封闭胶—刷脱模剂—硅胶浇筑—取出硅胶—铺设硅胶倒模—刷脱模剂—浇筑混凝土—构件起模—清理构件—喷漆

(2) 操作工艺

① 在模板内进行试排列石材(或饰面砖),根据铺设要求,进行划分切割,将切割好的石材(或饰面砖)进行编号。根据编号,在模板内铺设石材(或饰面砖),石材(或饰面砖)背面和接缝处打上中性硅酮密封胶。

② 待中性硅酮封闭胶凝固后方可刷脱模剂。

③ 在硅胶倒模铺设模板内之后,硅胶与模板间的缝隙应用硅酮密封胶嵌缝。

(3) 质量要求

① 根据要求排列石材(饰面砖),饰面砖的横竖宽度要一致。

② 硅胶配制要搅拌均匀,防止硅胶局部无法凝固或凝固时间变长。硅胶配制、浇筑过程应尽可能短,防止硅胶凝固。

4. 预制构件石材直接打施工工艺

图 2-23　挂板模具

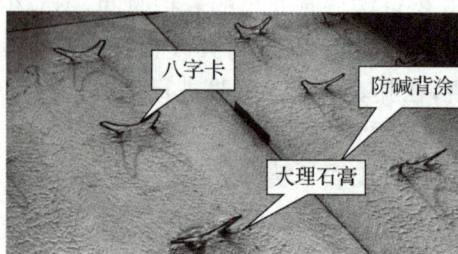

图 2-24　石材摆放

图 2-25　完成的石材铺设图

图 2-26　浇筑前挂板支模图

(1) 工艺流程

石材加工—打孔—安装八字卡—固定模具—石材铺设—放钢筋笼—混凝土浇筑—构件起模

(2) 操作工艺

① 根据图纸,放样出石材打孔位置,用干挂背栓钻孔机打孔,倾角 45°孔深 18 mm。

② 安装八字卡后,需对安装孔涂抹大理石膏。

③ 将挂板的外模板安装在台模上,在底模上预先铺一层塑料薄膜。按图纸要求将加工好的石材摆放在挂板模具内,先摆放底部石材,横缝 6 mm,竖缝 2 mm,用事先准备的铁片进行控制。再摆放竖向石材,暂时用 U 型钢筋固定,并辅助横撑。在调整好石材的横竖缝大小、垂直及水平后用大理石膏用废弃的面砖或石材黏贴在接缝处,对石材进行固定。

④ 石材固定好后,用中性硅酮密封胶嵌缝。对于 6 mm 横缝,先嵌入海绵条再用中性硅酮密封胶嵌缝。

⑤ 撕掉周边的薄膜,并用 5 cm 宽的透明胶带将侧模与石材顶部黏结固定。撤去 U 型钢筋及横撑等临时固定件。

⑥ 石材铺设工序验收合格后,方可放入钢筋笼,根据图纸要求,调整钢筋笼位置,并安装预埋件和套筒。

⑦ 钢筋笼及预埋件验收合格后方可浇筑混凝土。先安装挂板模具的端头模,预先浇筑一层 5 cm 厚混凝土,再安装内模,完成混凝土浇筑。

⑧ 混凝土浇筑完毕后,未缩短挂板的养护时间,采用蒸汽养护,待达到起模强度后,拆除挂板模具,构件起模。

(3) 质量要求

① 石材摆放时需严格控制,石材的平整度与垂直度,缝宽要一致。

② 为了现场的安装方便,预埋件的安装精度一定要控制在 ±1 mm 以内。预埋件须验收合格后才能浇筑混凝土。

③ 严格控制混凝土保护层厚度,在混凝土振捣时,要防止损坏石材。

④ 在挂板起模时,要控制桁吊的起吊速度,严禁猛然加速减速,尽量保持匀速。

⑤ 在防碱背涂时,石材除了外表面其他五个面均需防碱背涂。

2.3.4　混凝土压光产品生产工艺

1. 墙板正面人工压光质量标准

(1) 工艺流程

混凝土浇筑振捣—墙板上表面平仓—构件预养护—第一遍压光抹面—养护仓养护—构

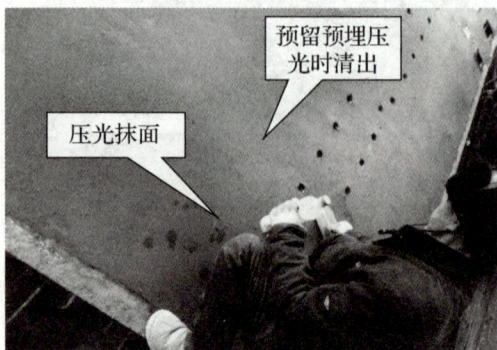

图 2-27 墙板表面压光抹面

件出仓—二次抹面收光—构件养护

(2) 工艺操作标准

① 墙板构件在验收合格后浇筑混凝土,并振捣密实。

② 对构件上表面进行平仓处理,用刮尺初步刮平表面用木蟹打平压实。

③ 构件送入预养护间进行预养护以加快混凝土初凝速度。

④ 构件在预养护达到初凝后,对构件进行第一遍压光抹面,压光作业时从一侧开始,从前往后倒退作业。同时清理出表面注浆管管口,并用橡胶塞封堵管口,安放墙板上表面预埋支撑点及预埋件并检查验收合格。

⑤ 构件上送入养护仓养护以加快混凝土初凝速度。

⑥ 混凝土终凝前,构件出仓,进行第二次压光、收光,作业顺序同第一次压光作业。同时拔去注浆管管口橡胶塞,对该部位压光处理。清理出支撑点内填充物和预埋件上表面附着木板。

⑦ 构件表面覆盖塑料薄膜,送入养护仓养护。

(3) 质量品质标准

① 墙板表观质量平整光滑无空隙,无铁板纹路。

② 墙板表面平整度≤3 mm。

③ 注浆管口周围处理光滑,管口内无混凝土残留。

④ 预埋支撑点内及预埋件上表面无混凝土等杂物残留。

2.3.5 外墙保温抗裂砂浆抹灰质量标准

1. 外墙保温抗裂砂浆抹灰施工工艺

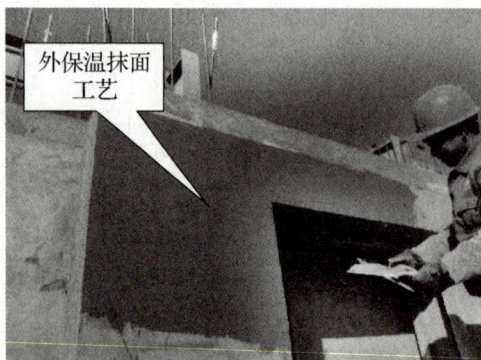

图 2-28 外墙保温抹面施工

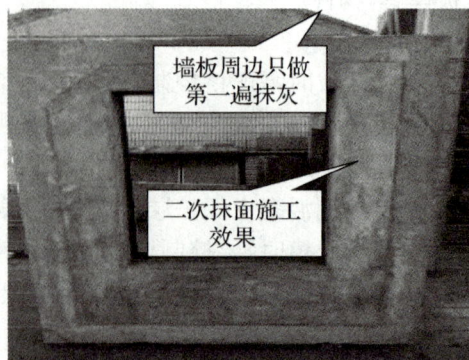

图 2-29 外墙抹面成品效果

(1) 工艺流程

表面清理—第一道抹面—铺贴抗裂网片—第二道抹面—养护

（2）工艺操作标准

① 对墙板外保温抹面层进行清理，清除表面油污等妨碍抹面的污迹，对有损伤的外保温剔除处理，重新粘贴新保温板。

② 第一道抹面施工，用抹子抹一块略大于一块抗裂网片抗裂砂浆，厚度约为 2 mm，随后压入第一道抗裂网片，要求网片完全压入砂浆内，无空鼓、褶皱、翘曲、外露等现象。按此施工步骤对整片墙板铺贴抗裂网片。对门窗洞口四角、阴阳角等位置应做加强网施工，加强网搭接时应湿搭接。

③ 待第一道抹面层稍干硬至可触碰时，抹第二道抗裂砂浆，要求完全覆盖抗裂网片。第二道抹面施工时应注意，当墙板与其他外墙有搭接时应空出边界 200 mm 不抹，由现场加铺一道加强网后做二次抹面。对第二道抹面进行修饰，确保抹面层表面平整，无不锈钢抹子纹路。

④ 对抹面层进行养护。

（3）质量品质标准

① 抹面层不得有起皮、粉化、爆灰等现象。

② 抹面层表面平整度≤1 mm。

③ 立面垂直度≤1 mm。

④ 阴、阳角方正≤1 mm。

2.3.6　混凝土养护质量标准

1. 固定台模蒸汽养护施工工艺

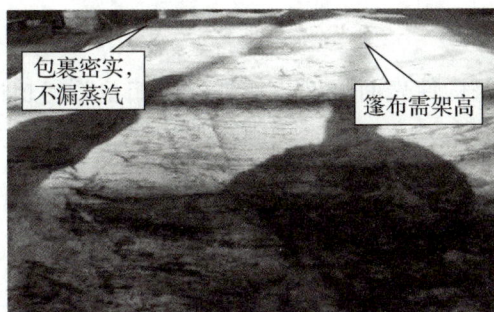

| 图 2-30　固定台模蒸汽养护篷布覆盖 | 图 2-31　养护完成效果 |

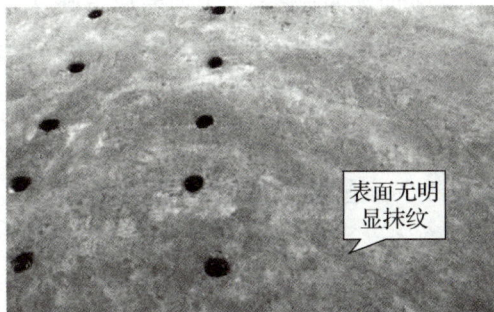

（1）工艺流程

混凝土终凝后第二次压光—固定好蒸汽管—篷布覆盖—检查验收—拆除模板、成品验收

（2）工艺操作标准

① 混凝土终凝后最后一次压光。

② 蒸汽管需固定好，蒸汽管管口不能直接放置在构件表面，以免造成构件损伤；蒸汽管管口不能直接对着挤塑板，以免造成挤塑板变形，从而造成构件损坏。蒸汽管最宜放置在两个构件的中间，从而避免此类问题。

③ 篷布需将整个构件覆盖完全，且不能直接贴在构件表面，以使构件能够与蒸汽完全

接触,确保蒸养效果。

④ 针对以上要求,进行检查,确保蒸养效果,降低蒸汽损耗量。确定上述要求符合后,方能开启蒸汽,人为控制开关只需松开即可,不宜喷出蒸汽量过大。根据混凝土配合比及室内温度、蒸汽温度来确定构件的养护时间,一般不少于 6 h。

⑤ 蒸养强度达到要求后方能结束蒸养。

(3) 质量品质标准

① 表面无明显抹纹,达到表观质量要求。

② 混凝土强度达到 75% 以上才能结束蒸养。

③ 冬季施工,需在车间静停半小时以上,确保构件表面温度与室外温度相差不得超过 15 ℃。

2. 蒸汽房养护施工工艺

(1) 工艺流程

混凝土初凝后第一次压光—送入蒸养房—蒸养到终凝后送出蒸养房第二次压光—覆盖薄膜—拆除模板、成品验收

(2) 工艺操作标准

① 混凝土初凝后第一次压光。

② 送入蒸养房,蒸养房操作室进行监控,确保蒸养温度、湿度等符合要求。

③ 蒸养达到终凝后送出蒸养房,进行二次压光,表面无明显抹纹。

④ 覆盖薄膜,确保构件表面上覆盖。

⑤ 蒸养强度达到要求后出仓。

(3) 质量品质标准

① 表面无明显抹纹,达到表观质量要求。

② 混凝土强度达到 75% 以上才能结束蒸养。

③ 冬季施工,需在车间静停半小时以上,确保构件表面温度与室外温度相差不得超过 15 ℃。

▶▶▶ 2.3.7 混凝土原材料质量标准

微课

预制构件生产
——材料准备

1. 主控项目

(1) 水泥

水泥进场时间对其品种、级别、包装或散装仓号、出厂日期等进行检查,并应对其强度、按定性及其他必要的性能指标进行复验,其质量必须符合现行国家标准《通用硅酸盐水泥》(GB 175—2023)等的规定。

当在使用中对水泥质量有怀疑或水泥出厂超过三个月(快硬硅酸盐水泥超过一个月)时,应进行复验,并按复验结果使用。

检查数量:按同一生产厂家、同一等级、同一品种、同一批号且连续进场的水泥,袋装不超过 200 t 为一批,散装不超过 500 t 为一批,每批抽样不少于一次。

检验方法:检查产品合格证、出厂检验报告和进场复验报告。

(2) 外加剂

混凝土中掺用外加剂的质量及应用技术应符合现行国家标准《混凝土外加剂》(GB 8076—

2008)、《混凝土外加剂应用技术规范》(GB 50119—2013)等和有关环境保护的规定。

检查数量：按进场的批次和产品的抽样检验方案确定。

检验方法：检查产品合格证、出厂检验报告和进场复验报告。

（3）氯化物和碱含量

混凝土中氯化物和碱的总含量应符合现行国家标准《混凝土结构设计规范（2015 版）》(GB 50010—2010)和设计的要求。

检验方法：检验原材料试验报告和氯化物报告和氯化物、碱的总含量计算书。

（4）配合比设计

混凝土应按国家现行标准《普通混凝土配合比设计规程》(JGJ 55—2011)的有关规定，根据混凝土强度等级、耐久性和工作性等要求进行配合比设计。

对有特殊要求的混凝土，其配合比设计上应符合国家现行有关标准的专门规定。

检验方法：检查配合比设计资料。

2. 一般项目

（1）矿物掺合料

混凝土中掺用矿物掺合料的质量应符合现行国家标准《用于水泥和混凝土中的粉煤灰》(GB/T 1596—2017)等规定。矿物掺合料的掺量应通过试验确定。

检验数量：按进场的批次和产品的抽样检验方法确定。

检验方法：检查出出厂合格证和进场复验报告。

（2）粗、细混料

普通混凝土所用的粗、细混料的质量应符合国家现行标准《普通混凝土用砂、石质量及检验方法标准》(JGJ 52—2006)的规定。

检验数量：按进场的批次和产品的抽样检验方案确定。

检验方法：检查进场复验报告。

（3）水源

拌制混凝土宜采用饮用水；当采用其他水源时，水质应符合国家现行标准《混凝土用水标准》(JGJ 63—2006)的规定。

检验数量：同一水源检查不应少于一次。

检查方法：检查水质试验报告。

（4）配合比设计

首次使用的混凝土配合比，其工作性应满足设计配合比的要求，开始生产时应至少留置一组标准养护试件，作为验证配合比的依据。

检验方法：检查资料和试件强度试验报告。

混凝土拌制前，应测定砂、石含水率并根据测试结果调整材料用量，提出施工配合比。

检查数量：每工作班检查一次。

检验方法：检查含水率测试结果和施工配合比通知单。

（5）坍落度

对于固定台模所需混凝土，坍落度须控制在 160 mm 以内；对于自动化台模，坍落度控制在 100 mm 以内。

2.3.8　混凝土强度控制质量标准

（1）设计合理的混凝土配合比。合理的混凝土配合比由实验室通过实验确定,除满足强度、耐久性要求和节约原材料外,应该具有施工要求的和易性。因此要实验室设计合理的配比,必须提供合格的水泥、砂、石。水泥控制强度,砂控制细度、含水率、含泥量等,石控制含水率及含泥量等。只有材料达到合格要求,才能做出合理的混凝土配合比,才能使施工得以正常合理地进行,达到设计和验收标准。

（2）正确按设计配合比施工。按施工配合比施工,首先要及时测定砂、石含水率,将设计配合比换算为施工配合比。其次,要用重量比,不要用体积比。最后,要及时检查原材料是否与设计用原材料相符。

（3）加强原材料管理,混凝土材料的变异将影响混凝土强度。因此应严把质量关,不允许不合格品进场,另外与原材料不符及时汇报,采取相应措施,以保证混凝土质量。

（4）结构混凝土的强度等级必须符合设计要求,用于检查结构构件混凝土强度的试件,应在混凝土的浇筑地点随机抽取,取样与试件留置应符合下列规定:

① 每拌制 100 盘且不超过 100 m³ 的同配合比的混凝土,取样不得少于一次;

② 每工作班拌制的同一配合比的混凝土不足 100 盘时,取样不得少于一次;

③ 当一次连续浇筑超过 100 m³ 时,同一配合比的混凝土有 200 m³ 取样不得少于一次;

④ 每一工作班、同一配合比的混凝土,取样不得少于一次;

⑤ 每次取样应至少留置一组标准养护试件,同条件养护试件的留置组数应根据实际需要确定。

（5）强度达到 75% 方可起吊,达到 100% 方可出厂,以实验室实验报告为准。

（6）叠合板机械拉毛、人工扫毛质量控制标准。

图 2-32　叠合板机械拉毛及人工扫毛效果图

1. 叠合板机械拉毛施工工艺

（1）工艺流程

台模就位—调整拉毛机高度—自动前进台模—清理

（2）操作规程

① 振动完成的台模就位,确保台模前进工位内无台模或无人员阻碍。

② 调整拉毛机至标志的高度。

③ 自动前进台模,并注意机器是否发生异常情况,确保台模安全通过并完成拉毛工序。

④ 当班工作完成后,将拉毛机清洗干净,场地清扫干净。

⑤ 叠合板出仓后,将表面的混凝土浮灰等清理干净。

(3) 质量品质标准

① 要求叠合板表面全部拉毛,纹理均匀、顺直,深度适宜。

② 拉毛面深度要求在 4 mm 左右,并且不影响结构厚度。

2. 人工扫毛施工工艺

(1) 工艺流程

混凝土振捣完成—人工扫毛—清理

(2) 操作规程

① 混凝土振捣完成后进行人工扫毛。

② 人工扫毛所用扫帚为塑料扫帚最宜。

③ 扫毛从一侧开始,从前往后倒退作业。

④ 拆模时将混凝土浮灰,颗粒等清理干净。

(3) 质量品质标准

① 要求叠合板表面全部拉毛,纹理均匀、顺直,深度适宜。

② 拉毛面深度要求在 4 mm 左右,并且不影响结构厚度。

▐▶ 2.3.9　混凝土振捣质量标准做法及控制标准

1. 工艺流程

混凝土浇筑前的验收—混凝土浇筑—混凝土振捣

2. 工艺操作标准

(1) 混凝土浇筑前的验收

确保混凝土浇筑前的隐检验收,确保水电安装、模板支设、预埋件、抗剪键安装、钢筋安装等符合质量要求,经质检验收合格,做好隐检资料留底后,方能浇筑混凝土。

(2) 混凝土浇筑

混凝土浇筑在填充墙部位需注意,第一层混凝土浇筑控制在 3~5 cm,以防混凝土浇筑过多使上层混凝土过浅而导致混凝土表面开裂。

(3) 振捣

① 采用插入式振捣器振捣混凝土时,插入式振捣器的移动间距不宜大于振捣器作用半径的 1.5 倍,且插入下层混凝土内的深度宜为 50 mm~100 mm,与侧模应保持 50 mm~100 mm 的距离。

② 当振动完毕需变换振捣器在混凝土拌和物中的水平位置时,应边振动边竖向缓慢提出振捣器,不得将振捣器放在拌和物内平拖。不得用振捣器驱赶混凝土。

③ 表面振捣器的移动距离应能覆盖已振动部分的边缘。

④ 附着式振捣器的设置间距和振动能量应通过试验确定,并应与模板紧密连接。

⑤ 对有抗冻要求的引气混凝土,不应采用高频振捣器振捣。

⑥ 应避免碰撞模板、钢筋及其它预埋部件。

⑦ 钢筋密集区域或型钢与钢筋结合区域,应选择小型振动棒辅助振捣,加密振捣点,并应适当延长振捣时间。

⑧ 当采用振动台振动时,应预先进行工艺设计。

(4) 不管采用何种振捣机械,经过振动摊平的混凝土并未完全密实,平仓后仍须振捣,不得"以平代振"。

(5) 每一位置的振捣时间以混凝土不再显著下沉,大气泡不再逸出并开始泛浆为准,不得欠振,也不得过振。

(6) 质量标准

① 混凝土振捣密实、表面要平整,无露筋、蜂窝等缺陷。

② 构件允许偏差值为:截面尺寸+8 mm,−5 mm;表面平整+3 mm,−3 mm。

▶ 2.3.10 混凝土色差控制标准

关于混凝土色差控制,应做到以下标准:(1)表面平整,清洁,色泽一致;(2)表面无明显气泡,无砂带和黑斑;(3)表面无蜂窝、麻面、裂纹和露筋现象。为避免发生上述缺陷,采取如下控制措施。

1. 模板控制

(1) 模板在制作安装时应保证误差在允许范围内,确保尺寸准确,拼缝严密。

(2) 模具清理保证表面无混凝土残渣,使用磨光机及抛光片进行打磨。

(3) 脱模剂刷涂均匀。

2. 配合比控制

在材料和浇筑方法允许的条件下,应采用尽可能低的坍落度和水灰比,坍落度一般为 90±10 mm,以减少泌水的可能性。同时控制混凝土含气量不超过 1.7%,初凝时间 6~8 h。

3. 原材料控制

(1) 水泥。首选硅酸盐水泥,要求确定同生产厂商、同强度等级、同批号,最好能做到同一熟料。即使相同品牌,不同厂家的水泥由于生产差异,如何混用,混凝土产生色差的概率会急剧增加。

(2) 粗骨料(碎石)。选用强度高、5~25 mm 粒径、连续级配好、同颜色、含泥量小于 0.8%和不带杂物的碎石,要求定产地、定规格、定颜色。

(3) 细骨料(砂子)。选用中粗砂,细度模数 2.5 以上,含泥量<2%,不得含有杂物,要求定产地、定砂子细度模数、定颜色。

(4) 粉煤灰。掺入粉煤灰可改善混凝土的流动性和后期强度,宜选用细度按《粉煤灰混凝土应用技术规范》(GB/T 50146—2014)规定Ⅱ级粉煤灰以上的产品,要求定供应厂商、定细度,且不得含有任何杂物。

(5) 外加剂。要求定厂商、定品牌、不超过生产厂家的掺量标准。对首批进场的原材料经实验室取样复试合格后,应立即进行"封样",以后进场的每批来料均与"封样"进行对比,发现有明显色差的不得使用。清水混凝土生产过程中,一定要严格按试验确定的配合比投料,不得带任何随意性,并严格控制水灰比和搅拌时间,随气候变化随时抽验砂子、碎石的含水率,及时调整用水量。

4. 混凝土搅拌控制

混凝土搅拌必须达到 3 个基本要求:计量准确、搅拌透彻、坍落度稳定。否则混凝土拌和物中必然出现水泥砂浆分布不匀现象,给混凝土灌注带来先天性不足,会在混凝土表面留下色差,或出现混凝土振捣容易离析、泌水等非匀质现象。

5. 混凝土浇筑控制

振捣方式要求正确,严禁过振和漏振。混凝土振实特征为:混凝土已无显著沉落、表面呈现平坦,混凝土已不冒气泡而开始泛浆。

6. 表面缺陷修补

拆模后由于混凝土的泌水性、模板的漏浆和混凝土本身的含气量较大,其表面局部可能会产生一些小的气泡、孔眼和砂带等缺陷。拆模后应即清除表面浮浆和松动的砂子,采用相同品种、相同强度等级的水泥拌制成水泥浆体,修复和批嵌缺陷部位,待水泥浆体硬化后,用细砂纸将整个构件表面均匀地打磨光洁,并用水冲洗洁净,确保表面无色差。

2.3.11　构件钢筋质量标准

根据《装配式混凝土结构技术规程》(JGJ 1—2014)中条款 4.1.3 规定,钢筋的选用应符合现行国家标准《混凝土结构设计规范(2015 版)》(GB 50010—2010)的规定。普通钢筋采用套筒灌浆连接和浆锚搭接连接时,钢筋应采用热轧带肋钢筋。

图 2-33　钢筋垫块放置

预制构件钢筋保护层施工工艺:

1. 工艺流程

钢筋清理—钢筋下料—绑扎钢筋—钢筋保护层检查

2. 工艺操作标准

(1)预制梁底、翼板等部位采用梅花形垫块,并绑扎牢固可靠,确保每平方米的垫块数量不少于 4 块。腹板钢筋采用穿心式圆饼垫块,垫块规格不得私自改变。

(2)墙板钢筋上下排钢筋中间放置十字架钢筋支架,并绑扎牢固可靠,确保每平方米的十字钢筋支架数量不少于 4 个。上下排钢筋保护层应使用高强度砂浆垫块,确保每平方米的垫块数量不少于 4 块。墙板翼缘板外露钢筋保护层要特别重视,采用可靠加固措施,确保钢筋位置准确且混凝土浇筑过程中不出现移位现象,必要时每根钢筋固定牢靠。墙板顶部预留孔位置必须准确,避免因模板预留空位偏差太大,导致钢筋保护层厚度超标。

（3）叠合板下部保护层采用塑料垫块,每平方米不少于 3 个,将塑料垫块绑扎在钢筋上,防止混凝土振捣过程中将其振动跑位。

3. 质量品质标准

表 2-3　质量品质标准

项　目		允许偏差(mm)
预留孔	中心线位置	5
预留洞	中心线位置	12
主筋保护层	墙板、梁	+10,-3
	叠合板	+5,-3

2.3.12　构件外露钢筋位置控制标准

1. 预制构件钢筋保护层施工工艺

图 2-34　外露钢筋位置固定

（1）工艺流程

钢筋清理—钢筋下料—绑扎钢筋—外露钢筋位置检查

（2）工艺操作标准

根据要做的构件,预制构件在模具上根据出头钢筋位置在模具上部开方形孔,将绑扎好的钢筋放入模具中,用方形橡皮塞塞进方形孔以防止漏浆和固定出头钢筋;墙、板在模具上根据出头钢筋位置在模具中间开圆形孔,将绑扎好的钢筋放入模具中,用两块半圆形橡皮塞塞进圆形孔中以防止漏浆和固定出头钢筋。

（3）质量品质标准

表 2 - 4　质量品质标准

项　　目		允许偏差（mm）
开孔	中心线位置	5
钢筋位置	孔中心线	3

2. 构件外露钢筋外伸长度尺寸控制标准

图 2 - 35　叠合板钢筋外露长度控制

图 2 - 36　叠合梁钢筋外露长度控制

图 2 - 37　预制墙板外露长度控制

3. 预制构件钢筋施工工艺

（1）工艺流程

钢筋下料—放线绑扎—模板固定—钢筋外露长度校正—检查验收

（2）工艺操作标准

① 钢筋加工应符合现行国家标准《混凝土结构工程质量验收规范》（GB 50204—2015）的规定。钢筋加工的形状、尺寸应符合设计要求。不得使用电焊冲断外露钢筋。

② 钢筋绑扎前用钢筋扳手逐个校正伸出钢筋位置。验收合格后对伸出的钢筋应进行修整，宜在外露钢筋根部绑一道横筋定位。梁钢筋锚入柱内长度应符合设计要求；板伸出钢筋长度、弯起点需顺直在一条直线上；墙板竖向钢筋外露长度符合规范及设计要求。浇筑混凝土时应有专人看管，浇筑后混凝土初凝前再次调整以保证钢筋外伸长度的准确。

③ 质量品质标准。

表 2-5　钢筋加工允许偏差和检验方法

序号	项　目	允许偏差/mm	检验工具	检验数量
1	主筋和构造筋长度净尺寸	±10	钢尺	每个工作班同一类型、同一加工设备的钢筋抽查不应少于3件
2	弯起筋的弯折点位置	±5		
3	钢筋骨架(网)	±5		每片骨架用钢尺检查4点
4	钢筋弯起位置	±10		

2.3.13　构件外伸箍筋开口位置设置标准

图 2-38　剪力墙暗柱箍筋外伸及箍筋开口位置

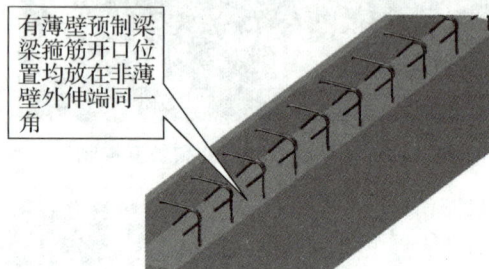

图 2-39　梁箍筋外伸及箍筋开口位置 1

图 2-40　梁箍筋外伸及箍筋开口位置 2

图 2-41　墙板在暗柱钢筋

2.3.14　预制墙板中的暗柱箍筋

预制构件模板施工工艺:

1. 工艺流程

蓝图+转化详图—钢筋翻样—原材进场检验—钢筋制作—钢筋绑扎—成型钢筋骨架编

号及堆放—成型钢筋骨架吊运—钢筋骨架安装—检查验收—封模—复查钢筋外伸长度—隐蔽验收—混凝土浇筑

2. 工艺操作标准

（1）钢筋翻样：复核蓝图与转化详图配筋后，严格按照转化详图尺寸翻样。

（2）原材进场检验：检验合格的原材才能用于现场施工。

（3）钢筋制作：应严格按照样单的规格、型号、数量、尺寸下料。

（4）钢筋绑扎、安装：钢筋绑扎及成型钢筋骨架安装时应注意钢筋的外伸长度和箍筋的开口位置，钢筋外伸长度除注明外，均指混凝土边缘至钢筋外皮尺寸。箍筋开口位置：除注明外，预制墙中暗柱箍筋的开口位置或焊接封闭箍筋的焊点位置均设在构件混凝土内侧，50%错开；当有剪力墙水平筋外伸时，水平筋外伸末端做 90 度弯折，弯后平直长度不小于 $10d$；预制梁中箍筋开口位置均设在外伸端同一角部，有薄壁预制梁设在非薄壁角部。钢筋外伸部分采用 Φ12 以上钢筋作为临时架立筋绑扎固定。

（5）复查钢筋外伸长度及箍筋开口位置：封模后，混凝土浇捣前，应及时复查和调整钢筋骨架的尺寸，防止偏位，特别是钢筋外伸长度和箍筋开口位置确保准确无误。

3. 质量品质标准

（1）钢筋外伸长度允许偏差±3 mm。

（2）钢筋外伸时的位置允许偏差±3 mm。

（3）箍筋、构造筋间距允许偏差±10 mm。

现场视频

构件混凝土浇筑

▶ 2.3.15　构件外伸钢筋加工成型质量标准

图 2-42　叠合板外伸钢筋加工成型

图 2-43　叠合梁板钢筋混凝土浇筑成型

1. 工艺流程

钢筋下料—钢筋加工—按下料单绑扎钢筋—上台模—侧模支设—外伸钢筋位置校正—检查验收

2. 工艺操作标准

（1）按设计要求计算下料长度、弯折角度、画出钢筋大样，复核后进行下料。

（2）钢筋加工下料应准确，直径 12 mm 以及以下的钢筋用圆盘锯切割，避免马蹄脚和端部弯曲，影响观感。

（3）梁和墙板钢筋在成型车间绑扎好钢筋骨架运送到台模上，叠合板在台模上绑扎安装，钢筋就位后调整好出头钢筋位置、间距，使出头钢筋平齐，间距均匀。

（4）尤为注重墙板暗柱箍筋间距均匀，高低一致，水平筋定位绑牢，箍筋垂直不倾斜。出现偏差会直接影响构件吊装和节点部位钢筋二次施工。

（5）检查时用靠尺或拉线检查外伸钢筋，出现问题及时调整，确保观感质量。

3. 质量品质标准

（1）钢筋规格、形状、尺寸、数量、锚固长度、接头位置，符合设计施工图纸及规范的规定。

（2）外伸钢筋误差不大于 1 cm。

（3）运输过程中不得随意弯折出头钢筋，以免发生断裂。

▶ 2.3.16 预制梁底部主筋控制标准

预制梁钢筋安装工艺：

1. 工艺流程

钢筋安装—放置垫块—封模—放置固定卡

2. 工艺操作标准

（1）钢筋安装：将绑扎好的钢筋运送至对应的台模处，然后将钢筋放置在安装好的模板上，并调整钢筋，控制钢筋间距。

图 2‑44　预制梁底部主筋固定卡

（2）放置垫块：在梁底部与侧边放置垫块，控制保护层厚度，垫块间距 500 mm。

（3）封模：上述工序完成后，将梁主筋外伸钢筋处模板进行固定。

（4）放置固定卡：封模完成后，将固定卡放置在外伸钢筋处模板外侧，起到控制梁底部主筋间距的作用。

3. 质量品质标准

主筋间距允许偏差±5 mm。

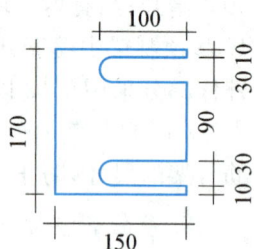

▶ 2.3.17 构件钢筋成品保护质量标准

现场视频

钢筋加工成型

墙板钢筋堆放

钢筋标牌

图 2‑45　钢筋成品

图 2‑46　钢筋分类堆放

1. 钢筋原材、半成品的吊运、储存

（1）钢筋原材料进厂后，已检与未检的钢筋应分开堆放，不同规格的钢筋应分开堆放，钢筋堆放应制做专门的钢筋贮存架，钢筋贮存架的底部应离开地面 20 cm 以上，保证钢筋原

材料放贮存架后钢筋的中部及两端不与地面接触。

（2）钢筋原材料应储存在加工车间内，防止钢筋淋雨表面发生锈蚀。

（3）所在钢筋半成品应制做专门的料架进行存放，钢筋原材料经下料、弯曲等各道工序形成的半成品应挂牌分类存放入储存架。

（4）钢筋半成品不得堆放于地面，不得与地面水或油污接触。

（5）钢筋成品、半成品吊运过程应使用专用吊具，吊点选取应合理，吊运过程中钢筋成品、半成品不得变形。

2. 钢筋下料、弯弧、弯曲保护措施

（1）接送料的工作台面应和切刀下部保持水平，加工过程中应有专人压住钢筋，防止钢筋发生扭曲。

（2）严禁剪切直径及强度超过机械铭牌规定的钢筋，一次切断多根钢筋时，其总截面积应在规定范围内。

（3）钢筋应平顺、匀速进入弯曲、弯弧机，弯芯轴直径不得小于钢筋直径的 2.5 倍，防止钢筋在弯制过程中产生裂纹。

（4）应保证钢筋加工机械运转正常，防止因机械运转不正常造成钢筋半成品尺寸偏差。

（5）应保持钢筋加工机械清洁，防止机械上油污污染钢筋。

3. 钢筋组装焊接保护措施

（1）钢筋组装在专用靠模进行，各部件钢筋应对应正确安装，部件在靠模上摆放要平齐，部件与部件拼合必须稳固且成直角。

（2）焊接电流应在合适范围内，不得过小或过大，防止假焊或烧筋。

4. 成品钢筋网片保护措施

（1）成品钢筋网片应按型号挂牌分类堆放储存。

（2）钢筋网片在运输、储存运输过程使用专用吊具，吊点及支撑点均应符合设计要求，吊运需轻起轻落，防止碰撞。

（3）钢筋网片堆放最多不超过六层，每层之间使用垫木隔离，防止钢筋网片相互挤压碰撞。

（4）钢筋网片储存堆放就位后，派专人进行维护看管，储存场周边设置栏杆防护，挂好标志。

▶▶ 2.3.18　叠合板钢筋桁架间距设置标准

1. 工艺流程

模板配模安装—模内清理—钢筋排布分线—桁架安装—主筋安装—检查验收

2. 工艺操作标准

（1）叠合板侧模外伸胡子筋均采用电钻开孔，其中注意钢筋间距和保护层厚度根据设计要求控制准确。

图 2-47　叠合板桁架筋入模情况

（2）台模面使用磨光机及抛光片进行打磨，根据构件尺寸放线。侧模安装好复核长宽尺寸，拉对角线，喷涂脱模剂。

（3）拉尺分线用石笔划出桁架筋位置线。桁架应平直、无损伤，无几何形状变形现象，表面不得有油污、颗粒状或片状锈蚀。

（4）钢筋桁架间距不得大于 600 mm，桁架间距的设置以满足板抗剪和叠合板吊装的要求，根据计算和构造确定桁架间距。

（5）桁架钢筋与板主筋绑扎牢固，保护层垫块设置合理，间距符合设计要求。

3. 质量品质标准

① 模板宽度允许偏差±1 mm。

② 模板开孔间距允许偏差+5 mm。

③ 保护层允许偏差+5 至－3 mm。

④ 钢筋桁架间距±10 mm。

▶ 2.3.19　安装预留预埋质量控制标准

1. 3D 建模

图纸会审和图纸深化完成后，即开始 3D 建模。将机电安装的设备、管线在已完成的建筑 3D 数码模型建模，并结合装修等相关单位确定管道的标高、位置关系等。确定标高、位置关系时要充分了解现场安装的可行性，如采用不同于目前现场的施工工艺及时编制现场施工指导书；对于影响结构安全、装修效果的因素及时和结构、装修协调调整。

按照建筑的分解编号后的模块进行分解，确定位置；并绘制模块详图（成排管线需明确各种型号的管线位置），及时向厂内预留人员、现场安装人员交底。

2. 现场预制

（1）叠合梁的预留预埋

叠合梁的预留预埋包括给水套管预留预埋及 PVC 线管预留预埋。

3. 工艺流程

准备—划线—定位—校正—检查验收

（1）材料选用

PVC 线管、PVC 线管套管、PVC 给水套管、KBG 管、扎丝、铁模具、8 mm 通丝杆及 8 mm 钢筋。

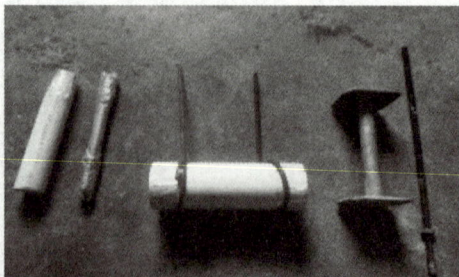

图 2－48　给水套管

（2）施工工艺

① 给水套管

做法一：

A. 用8 mm钢筋制作两个"9"型箍筋，分别套在PVC给水套管两端将其固定。

B. 根据图纸，将制作好的PVC给水套管安放在预留位置，"9"型箍筋尾端钢筋绑扎在梁钢筋上。

图2-49 "9"型箍筋固定给水套管

做法二：

A. 制作两块3 mm内接于PVC给水套管内径的方形铁板，中间开8.5 mm的圆孔。用一根铁管将两块铁板焊接在一起，制作成铁模具，模具总长度与梁宽度一致。

B. 根据图纸，在预埋给水套管的中心位置，开8.5 mm的圆孔。

C. 把制作好的铁模具事先放置于PVC给水套管内，用一根8 mm的通丝将给水套管及内部的铁模具一并固定在梁模具内。

图2-50 8 mm通丝固定给水套管于钢模上

② 线管

A. PVC线管上端用一根辅助钢筋垂直绑扎固定在一起，形成一个"十"字型整体。

B. 根据图纸，安放PVC线管，并用扎丝将其上下固定在梁筋上。

C. 在浇筑混凝土前用胶带将管口封住。

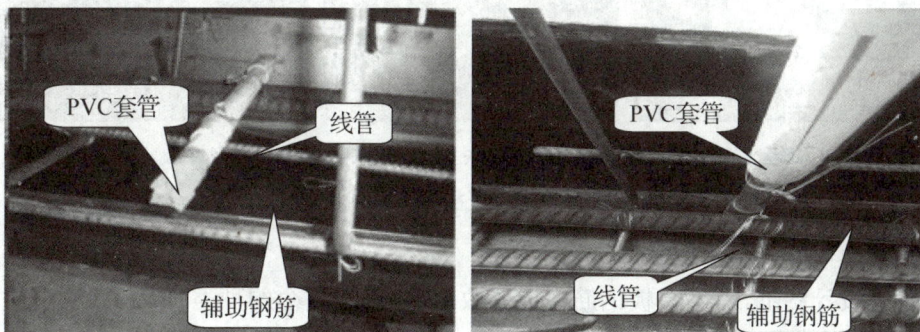

图2-51 台模内辅助钢筋固定PVC套管

D. 成品示意图。

图 2-52　给水管与叠合梁一体化成型成品吊装

（3）质量控制

① PVC 管的定位要准确,偏差在±10 mm 以内。

②"9"型箍筋,圆端直径要略大于给水套管外径,直径偏差在±10 mm。

③ 开孔孔径,偏差在±1 mm。

4. 叠合板的安装预留预埋

叠合板安装预留预埋主要包括线盒的预埋、管套预埋、线管预留洞及排水管管洞预埋等。

（1）工艺流程

准备—划线定位—设备安装—设备校正—检查验收

（2）材料选用

86HS90 PVC 线盒、磁铁、12 mm 螺杆、12 mm 螺母、60 * 60 铁片、86HS90 铁盒、50 * 100 水泥套管、110 管套、50 管套 50 mm 高、50 管套 100 mm 高、直排地漏管套、相应的铁片等。

图 2-53　PVC 线盒、固定磁铁及固定件、铁盒、地漏、防水套管、固定件及水泥预块留洞

（3）施工工艺

① 线盒的预埋

A. 根据设计图纸,在叠合板钢筋完成验收之后,确定线盒的种类(PVC 线盒或铁盒)、线盒的通数并进行线盒定位。

B. 放入磁铁固定器,磁铁固定器的中心必须放在线盒定位尺寸的中心位置。

C. 放入线盒,并通丝、螺母将其与磁铁固定器连接在一起。

D. 根据图纸校核线盒的位置。

图 2‑54　线盒预埋位置校核

② 管套预埋

A. 根据图纸,在叠合板钢筋完成验收之后,确定地漏套管的形式并进行定位。

B. 放入磁铁固定器,磁铁固定器的中心必须放在地漏定位尺寸的中心位置。

C. 放入管套,并用专用的通丝、螺母和压板将其与磁铁固定器连接在一起。

D. 根据图纸校核地漏套管的位置。

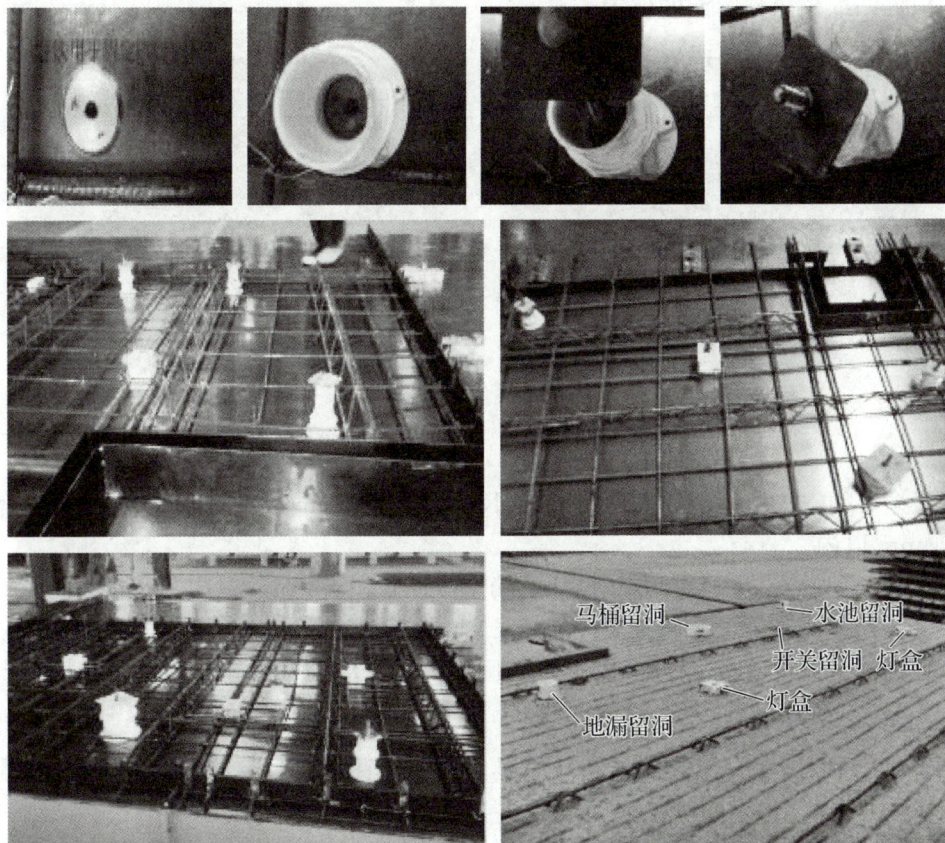

图 2‑55　卫生间二次成型叠合板

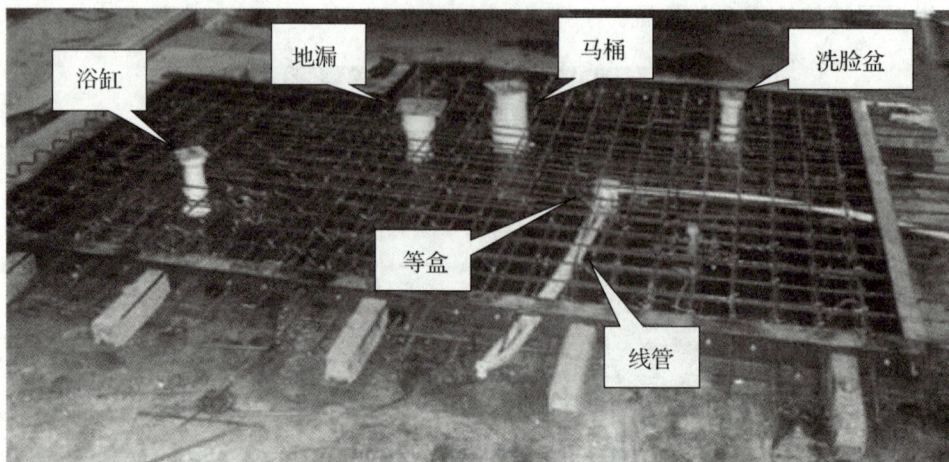

图 2‑56 卫生间叠合板管线预埋

③ 电管预留洞

A. 根据图纸,在叠合板钢筋完成验收之后,确定预留洞的数量以及预留洞的位置。

B. 将水泥预留套管,放入对应的位置,并进行固定。

C. 引至下面开关或插座水泥块留洞。

④ 根据图纸校核预留洞的位置

图 2‑57 电管预留洞

（4）质量控制

① 线盒必须方正不得倾斜,凹进板面的尺寸控制在 1 cm 以内,线盒尺寸的安装偏差控制在±5 mm 以内。

② 地漏套管的安装,不得倾斜,尺寸的偏差应控制在±5 mm 以内。

③ 水泥预留套管的尺寸偏差应控制在±5 mm 以内。

④ 磁铁固定器与通丝、螺母连接必须牢固不得有松动。

5. 墙板安装预留预埋

墙板安装预留预埋主要包括线盒的预埋、强弱电箱的预埋、空调预留洞、等电位预埋及窗接地。

（1）工艺流程

准备—划线定位—设备安装—设备校正—检查验收

(2) 材料选用

PVC86 HS70 线盒、350 mm×200 mm×70 mm 预留接管口模具、150 mm×100 mm×70 mm 预留接管口模具、10 mm 螺杆、10 mm 螺母、PVC 线管、铁片、耐高温磁铁、LEB 盒、ADD 箱(网络信息箱)、PZ-30 箱(住户配电箱)、消防箱。

图 2-58　预制墙板内预留预埋所用材料

(3) 施工工艺

① 线盒预埋

A. 在墙板钢筋笼校正完毕,根据图纸选择线盒的类型、确定线盒的位置。

B. 上部线盒在接好 PVC 管后,用扎丝将线盒固定在墙板钢筋笼上。下部线盒,在接好 PVC 管后,用螺杆将其与预留接管口模具连接,并准确固定在墙板钢筋笼上。

C. 根据图纸进行定位校核。

图 2-59　上部线盒安装示意图　　**图 2-60　下部线盒安装示意图**

② 强弱电箱预埋

A. 根据图纸,选择合适的强弱电箱、确定安装位置。

B. 在制作墙板钢筋笼时,预先留出强弱电箱大小的洞口。待墙板钢筋笼验收完毕后,将强弱电箱盒放入钢筋笼中。进行细部微调,直至电箱到达设计安装位置。

C. 调整钢筋笼的预留洞,将电箱包在钢筋笼内部,接着进行 PVC 管的安装。上部强电电箱的上端 PVC 管安装,直接将 PVC 管穿出上模板,下端 PVC 管用螺杆将 PVC 管与 150 mm×100 mm×70 mm 预留接管口模具连接成整体,并固定在下模板上。下部弱电电箱的下端端安装好 PVC 管后,用螺杆将 PVC 管和 350 mm×200 mm×70 mm 预留接管口模具连接成整体,并固定在下模板上。

D. 根据图纸复核电箱的位置。

图 2－61　PA－30 强电电箱的安装示意图

图 2－62　ADD 弱电箱安装示意图

图 2－63　电箱安装示意图

图 2－64　墙板内空调预留洞

a. 根据图纸,确定空调预留洞的大小及位置。

b. 依据预留洞的大小,制作相应的 PVC 管,将磁铁固定器安放在预留洞的中心位置。

c. 用螺杆、螺母和铁片将 PVC 管与磁铁固定器连接成整体,固定在台模上。

d. 根据图纸复核预留洞的位置。

③ 消防箱预埋

消防箱、预留接管口模具 160 mm×400 mm×160 mm 或预留接管口模具 130 mm×130 mm×160 mm、10 mm 螺杆、10 mm 螺母、PVC 线管、铁片、支撑架、耐高温磁铁。

现场视频

磁铁盒

图 2－65　磁铁盒与支撑架

图 2－66　管子接口模具

图 2-67　消防箱就位

图 2-68　模具安装

A. 根据图纸,选择合适的消防箱、确定安装位置,消防箱正面必须紧贴台模。

B. 根据图纸尺寸在台模划线定位好磁铁盒,磁铁盒固定牢固,放入消防箱支撑架。

C. 消防箱就位在磁铁盒位置,再用丝杆钢与磁铁盒固定牢固。

D. 消防箱固定好进行模具的安装,消防箱下端用螺杆将预留接管口模具连接成整体。

E. 等墙板钢筋就位后要复核消防箱尺寸是否偏移。

现场视频

吊点设置

▶ 2.3.20　预埋吊件、螺栓预埋标准做法及品质控制统一标准

吊件

图 2-69　吊件预埋

螺栓套筒

图 2-70　螺栓套筒

1. 工艺流程

材料准备—绑扎吊件、焊接螺栓套筒—校正吊件、螺栓套筒的位置—检查验收—清理

2. 工艺操作标准

(1)螺栓套筒的规格根据构件详图自重的要求选择,自重超过两吨的构件使用 ϕ18 的吊钩,自重小于两吨的吊件采用 ϕ14 的吊钩,小于一吨的可使用 ϕ12 的吊钩。螺栓套筒的规格主要有两种:用于矫正墙板垂直度的支撑套筒使用 ϕ16 规格,用于预制楼梯吊运以及固定天沟等支架的使用 ϕ20 规格。套筒上表面用胶带封堵,防止混凝土进入套筒内部。

(2)吊钩数量和平面位置严格按照图纸要求。

(3)检查螺栓套筒的位置、规格、数量是否符合图纸设计要求。

（4）振捣时，放料要求均匀，吊件和套筒部位振捣密实，振捣棒注意不要触碰以免产生位移。施工时注意不要破坏套筒包裹的胶带。

（5）拆模时除去套筒表面的胶带，把螺栓拧在套筒中。

3. 质量品质标准

（1）吊钩顶端露出混凝土面 10 cm。

（2）螺栓套筒必须凹入混凝土面层 3～5 mm。

（3）螺栓套筒中心线位置误差不大于 5 mm。

▌▶ 2.3.21 波纹管预埋质量标准

微课

金属波纹管浆锚搭接连接

图 2-71 波纹管预埋

1. 工艺流程

放置波纹管—波纹管底口固定在橡胶塞上—波纹管绑扎在钢筋上—波纹管校正—检查验收

2. 工艺操作标准

（1）放置波纹管：钢筋墙板笼子在上台模前，按图纸要求放置合适的波纹管。

（2）波纹管底口固定在橡胶塞上：模板安装完成后，墙板底模上相应位置会固定橡胶塞，把先前放在钢筋笼子里的波纹管平直一头按图纸要求插入橡胶塞。

（3）波纹管绑扎在钢筋上：按墙板水平筋间距绑扎牢固，弯头部分水平位置不得超过模板水平面，也不得低于模板水平面 3 mm。

（4）波纹管校正：波纹管绑扎完成后，按照图纸要求进行校正。可以用一根长方管架在模板上，看波纹管是否超高或越低。

（5）检查验收：质量验收时检查波纹管开口方向，高低水平度，绑扎是否牢固。

3. 质量品质标准

（1）波纹管管口面距混凝土面允许偏差－3 mm。

（2）各波纹管管口水平度±3 mm。

（3）波纹管口圆度不能有砸扁或者椭圆现象。

（4）绑扎必须牢固不能有松动现象。

▐▶ 2.3.22　芯片预埋质量标准

图 2-72　芯片现场埋放时间

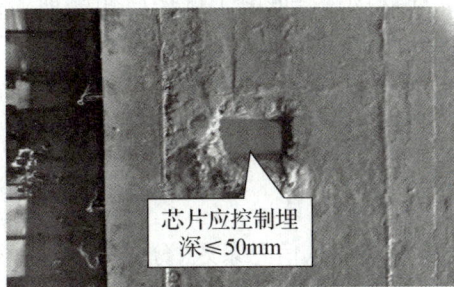

图 2-73　芯片埋放定位

图 2-74　芯片埋放后插捣压实

构件信息芯片埋放工艺:

1. 工艺流程

ERP 平台构件信息编写录入—芯片的构件信息加载—构件芯片的现场埋置—仪器试读取确认—芯片位置校核、调整—芯片的统计记录

2. 工艺操作标准

(1) ERP 平台构件信息编写录入

① 相应工程项目立项,根据项目生产总计划,编制月计划、周计划,计划平台审核。

② 平台 ERP 流程录入:构件配模派工、配模派工生产验收确认、构件生产各工种分别派工。

③ 根据设计部的设计图纸变更,及时编辑更新平台信息、芯片信息,做到平台信息与现场构件生产协调同步,实现动态管控,实时更新。

(2) 芯片的构件信息加载

① 根据构件生产计划并结合加工厂实际生产情况,适时进行芯片信息加载操作,以满足现场芯片放置进度需要。

② 加载操作过程中,在芯片上加注芯片对应构件的编号信息,做到一一对应,不重不漏。

③ 已加载信息的芯片,按构件类型、楼栋号的不同,分层归类存放。

(3) 构件芯片的现场埋置

① 按构件每日的生产计划结合现场实际生产情况,埋置芯片。

② 在现场构件混凝土振捣后初凝前,将芯片埋放到位并将周边混凝土插捣密实,且水平放置,以便后期仪器探测及信息读取。

(4) 芯片位置校核、调整

芯片埋放后,用手持终端机等设备对芯片进行试探读取,确认芯片放置到位,如未能成功读取,则及时进行调整。

(5) 芯片的统计记录

对构件芯片从信息录入、分类存放、现场埋放的每部流程都应及时记录时间节点,整理统计台账,留底备查。

3. 质量品质标准

(1) 芯片自身的信息存储、读取响应方面应满足信息录入及读取功能要求。

(2) 对外侧保护层有破损的、在数据读存方面有问题的芯片一律不得使用。

(3) 芯片应满足一定的耐碱、防水及抗张拉、扭曲性能,以适应混凝土中的作业环境。

(4) 芯片埋设应与构件大面持平行放置,且距构件表面距离≤50 mm。

(5) 埋放时应尽量放置构件统一位置,以便后期探测读取。

2.3.23 填充墙预埋连接钢板预埋质量控制标准

1. 工艺流程

预埋钢板制作—绑扎预埋连接钢板—检查验收—拆除

2. 工艺操作标准

(1) 预埋连接钢板规格一般尺寸根据设计要求制作,其一侧表面焊接 4 根 100 mm 长锚固钢筋与墙板钢筋绑扎。

(2) 根据设计图纸的平面位置安装并调整好预埋连接钢板,要求与墙板钢筋绑扎牢固。

预埋连接钢板

图 2-75　预埋连接钢板

(3) 严格按照质量要求检查预埋连接钢板平面位置。采用 20 mm 厚木模板制作与预埋钢板面同尺寸的木板绑扎在钢板上表面,表面凹入混凝土面的深度为 20 mm,这样既不影响平仓,又能控制埋件深度。

(4) 浇筑混凝土时注意放料要均匀,振捣时不可触碰预埋件。如预埋钢板发生偏移及时采取措施调整就位。

(5) 构件起模前,拆除预埋连接钢板表面的模板,注意不可破坏钢板周边的混凝土。

3. 质量品质标准

(1) 预埋连接钢板中心线位置允许误差不大于 3 mm。

(2) 预埋连接钢板面内高差不大于 2 mm。

▐▶ 2.3.24　构件构造措施控制标准

预制构件墙企口工艺:

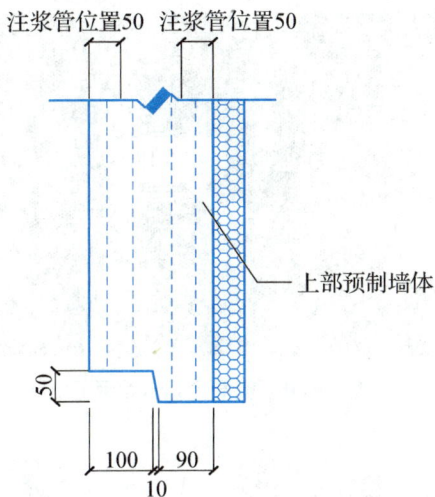

图 2-76　双排注浆管企口大样图　　　　图 2-77　单排注浆管企口大样图

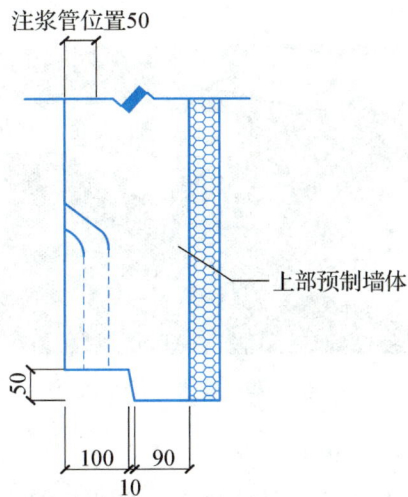

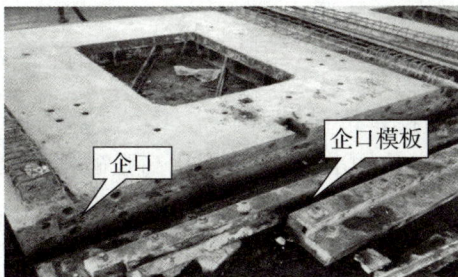

图 2-78　企口示意图

1. 工艺流程

制作模具—放线—支模—模板校正—检查验收

2. 操作工艺

(1)根据设计图纸制作企口模具,根据大样图设置顶部 90 mm 宽,底部 100 mm 宽, 50 mm 高的梯形企口,形成 10 mm 斜坡,方便拆模。

(2)在台模上准确弹模板线,根据弹线安装模板。

(3)在模板安装完成后对模板进行校正,检验合格后方可进行下道工序。

3. 质量要求

(1)企口模具应平整光洁,拆模时须小心,避免损坏构件。

(2)预留孔位置准确,偏差不超过±2 mm。

(3)模板宽度允许偏差±1 mm。

(4)模板高度允许偏差-2 mm。

(5)边肋平直度≤2 mm。

2.3.25 门窗防水企口

预制构件窗洞企口工艺:

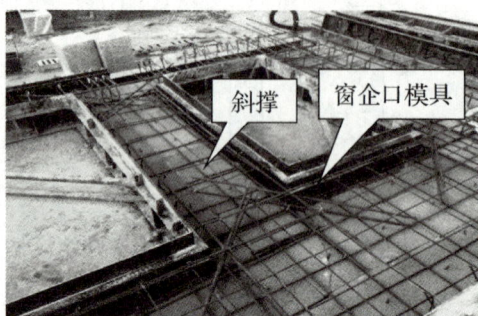

图 2-79 窗洞企口支模

图 2-80 窗洞企口成品示意图

1. 工艺流程

制作模具—台模弹线—安装模具—模具校正—检查验收—浇筑混凝土—拆模

2. 操作工艺

(1) 根据图纸制作窗企口模具。

(2) 在台模上准确弹出窗模具位置。

(3) 根据弹线安装模具,定位须准确,在内部用高强磁铁固定。窗模具用斜撑固定,防止变形。振捣适中,避免因过度振捣产生窗模具的偏移。

(4) 各分项工程检验合格后浇筑混凝土。

(5) 窗企口模具在墙板起吊过程中拆模,墙板与台模面夹角为 45~60°为宜。

3. 质量要求

(1) 模板宽度允许偏差±1 mm。

(2) 模板高度允许偏差-2 mm。

(3) 模板对角线差≤3 mm。

(4) 企口面平整度≤2 mm。

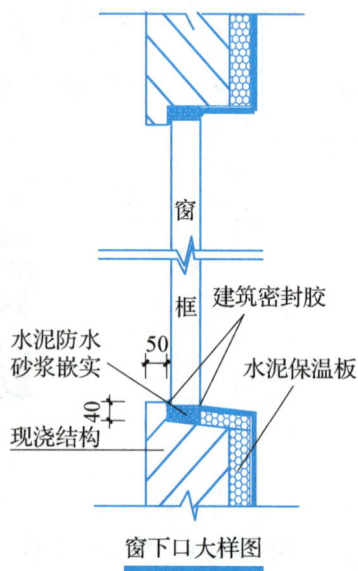

图 2-81 窗口大样图

2.3.26 抗剪键槽留置质量控制标准

构件的连接面、转角等处均需要留置抗剪键槽。根据连接部位的不同主要有两种不同的措施,可拆式槽型胶皮抗剪键(主用于侧边有外伸钢筋的暗柱剪力墙处,如图2-82所示)和钢筋三角铁毛面抗剪键槽(主用于侧边无外伸钢筋的填充墙等构件,如图2-83所示)。

1. 可拆式槽型胶皮抗剪键

(1) 制作工艺要求

采用 5 mm 钢板制作底部预留 5 cm，胶皮抗剪键设置间距为 20 cm 一字居中排列，使用沉头型螺栓两端锚固。如图 2-82 所示。

(2) 留置质量控制标准

① 抗剪键钢板要求平整、规则，尺寸允许误差 3 mm。

图 2-82　可拆式槽型胶皮抗剪键

② 抗剪键安装允许误差 5 mm，要求安装牢固、连接紧密，尺寸一致。

③ 安装时，抗剪键与侧模板间隙值不大于 1.3 倍的钢筋直径，以便模板拆卸安装、外伸钢筋的调整。

④ 抗剪键处混凝土需加强振捣，保证构件成型后外观质量。

⑤ 抗剪键拆除需在其他侧模板拆除以后进行，注意拆除过程对抗剪键和混凝土表面的保护。

2. 一体化铁质三角抗剪键

(1) 制作工艺要求

侧模和抗剪键一体化。侧模两端预留 10 cm，100 mm×30 mm×3 mm 三角铁间距 15 cm 一字居中焊接于侧模。相邻三角铁间垂直均匀并排焊接 4 根 15 cm 长钢筋。如图 2-83 所示。

(2) 质量控制标准

① 抗剪键焊接位置尺寸允许误差 5 mm，分布钢筋焊接位置尺寸分布均匀。

② 焊点要求其表面处理平整、光滑，保证出模外观质量。

③ 抗剪键处加强振捣密实，保证构件成品质量。

④ 拆除时，避免抗剪键破坏混凝土，影响外观质量。

图 2-83　钢筋三角铁毛面抗剪键槽

▶ 2.3.27　构件悬挑梁加固措施质量控制标准

由于构件生产运输过程中，均是平放，构件起吊、安装均受较大的侧向力，挑梁易产生断裂。现考虑在构件拆模后，采用必要的措施进行加固，以确保构件成品保护的有效落实。

1. 制作要求

统一采用 100 mm×48 mm×5.3 mm 规格的槽钢，槽钢两端各居中制作一道150 mm× 15 mm 大小的空槽。

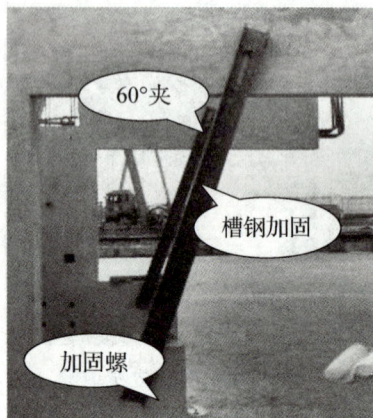

图 2-84　悬挑梁加固

2. 施工工艺流程和要求

钢筋入模后定位—预埋套筒固定—螺孔清理—放置加固槽钢—添加垫片—安装螺栓、拧紧

（1）螺栓规格为 M10×30，选用配套螺纹套筒。

（2）螺栓套筒预埋深度不得高出混凝土面层，凹入混凝土内 3~5 mm，浇筑完成后孔内及周边及时清理要求干净无杂物。

（3）依相关紧固件标准，选用金属垫片，外径不大于槽钢内壁尺寸。

（4）根据结构设计，螺栓套筒位置根据构件详图标注的施工定位，加固槽钢宜 1.5 m 为宜，约至构件中心线位置附近，夹角宜为 45°~60°为宜。

3. 加固措施质量控制标准

（1）构件出模起吊前，即进行槽钢安装。

（2）螺栓套筒预留位置尺寸允许偏差 5 mm，要求垂直，在混凝土表面以下 3~5 mm。

（3）槽钢预留空槽尺寸允许误差 3 mm，表面打磨平整，没有毛刺。

（4）不同尺寸悬挑梁，选用符合要求长度的槽钢进行安装加固。

（5）槽钢倾斜夹角取 45°~60°，要求放置平整，连接紧固。

（6）螺栓安装要求牢固，槽钢和混凝土面不会有滑动现象。

▶ 2.3.28　预制填充墙竖向拼缝侧面混凝土粗糙面质量控制标准

图 2-85　预制填充墙竖向拼缝侧面混凝土粗糙面

1. 工艺流程

模板加工—清理—刷涂脱模剂—模板支设—拆模

2. 工艺操作标准

（1）侧模加工，在侧模上焊接 6 mm 螺纹钢长 20 cm，4 根，一字排布于每个抗剪键之间。

（2）每次模板用过及时清理，保持螺纹钢本身以及每两根钢筋之间的干净，不得有残留混凝土，影响粗糙面效果。

3. 质量品质标准

（1）侧模钢筋焊接顺直。

（2）每次用后，及时清理干净侧模。

2.3.29　外墙板保温板反打质量控制标准

图 2－86　台模清扫

图 2－87　保温板铺贴

外墙板保温板反打施工工艺：

1. 工艺流程

台模清扫—保温板裁剪—保温板铺设—检查验收

2. 工艺操作标准

（1）清扫台模，做到台模内无油污、混凝土残渣等残留。根据图纸确定需要铺贴外保温的部位。对于需要铺贴保温板的部位严禁涂刷脱模剂，必要时应用塑料薄膜覆盖该部位。

（2）根据图纸确定具体铺贴外保温板的尺寸裁剪保温板。

（3）对裁剪完成的保温板插入保锚钉，要求对 EPS（模塑聚苯乙烯泡沫保温板板）、XPS（挤塑式聚苯乙烯隔热保温板）插入锚钉数量以控制在每平方 7～10 个，对发泡水泥基保温板锚钉控制数量为墙高 20 m 以下每平方 4～5 个，20 m 以上每平方 7～9 个。

（4）在构件模板内铺设保温板，铺设时注意保护保温板的完整性和保证保温板的干净整洁。

（5）铺设完成后检查验收合格后，在进入下道施工程序。对于发泡保温板要求浇筑混凝土前适当浇水湿润。

3. 质量品质标准

（1）保温板干净整洁、无油污、无损伤。

（2）保温板之间空隙≤1 mm。

（3）平整度≤3 mm。

（4）立面垂直≤3 mm。

（5）阴、阳角方正≤1 mm。

（6）锚钉锚出长度≥25 mm。

2.3.30　模板质量控制标准

模板尺寸精度控制质量标准：

图2-88　模板

1. 工艺流程

模板下料—材料准备—配模—模板安装—检查验收

2. 工艺操作标准

（1）配模人员根据设计图纸首先了解设计意图和质量控制要点，由技术和质量人员组织开展研讨会，进行施工交底。

（2）材料准备：根据构件的型式，准备配模所用的材料，叠合板采用3 mm厚角钢，梁和墙板的侧模选用的钢板厚度不小于5 mm。

（3）严格按照图纸的设计要求配制，侧模高度一致上边平整，背肋间距500 mm，焊点均匀饱满，模板表面平整光滑，不弯曲。

（4）严格检查模板的宽度、高度、平整度是否符合质量标准。检查合格后方可使用。

（5）模板严禁上油过多，使用沾油抹布涂抹均匀，表面存在一层油膜即可。

（6）模板安装前先在台模上放线，复核无误后进行模板安装。要求连接牢固，贴合一致无错缝。

3. 质量品质标准

（1）模板宽度允许偏差±1 mm。

（2）模板高度允许偏差-2 mm。

（3）模板面平整度≤2 mm。

（4）相邻面板拼缝高低≤0.5 mm。

（5）模板对角线差≤3 mm。

（6）边肋平直度≤2 mm。

▶▶ 2.3.31　防漏浆质量控制标准

侧模和台模接触面为保证安装牢固，接缝位置密闭不漏浆，是确保构件成型质量的重要措施。做好模板拼接和侧模与台模面的防漏浆处理。

1. 施工工艺

侧模板清理—贴海绵条—台模面清理—安装模板、固定模板

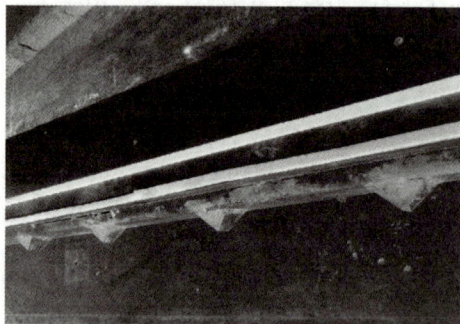

图2-89　海绵条防漏浆

2. 质量控制标准

（1）侧模板要求清理干净、打磨光滑，同时检查侧模的平整度，否则予以校正。

（2）台模面清理干净、打磨抛光，台模面要平整，靠尺和水准仪检查。

（3）海绵条规格严格控制，粘贴顺直，内外侧与侧模面齐平，宽度不小于1 cm，与台磨面贴合良好。

（4）海绵条无法满足密闭要求的采用打胶的方法密闭处理，保证均匀、连续、无缝隙。

（5）侧模安装要求紧贴粘牢，海绵条要求被填充在缝隙内。

▣▶ 2.3.32　抗剪键部位

抗剪键部位主要针对可拆式槽型胶皮抗剪键做质量控制和技术方案的改进。因外伸封闭箍筋的影响，为了防漏浆需要进行抗剪键部位的优化。

1. 施工工艺

安装、固定侧模—安装抗剪键连接模板—抗剪键模板调整、固定

2. 质量控制标准

（1）钢筋绑扎应符合要求间距符合设计，外伸长度一致。

（2）抗剪键在侧模上应牢固，使用螺帽与钢板锚固。侧模上留置钢板肋以间距 30 cm 均匀设置，以抵挡浇筑混凝土时产生的侧向移位。

（3）抗剪键安装位置应严格控制，上下间隙不得大于外伸钢筋直径的 1.3 倍，内外两块模板表面齐平，不得有错缝。

图 2 - 90　墙板侧边抗剪键槽

▣▶ 2.3.33　外伸钢筋处

构件外伸钢筋模板开洞直径为 3 cm，做好留洞位置的防漏浆处理是施工工艺的核心。本施工工艺采用橡皮塞堵塞的方法进行防漏浆处理。橡皮塞规格：圆台形，长边直径 3.5 cm，短边直径 2.5 cm，内孔径 8 mm。

图 2 - 91　台模外侧边防漏浆橡皮塞

1. 施工工艺

放置钢筋—安装模板—安装橡皮塞

2. 质量控制标准

（1）模板安装允许误差 3 mm，要求安装牢固，不能出现跑模、胀模。

（2）橡皮塞要求紧密、无缝隙，上下两半橡皮塞卡合牢固，深度一致。

▋▶ 2.3.34　标识、标志、标准

企业 LOGO 样式标准、构件合格标志样式标准、构件编号设置样式部位标准。

图 2-92　企业 LOGO 样式标准

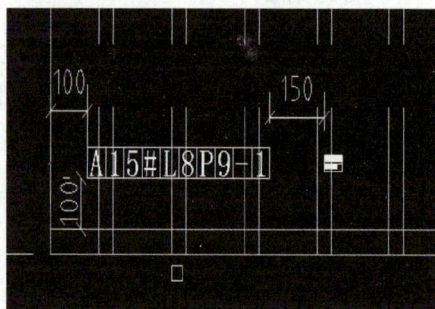

图 2-93　构件合格标志样式标准

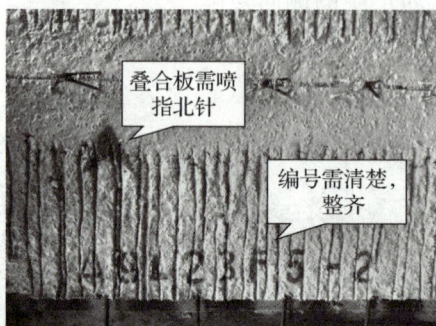

图 2-94　叠合板标识

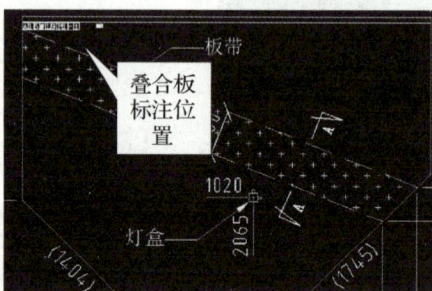

图 2-95　叠合板位置标识

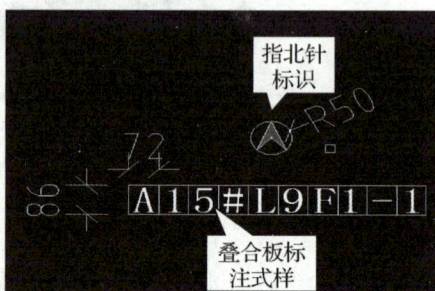

图 2-96　叠合板标注式样

1. 工艺流程

模板拆除—核对图纸—标志涂喷—检查验收

2. 操作规程

(1) 模板拆除完成,拆除过程中确保成品质量。

(2) 针对构件,核对图纸,确定构件编号,方能喷涂。

(3) 墙板上必须喷上 LOGO,标志尺寸如上图 2-92 所示,编号位置放置在左下角处;叠合板上必须喷上指北针,指北针在编号上方 10 cm 左右,具体编号位置如上图 2-93 所示,编号位置放置在叠合板的一角;梁构件考虑到编号涂喷有所限制,建议使用记号笔编写,

编号编写在梁两侧下部,标注好指北针。所用喷涂材料使用蓝色喷漆为宜。

（4）由质检员进行编号检查,对构件编号不符合要求的,限时整改。构件检验合格后再编号右边 15 cm 处。

3. 质量品质标准

（1）LOGO 放置平直,LOGO 放置在墙板的左上角,如果存在门窗洞口等影响到 LOGO 放置,避开门窗洞进行设置,喷涂清楚,位置明显,放置端正。

（2）墙和板编号放置平直,需喷涂清楚,位置明显,放置端正,不得遗漏个别编号。

（3）质检员验收,核对好图纸,确保编号无错误。

▶ 2.3.35　构件出厂合格证填写标准

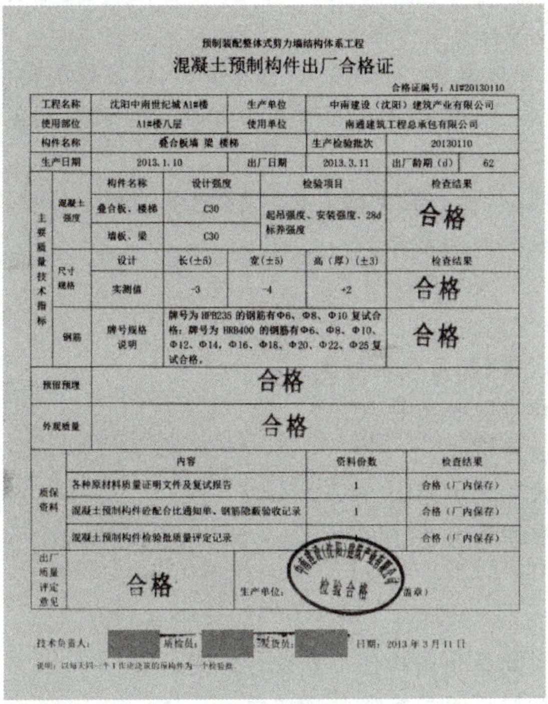

图 2-97　预制构件出厂合格证

▶ 思考练习题 ◀

1. 简述采用蒸汽养护的基本规定。
2. 简述预制构件仿石饰面工艺要求。
3. 简述预制石材倒模反打工艺。
4. 简述固定台模蒸汽养护工艺要求。
5. 简述叠合板机械拉毛工艺要求。
6. 简述叠合板桁架筋间距设置标准。

学习情境 3　预制构件运输与堆放

（依据专业教学标准）

（1）坚定拥护中国共产党领导和我国社会主义制度，践行社会主义核心价值观，具有深厚的爱国情感和中华民族自豪感。

（2）崇尚宪法、遵纪守法、崇德向善、诚实守信、尊重生命、热爱劳动，履行道德准则和行为规范，具有社会责任感和社会参与意识。

（3）具有质量意识、环保意识、安全意识、信息素养、工匠精神和创新意识。

（4）勇于奋斗、乐观向上，具有自我管理能力和职业生涯规划意识，具有较强的集体意识和团队合作精神。

（5）具有健康的体魄、心理和健全的人格，以及良好的行为习惯。

（6）具有正确的审美和人文素养。

知识目标

（1）了解预制构件脱模、起吊技术要点。

（2）了解构件运输与堆放技术要点。

（3）掌握墙板起吊技术要点。

（4）掌握预制墙板堆放的方法。

（5）掌握预制构件养护的方法。

能力目标

（1）能初步编写不同类型预制构件吊点设计方案。

（2）能初步编写墙板脱模起吊抗弯验算方案。

学习资料准备

（1）侯君伟.装配式混凝土住宅工程施工手册[M].北京：中国建筑工业出版社，2015.

（2）中国建筑标准设计研究院.预制混凝土剪力墙外墙板：15G365—1[S].北京：中国计划出版社，2015.

（3）山东省住房和城乡建设厅，山东省市场监督管理局.装配式建筑预制混凝土构件制作与验收标准：DB37/T 5020—2023[S].北京：中国计划出版社，2023.

▶ **3.1　预制构件脱模、起吊** ◀

（1）预制构件蒸汽养护后，蒸汽罩内外温差小于 20 ℃时方可进行脱罩作业。

（2）预制构件侧模拆除时的混凝土强度应能保证其表面及棱角不受损伤。预应力混凝土及需要移动的构件，脱模时的混凝土立方体抗压强度应符合设计规定，设计未规定时不宜小于设计混凝土强度等级值的 75％。

（3）应根据模具结构按序拆除模具，不得使用振动构件方式拆模。

（4）预制构件起吊前，应确认构件与模具间的连接部分完全拆除后方可起吊。

（5）预制构件的吊点位置，除强度应符合设计要求外，还应满足预制构件平稳起吊的要求，构件起吊吊点设置，叠合楼板宜设置 4 个以上吊点，墙板、梁至少设置 2 个以上吊点（图 3-1）。

图 3-1　预制墙板脱模起吊

▶ **3.2　构件运输与堆放** ◀

（1）预制构件运输宜选用低平板车，车上应设有专用架，且有可靠的稳定构件措施（图3-2）。预制构件混凝土强度达到设计强度时方可运输。

（2）预制构件采用装箱方式运输时，箱内四周应采用木材、混凝土块作为支撑物，构件接触部位用柔性垫片填实，支撑牢固不得松动。

（3）预制墙板宜采用竖直立放式运输，预制叠合楼板、预制阳台板、预制楼梯可采用平放运输，并正确选择支垫位置。

（4）预制构件运送到施工现场后，应按规格、品种、所用部位、吊装顺序分别设置堆场。现场驳放堆场设置在吊车工程范围内，堆垛之间宜设置通道图 3-3。

图 3-2　叠合梁装车运输

图 3-3　预制构件露天堆放

（5）现场运输道路和堆放堆场应平整坚实，并有排水措施。运输车辆进入施工现场的道路，应满足预制构件的运输要求。卸放、吊装工作范围内不应有障碍物，并应有满足预制构件周转使用的场地。

（6）预制墙板可采用插放或靠放，堆放架应有足够的刚度，并需支垫稳固。宜将相邻堆放架连成整体，预制外墙板应外饰面朝外，其倾斜角度应保持大于85°。连接止水条、高低口、墙体转角等薄弱部位，应采用定型保护垫块或专用式附套件作加强保护。

（7）预制叠合楼板可采用叠放方式，层与层之间应垫平、垫实，各层支垫应上下对齐，最下面一层支垫应通长设置（图3-4）。

现场视频

预制构件堆放

图 3-4　叠合板叠层堆放

▶ 3.3　墙板起吊 ◀

装配式建筑预制构件类型较多,下面章节将典型针对预制墙板起吊相关技术要求进行说明。

3.3.1　墙板起吊的主要要求

(1)凡设计无规定时,各种墙板的脱模起吊强度不得低于设计强度等级的 70%。其中振动砖墙板的砂浆强度不低于 7.5 N/mm^2。

(2)墙板在大量脱模起吊前,应先进行试吊,待取得经验后再大量起吊。采用平模生产时,凡有门窗洞口的墙板,在脱模起吊前,必须将洞口内的积水和漏进的砂浆、混凝土清除干净,否则不得起吊。

(3)墙板构件脱模起吊前,应将外露的插筋弯起,避免伤人或损坏台座。采用预应力钢筋吊具的墙板构件,在脱模起吊前应先施加预应力。采用混凝土吊孔的墙板构件,在脱模起吊前要将吊孔内杂物清理干净,活动吊环必须正确放入吊孔内,转动灵活,且与吊孔牢牢勾住。

(4)采用重叠生产的墙板,在脱模起吊前,应在墙板底部放上木凳(图 3-5),木凳放置高度应和待起吊的墙板高度一致,要垫稳垫牢,起吊时扶稳,防止构件下滑。

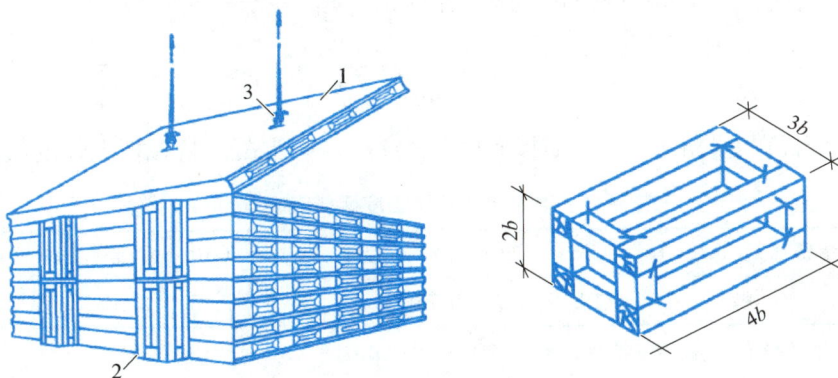

图 3-5　木凳及其用法示意图

1—墙板;2—木凳;3—活动吊环和混凝土吊孔;b—墙板厚度

▶ 3.3.2 墙板起吊前破坏吸附力的方法

(1) 单层生产的墙板,宜用千斤顶、丝杠等作横向水平推移,使墙板产生水平移动。

(2) 重叠生产的墙板,在脱模起吊前宜先将吊绳绷紧,再用扁凿在两层墙板之间靠吊点部位的两角接缝处(或粘结处)进行剔凿。待出现通缝和空鼓声后,再利用吊装机械缓慢提升。

(3) 采用预应力钢筋吊具的墙板,可采取加大预应力值以增加墙板的压缩变形来破坏吸附力。但在吸附力破坏后,要将预应力立即退至原控制值,否则会使墙板构件产生偏心破坏。

▶ 3.3.3 墙板脱模起吊的抗弯验算

采用平模(包括台座)制作的大型墙板,需验算墙板脱模起板的抗弯强度,核算时应根据墙板实际制作条件:如吊点位置、隔离剂的应用、起板时采取的措施和脱模起板时的实际强度。

墙板起板的荷载是墙板自重加墙板和台座的黏结吸附力,并考虑动力系数 1.5。

吸附力的大小与所采用的隔离剂及起板时采取的措施有关。经实测,一般在台座或重叠生产的墙板上涂刷隔离剂后的起板吸附力达 $1\,000\ \text{N/m}^2$(或 1 000 Pa)以上,如果起板时采取相应措施后,吸附力可减少很多。例如在起板时先用倒链起动至墙板开始脱离台座(或墙板)面,然后再用吊车起吊,经测定吸附力不超过 $400\ \text{N/m}^2$(或 400 Pa);也可在起板时随吊索初紧,先用扁凿剔开墙板周边缝隙,更可大大减少吸附力。计算吸附力产生的弯矩不考虑动力系数。采用工具式预应力钢筋吊具时,吸附力可减小至 $100\sim200\ \text{N/m}^2$(或 $100\sim 200\ \text{Pa}$)。

脱模起板时墙板按受弯构件验算,用下式校核:

$$K=\frac{M_{\text{r}}}{M_{\text{w}}}\geqslant 1.5 \qquad\qquad (3-1)$$

式中:K——墙板起板验算安全系数(不小于 1.5);

M_{w}——墙板起板弯矩(自重需考虑动力系数 1.5);

M_{r}——墙板抵抗弯矩,按公式(3-2)计算。

$$M_{\text{r}}=\frac{1}{3.5}bd^2f_{\text{tk}} \qquad\qquad (3-2)$$

式中:b——墙板宽度(cm);d——墙板厚度(cm);f_{tk}——混凝土抗拉标准强度(查表 3-1)。

表 3-1 混凝土的抗拉强度标准值(N/mm²)

混凝土强度等级	C7.5	C10	C15	C20	C25	C30	C35	C40	C45	C50	C55	C60
f_{tk}	0.75	0.9	1.2	1.5	1.75	2	2.25	2.45	2.6	2.75	2.85	2.9

注:本表引自《混凝土结构设计规范(2015 版)》(GB50010—2010)。

3.4 预制墙板运输

3.4.1 运输方法

1. 立运法

分外挂（靠放）式和内插（插放）式两种，见表 3-2。

表 3-2 墙板立运法运输

运输方法	适用范围	固定方法	特 点
外挂（靠放）式	民用建筑的内、外墙板、楼板和尾面板。工业建筑墙板。	将墙板靠放在车架两侧，用开式索具螺旋扣（花篮螺丝）将墙板构件上的吊环与车架拴牢。	(1) 起吊高度低，装卸方便。(2) 有利于保护外饰向。
内插（插放）式	民用建筑的内外墙板。	将墙板构件插放在车架内或简易插放架内，利用车架顶部丝杠或木楔将墙板构件固定。	(1) 起吊高度较高。(2) 采用丝杠顶压，固定墙板时，易将外饰面挤坏。(3) 能运输小规格的墙板。

2. 平运法

平运法适宜运输民用建筑的楼板、屋面板等构配件和工业建筑墙板。构件重叠平运时，各层之间必须放方木支垫，垫木应放在吊点位置，与受力主筋垂直，且须在同一垂线上。

3.4.2 运输工具

1. 专用运输车

专用运输车见图 3-6、图 3-7。

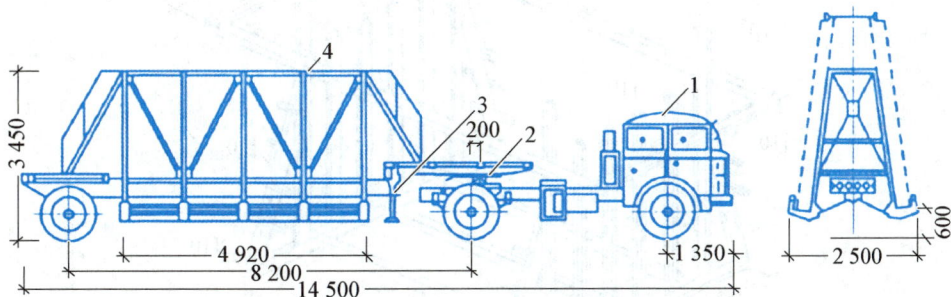

图 3-6 外挂式墙板、楼板运输车

1—牵引车；2—支承连接装置；3—支腿；4—车架

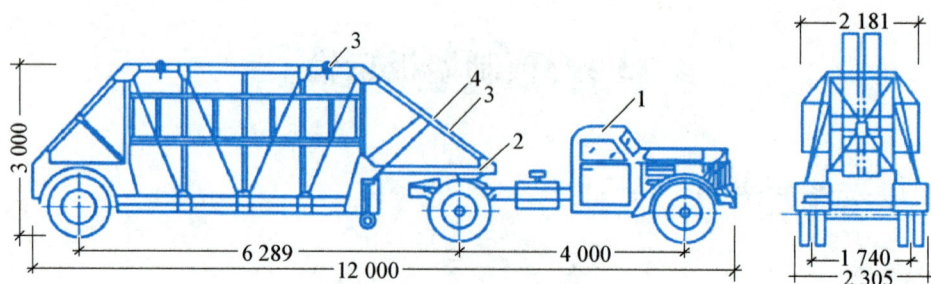

图 3-7　插放式墙板运输车

1—牵引车;2—支承连接装置;3—车架;4—支腿;5—墙板压紧装置

2. 简易运输架

在一般载重汽车上搭设简易支架,作墙板运输用(图 3-8、图 3-9)。墙板搁置点处垫橡皮或麻袋防护,墙板与槽钢架间用木楔嵌紧。

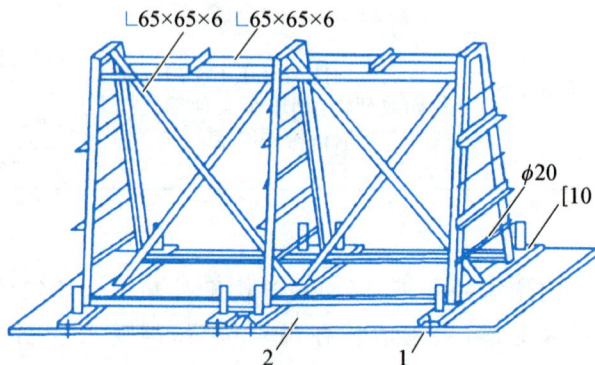

图 3-8　靠放式墙板简易运输架

1—螺栓;2—载重汽车车厢板

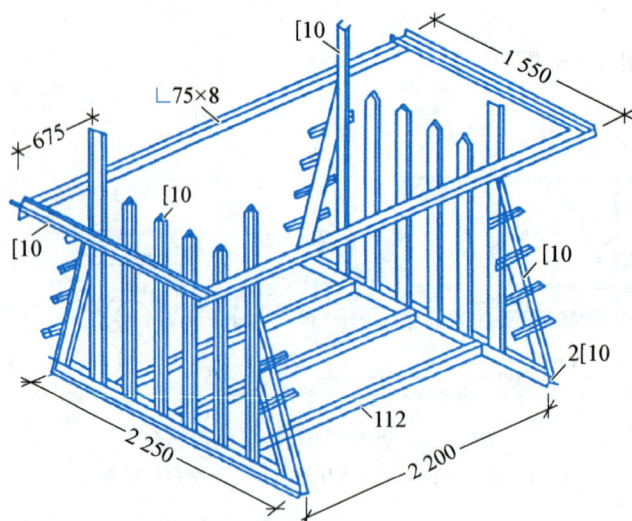

图 3-9　内插式墙板简易运输架

工业建筑墙板的运输架,可根据工业建筑墙板的外形尺寸,参考民用建筑墙板的运输工具改制。

3.4.3　装卸和运输注意事项

墙板的平面尺寸大,厚度薄,配筋少,抗振动冲击能力较差,要保证墙板在装卸和运输过程中不受损坏,应注意以下几点:

(1) 运输道路须平整坚实,并有足够的宽度和转弯半径。

(2) 根据吊装顺序组织运输,配套供应。

(3) 用外挂(靠放)式运输车时,两侧重量应相等,装卸车时,重车架下部要进行支垫,防止倾斜。用插放式运输车采用压紧装置固定墙板时,要使墙板受力均匀,防止断裂。

(4) 装卸外墙板时,所有门窗扇必须扣紧,防止碰坏。

(5) 装载后的墙板顶部距路面的高度,不得超过公安交通部门所规定的高度,并能通过所经过的桥洞和隧道。

(6) 墙板运输时,不宜高速行驶,应根据路面好坏掌握行车速度,起步、停车要稳。夜间装卸和运输墙板时,施工现场要有足够的照明设施。

3.5　预制墙板堆放

3.5.1　堆放方法

1. 插放法

用于墙板堆放,也可用于外墙板装修作业。其特点是:堆放不受型号限制,可以按吊装顺序堆放墙板;便于查找板号,但占用场地较多。

2. 靠放法

适用于墙板和楼板的堆放。其特点是:一般应同型号堆放;占用场地较少,可以利用楼板做靠放设施,节约费用。

3. 平放法

适用于楼板、屋面板、工业建筑墙板的堆放,一般采取同型号堆放。

3.5.2　堆放工具

1. 插放架

下面介绍三种墙板插放架(图 3-10～3-12)。

插放架之一,如图 3-10 所示。

这种插放架的特点是:① 插放宽度可以

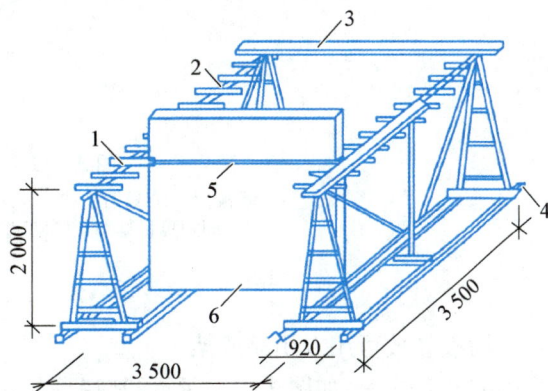

图 3-10　插放架之一

灵活调整;适用于各种宽度的墙板;② 可在架子上部搭人行道,便于摘钩、挂钩,操作安全;③ 墙板支垫在架子下部方木上,不需另铺垫木或砂埂。

插放架之二,如图 3-11 所示。

这种插放架具有第一种插放架①、② 两个特点。但墙板底部需铺设垫木或砂埂支垫。

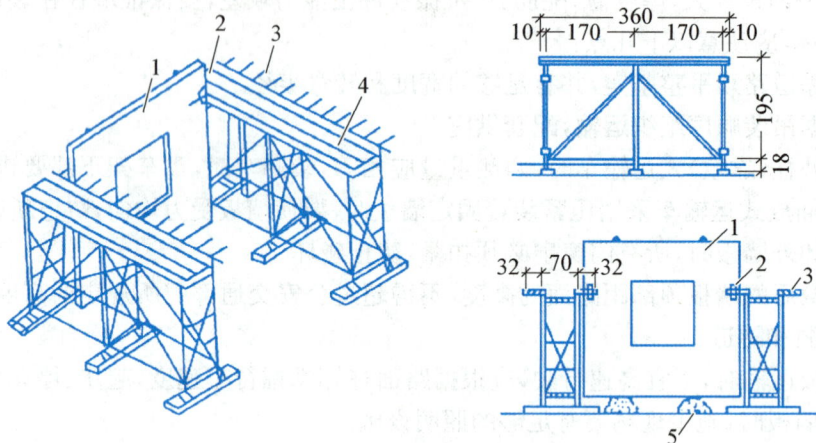

图 3-11 插放架之二
1—墙板;2—木楔;3—上横杆;4—走道板;5—砂埂

插放架之三,如图 3-12 所示。

这种插放架的特点是:① 用料较省;② 操作人员摘钩、挂钩要用梯子爬上爬下,劳动强度较大;③ 墙板底部需铺设垫木或砂埂。

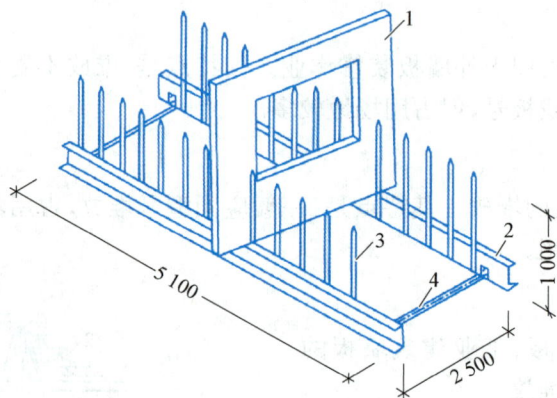

图 3-12 插放架之三
1—墙板;2—16 号槽钢;3—Φ48 钢管,头部打扁,与槽钢成 90°
(间距可根据墙板厚度确定);4—固定拉杆(50×5)

2. 靠放架

墙板靠放可用专用靠放架。

靠放架之一,如图 3-13 所示,其特点是:① 靠放架为螺栓连接的金属架,拆装和运输比较方便;② 承压面较大,稳定性好,靠放数量较多。

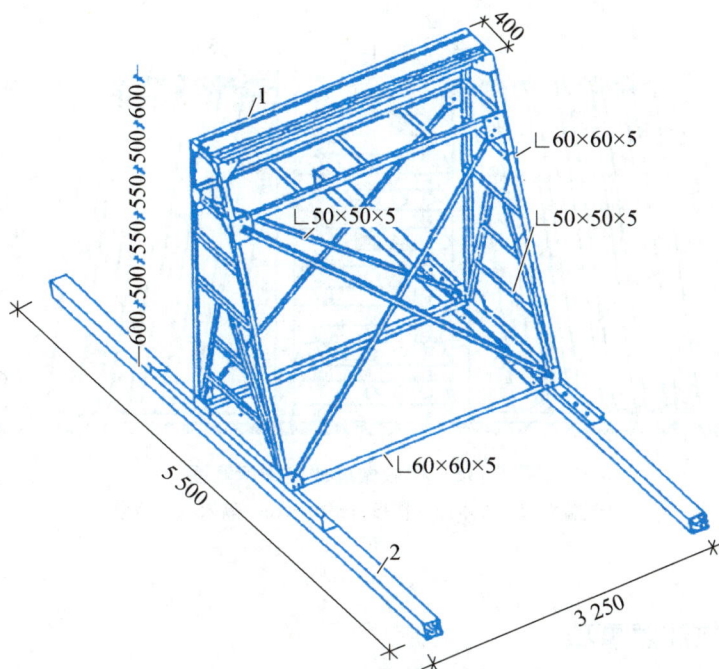

图 3 - 13　靠放架之一

1—走道板；2—方垫木

靠放架之二，如图 3 - 14 所示，其特点是：① 靠放架为焊接金属架，构造简单，但须整体搬运；② 结构刚度较差，靠放数量较少。

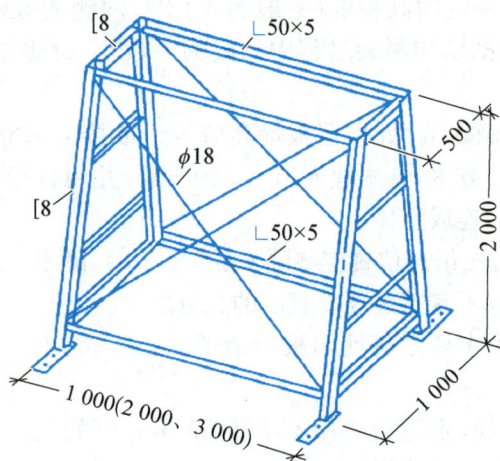

图 3 - 14　靠放架之二

另外，普通预制楼板也可做靠放设施，见图 3 - 15。

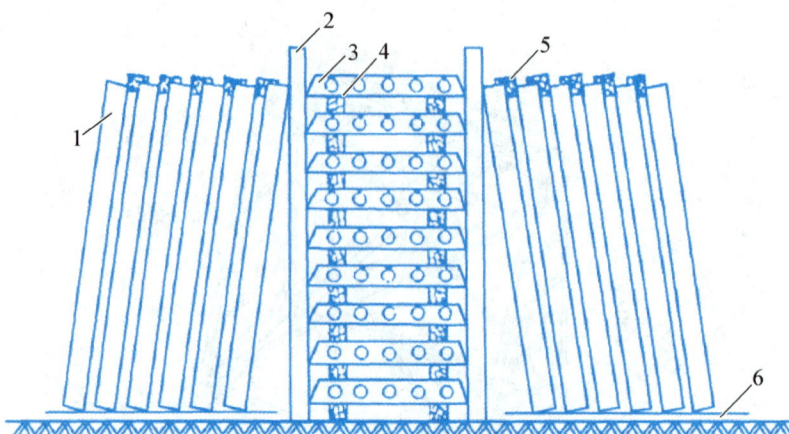

图 3-15 楼板做靠放设施示意图

1—墙板；2—方木；3—楼板；4—垫木；5—隔木；6—砂埂

▶▶ 3.5.3 堆放注意事项

（1）墙板应按施工组织设计中平面布置规定的区域，按型号、吊装顺序依次堆放在吊装机械工作半径范围内。

（2）堆放场地须平整压实，有排水设施。

（3）墙板堆放时，底部应垫起砂埂或炉渣埂，也可铺垫方木，支垫的位置要视板型确定。支点以两点为宜。采用预应力钢筋吊具的墙板，不要支垫在板底钢垫板处。

（4）靠放的墙板要有一定的倾斜度（一般为 1:8），两侧的倾斜度要相似，块数亦要相近，差数不宜超过三块（包括结构吊装过程中形成的差数）。每侧靠放的块数视靠放架的结构而定。

（5）用普通预制楼板做靠放垛时，楼板垛高应等于或接近所靠放墙板的高度。垛的两侧各立 100 mm×100 mm 方木，方木埋入地下 500 mm，并用直径 8 mm 钢筋加固三道，方木和垫木用 8 号铅丝固定，连成整体。

（6）靠放的墙板之间，在吊点位置应垫隔木（图 3-16），隔木应位于同一条直线上，偏差不宜超过隔木宽度的二分之一。

（7）插放的墙板，应用木楔子等使墙板和架子固定牢靠，不得晃动。

（8）插放架安放要平稳，走道板要用不小于 50 mm 厚的无朽裂的木板，用 8 号铅丝绑在插放架上。

（9）重叠平放的构件，垫木应垫在吊点位置且与主筋方向垂直，各层垫木应在一条垂直线上，堆放块数要根据构件强度、地面承载能力、垫木强度及堆垛的稳定性确定，参见表 3-3。

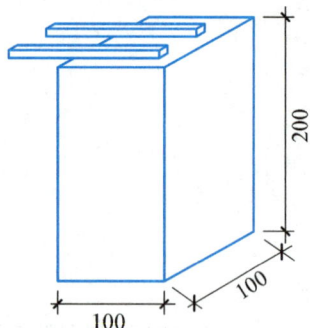

图 3-16 隔木

表 3‐3 构件重叠平放最多层数

构件名称	最多堆放层数	构件名称	最多堆放层数
整间大块楼板、屋面板	4～6	烟道	5～6
80～120 mm 宽的圆孔板	8～10	6 m 的工业建筑墙板	10
楼梯	5	9～12 m 的工业建筑墙板	6

（10）垛与垛之间应留 800～1 200 mm 空隙，便于查号和吊装，并便于堵塞板两端的洞孔。

（11）构件的堆放位置应不妨碍轴线控制桩的观测。

（12）堆放墙板时，吊环应向上，标志应向外，便于查找和吊装。

3.6 其他要求

（1）预制构件采用洒水，覆盖等方式进行常温养护时，应符合现行国家标准《混凝土结构工程施工规范》(GB 50666—2011)的要求。

预制构件采用加热养护时，应制定养护制度对静停、升温、恒温和降温时间进行控制，宜在常温下静停 2 h～6 h，升温、降温速度不应超过 20 ℃/h，最高养护温度不宜超过 70 ℃，预制构件出池的表面温度与环境温度的差值不宜超过 25 ℃。

（2）脱模起吊时，预制构件的混凝土立方体抗压强度应满足设计要求，且不应小于 15 MPa。

（3）墙板的运输与堆放应符合下列规定：

① 当采用靠放架堆放或运输构件时，靠放架应具有足够的承载力和刚度，与地面倾斜角度宜大于 80°，墙板宜对称靠放且外饰面朝外，构件上部宜采用木垫块隔离；运输构件时应采取固定措施。

② 当采用插放架直立堆放或运输构件时，宜采取直立运输方式；插放架应有足够的承载力和刚度，并应支垫稳固。

③ 采用叠层平放的方式堆放或运输构件时，应采取防止构件产生裂缝的措施。

3.7 应 用

某工程 3♯、4♯、5♯ 楼采用竖向现浇、水平叠合主体结构施工工法（通过现浇叠合层与现浇剪力墙连接成整体构成主体结构）(图 3‐17)，即竖向结构现浇混凝土施工采用大模板、水平结构采用预制叠合梁板工艺，楼梯采用装配式预制构件。

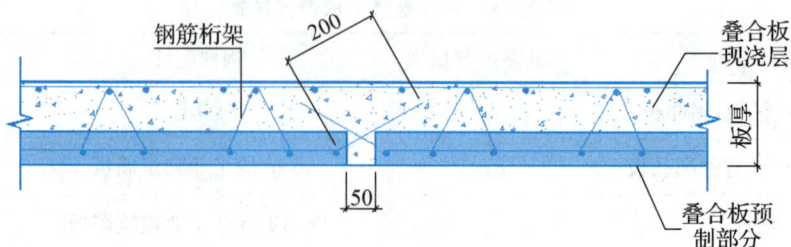

图 3-17 叠合板之间的接缝

1. 叠合板运输

（1）产品放置平稳,垫块牢固。使用平板挂车运输(图 3-18)。运输过程中用绳索绞紧、支撑合理、防止撞击。运输时车速小于 60 km/h,在转弯时缓慢行驶,防止构件侧滑。

（2）预制叠合板混凝土强度达到 15 MPa 后方可运输。

（3）预制叠合板运送到施工现场后,应按品种、所用部位、吊装顺序分类堆放。

（4）现场运输道路和堆放堆场应平整坚实,并有排水措施。运输车辆进入施工现场的道路,应满足预制构件的运输需要。

图 3-18 叠合板运输

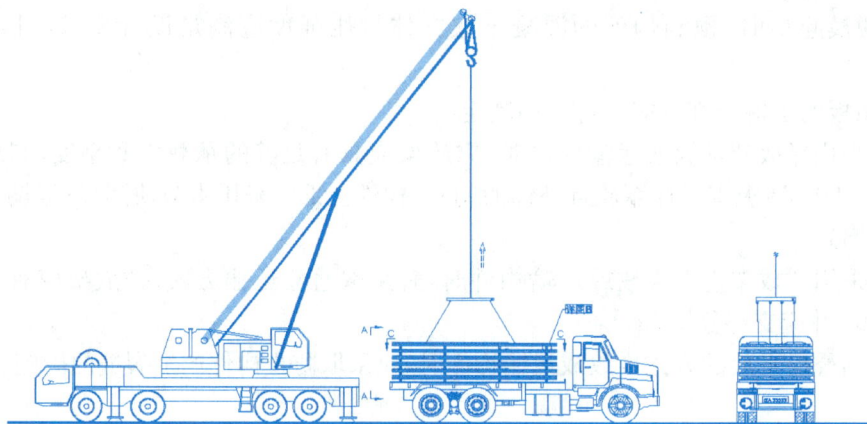

图 3-19 叠合板卸货

2. 预制楼梯运输

产品在出车间时采用电动运输小车,放置平稳,垫块牢固。用挂车货运方式运输。运输过程中应用绳索绞紧、支撑合理、防止撞击。运输时车速应该小于 60 km/h,在转弯时应该缓慢,防止构件侧滑。

3. 预制构件的堆放

（1）预制装配结构施工应制订预制构件的运输,主要内容包括存放场地要求、码放支垫要求及成品保护措施等内容。

（2）堆放构件的场地应平整坚实并保持排水良好。堆放构件时应使构件与地面之间留有一定空隙，堆垛之间宜设置通道。必要时应设置防止构件倾覆的支架。

（3）堆放构件时应保证最下层构件垫实，预埋吊件向上，标志向外。垫木或垫块在构件下的位置宜与脱模、吊装时的起吊位置一致。重叠堆放构件时，每层构件间的垫木或垫块应在同一垂直线上。堆垛层数应根据构件与垫木或垫块的承载能力及堆垛的稳定性确定。

（4）施工现场堆放的构件，宜按吊装顺序和型号分类堆放，堆垛宜布置在吊车工作范围内且不受其它工序施工作业影响的区域（图 3-20、图 3-21）。

图 3-20　预制楼梯的堆放

图 3-21　预制叠合板的堆放

（5）预制构件的运输车辆应满足构件尺寸和载重要求。装卸构件时应考虑车体平衡。运输时应采取绑扎固措施，防止构件移动或倾倒。运输细长构件时应根据需要设置临时水平支架。对构件边角部或链索接触处的混凝土，宜采用垫衬加以保护。

4. 预制构件的吊装、运输施工过程中，应符合下列规定

（1）预制构件的混凝土强度应符合设计要求。当设计无具体要求时，出厂运输、装配时预制构件的混凝土立方体抗压强度不宜小于设计混凝土强度值的 75%。

（2）吊索与构件水平面所成夹角不宜小于 60°，不应小于 45°。

（3）装配式结构的施工全过程应对预制构件及其上的建筑附件、预埋件、预埋吊件等采取施工保护措施，避免构件出现破损或污染现象。

▶ 思考练习题 ◀

1. 简述预制构件脱模的一般规定。
2. 预制构件吊点如何选择？
3. 简述墙板起吊主要技术要求。
4. 简述预制墙板堆放方法。
5. 简述墙板运输与堆放时的一般规定。
6. 墙板脱模起吊如何进行抗弯验算？

学习情境 4 装配式混凝土结构施工

素质目标 （依据专业教学标准）

（1）坚定拥护中国共产党领导和我国社会主义制度，践行社会主义核心价值观，具有深厚的爱国情感和中华民族自豪感。

（2）崇尚宪法、遵纪守法、崇德向善、诚实守信、尊重生命、热爱劳动，履行道德准则和行为规范，具有社会责任感和社会参与意识。

（3）具有质量意识、环保意识、安全意识、信息素养、工匠精神和创新意识。

（4）勇于奋斗、乐观向上，具有自我管理能力和职业生涯规划意识，具有较强的集体意识和团队合作精神。

（5）具有健康的体魄、心理和健全的人格，以及良好的行为习惯。

（6）具有正确的审美和人文素养。

知识目标

（1）了解吊装机械的起重量、工作半径和起重高度基本要求。

（2）了解构件接头类型及连接方法。

（3）了解钢筋浆锚搭接连接接头用灌浆料性能要求。

（4）掌握分件吊装法和综合吊装法。

（5）掌握全预制装配技术（NPC 体系）特点。

能力目标

（1）能初步绘制吊装机械行驶路线图。

（2）能初步绘制预制构件和材料堆放调配图。

（3）能初步编写装配式框架结构安装技术方案。

学习资料准备

（1）上海隧道工程股份有限公司.装配式混凝土结构施工[M].北京：中国建筑工业出版社，2016.

（2）中华人民共和国住房和城乡建设部.钢筋机械连接技术规程：JGJ 107—2016[S].北京：中国建筑工业出版社，2016.

（3）中华人民共和国住房和城乡建设部.建筑施工临时支撑结构技术规范：JGJ 300—2013[S].北京：中国建筑工业出版社，2013.

（4）中华人民共和国住房和城乡建设部.建筑施工模板安全技术规范：JGJ 162—2008[S].北京：中国建筑工业出版社，2008.

（5）中华人民共和国住房和城乡建设部.建筑施工塔式起重机安装、使用、拆卸安全技术规程:JGJ 196—2010[S].北京:中国建筑工业出版社,2010.

（6）中华人民共和国住房和城乡建设部.建筑施工高处作用安全技术规范:JGJ 80—2016[S].北京:中国建筑工业出版社,2016.

微课

装配式混凝土
结构吊装——
吊装准备

▶ 4.1　施工准备工作 ◀

4.1.1　吊装机械选择

墙板安装采用的吊装机械主要有塔式起重机和履带式（或轮胎式）起重机。其主要特点见表 4-1。

表 4-1　吊装机械的主要特点

机械类别	特　点	机械类别	特　点
塔式起重机	（1）起吊高度和工作半径较大 （2）驾驶室位置较高,司机视野宽广 （3）转移、安装和拆除较麻烦 （4）需敷设轨道	履带式（或轮胎式）起重机	（1）行驶和转移较方便 （2）起吊高度受到一定限制 （3）驾驶室位置低,就位,安装不够灵活

吊装机械的起重量、工作半径和起重高度应满足以下要求：

（1）吊装机械的起重量应不小于墙板的最大重量和起重索具重量之和。

微课

起重安装机械(1)

（2）吊装机械的工作半径应不小于吊装机械中心到最远墙板的安装位置,其中包括吊装机械与建筑物之间一定的安全距离（图 4-1）。采用履带式起重机时,还要考虑臂杆距屋顶挑檐的最小安全距离。

（3）吊装机械的起重高度（即吊钩提升的高度,见图 4-1）,要符合下列要求：

$$H = h + h_1 + h_2 + c$$

式中：h——吊装机械停放平面到建

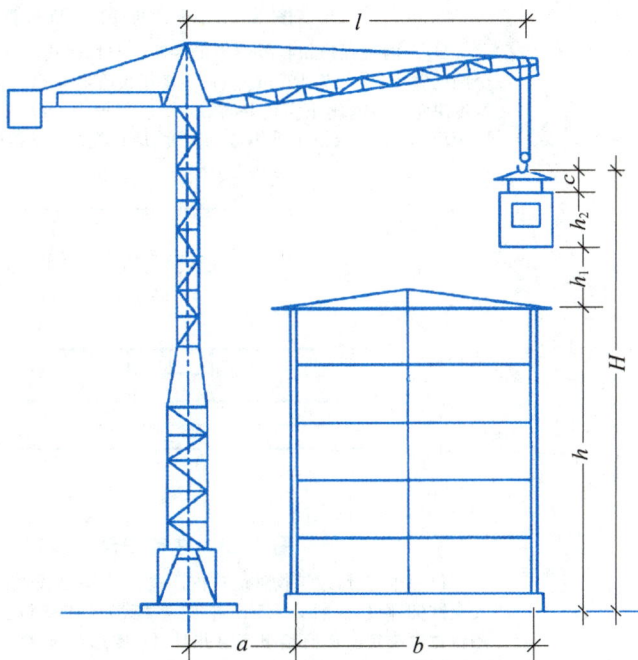

图 4-1　吊装机械起吊高度示意图

筑物顶部距离；

h_1——建筑物顶部与起吊的墙板构件下部的距离，一般不小于 2 m；

h_2——墙板高度；

c——索具高度。

▶ 4.1.2 施工平面布置

在选定吊装机械的前提下，单体工程的施工平面布置，要正确处理好墙板安装与墙板运输、堆放的关系，充分发挥吊装机械的作用。其布置要点如下：

1. 吊装机械行驶路线

（1）塔式起重机行驶路线，一般沿建筑物纵向一侧布置，见图 4-2、图 4-3。

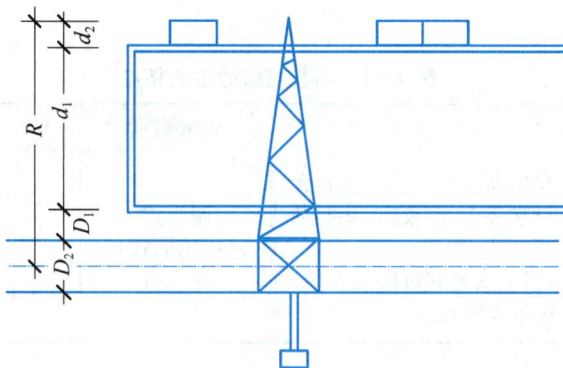

图 4-2 在无阳台一侧布置塔式起重机

D_1——内轨到建筑物外墙皮的距离。当塔吊设在无阳台一侧时，D_1主要决定于支设安全网的宽度，一般为 1.5 m 左右；当塔吊设在有阳台一侧时，D_1的机动性较大，要根据阳台宽度决定。遇有地下室窗井时，D_1要适当加大。D_2——塔式起重机轨距；d_1——建筑物外纵墙距离；d_2——阳台挑出外纵墙的宽度；R——塔式起重机的工作半径

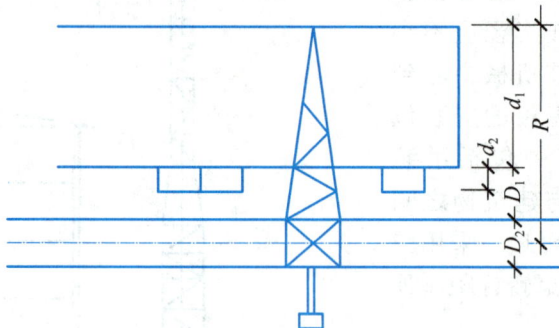

图 4-3 在有阳台一侧布置塔式起重机

D_1——内轨到建筑物外墙皮的距离。当塔吊设在无阳台一侧时，D_1主要决定于支设安全网的宽度，一般为 1.5 m 左右；当塔吊设在有阳台一侧时，D_1的机动性较大，要根据阳台宽度决定。遇有地下室窗井时，D_1要适当加大；D_2——塔式起重机轨距；d_1——建筑物外纵墙距离；d_2——阳台挑出外纵墙的宽度；R——塔式起重机的工作半径

（2）履带式（或轮胎式）起重机行驶路线，一般沿建筑物纵向一侧或两侧布置，也可沿建筑物四周行驶布置，见图 4-4。

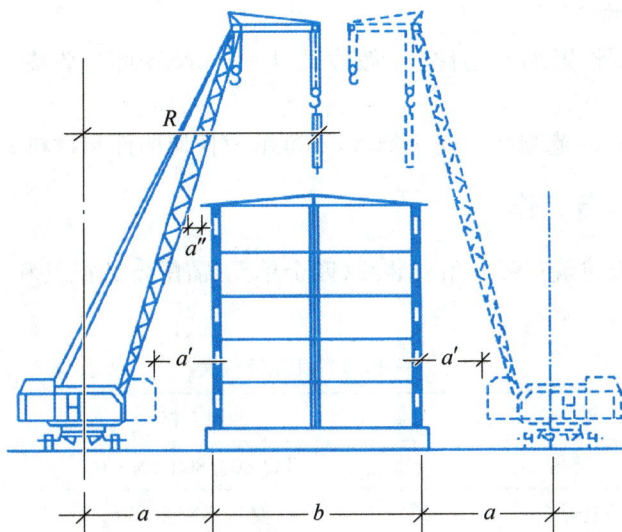

图 4 - 4　履带式起重机行驶路线示意图

a—履带式起重机回转中心到建筑物外墙皮的距离；b—建筑物外纵墙距离；a'—履带式起重机机身最突出部位到外墙皮的距离，不小于 $a/2$；a''—臂杆距屋顶挑檐的最小安全距离，一般为 0.6～0.8 m；R—履带式起重机的工作半径

2. 墙板堆放区

墙板堆放区要根据吊装机械行驶路线来确定，一般应布置在吊装机械工作半径范围以内，避免吊装机械空驶和负荷行驶。装配式民用建筑墙板工程的施工平面布置，采用现场塔下重叠生产，在吊装时墙板生产区即改为墙板堆放区。

民用建筑墙板堆放占地面积，参见表 4 - 2。

表 4 - 2　民用建筑墙板堆放占地面积

序　号	堆放方法	占地面积（m²/块）	占地宽度（cm/块）
1	内墙板插放（杉篙绑扎插放架）	1.2	37
2	内墙板插放（工具式插放架）	1.2	40
3	内墙板靠放（用楼板当靠放架）	0.7～1.0	26～28
4	外墙板插放（杉篙绑扎插放架）	1.8～2.0	40～55
5	外墙板插放（工具式插放架）	1.3	41
6	外墙板靠放（工具式靠放架）	1.2	40

3. 其他构配件和材料堆放区

楼板、屋面板、楼梯、休息平台板、通风道等，一般沿建筑物堆放在墙板的外侧。

结构安装阶段需要吊运到楼层的零星构配件、混凝土、砂浆、砖、门窗、炉片、管材等材料的堆放，应视现场具体情况而定，要充分利用建筑物两端空地及吊装机械工作半径范围内的其他空地。这些材料应确定数量，组织吊次，按照楼层材料布置的要求，随每层结构安装逐层吊运到楼层指定地点。

4. 运输道路和安全禁区

施工场地四周要设置循环道路,一般宽约 4～6 m,路面要平整、坚实,两旁要设置排水沟。

距建筑物周围 3 m 范围内为安全禁区,不准堆放任何构件和材料。

微课

起重安装机械(2)

4.1.3 机具准备工作

装配式民用大板建筑工程一条安装线(四个单元)需配备的机具和工具见表 4-3 和表4-4。

表 4-3 机具设备表

序 号	名 称	规 格	数量(台)
1	塔吊	TQ 600/800 kN・m	1
2	电焊机	交流 BX1-330	6
3	混凝土搅拌机	400L	1
4	千斤顶	100～200 kN	4
5	调压器	200 kW	1
6	补强机	自制	1
7	空压机	0.6 mm 喷嘴	1
8	水准仪		1
9	经纬仪		1

注:用于高层建筑施 1.的塔吊宜选用 1 000 kN・m。

表 4-4 工具表

序号	名称	规格	单位	数量	备 注
1	吊具(万能扁担)		套	1～2	附有各种满足起重量要求的吊钩、昔环和钢丝绳
2	自动卡环		个	20	大、小各一半
3	插放架		个	20	
4	靠放架		个	2～4	如用于现场重叠生产墙板时,宜适当增加
5	操作平台		个	2～4	规格按最多的大、小房间尺寸确定
6	侧墙固定器	卡头	个	20～40	
7	转角固定器		个	10～20	
8	水平拉杆	大、小不等	个	15	长度根据开间尺寸确定
9	电焊机械		套	1	配 600 m 焊把线
10	安全网抱角架		个	4	

（续表）

序号	名称	规格	单位	数量	备　注
11	抱角架固定器		个	8	
12	紧线器		个	8	
13	安全网支杆		根	10	
14	屋顶安全卡具		个	60	
15	外用安全网	4×6 m	片	150	
16	屋顶安全网	1.2×8.0 m	m	150	
17	外板缝空腔车		个	6	
18	溜缝用工具式模板	定型钢撬	套	配4个单元	
19	电阻丝	1 000 W	条	8	
20	补强嘴子		个	50	

▶ 4.1.4　劳动组织准备工作

结构吊装阶段的劳动组织参见表4-5。

表 4-5　结构吊装阶段的劳动组织

序号	工种	人　数	备　注
1	吊装工	12	指挥(上、下)2人;拿撬棍3人;拿靠尺1人;操作台临时固定4人;查找板号2人
2	电焊工	6	焊预埋件、钢筋等5人,照顾焊把线及看火1人
3	混凝土工	8	浇灌板缝混凝土,墙板下铺灰,剔找预埋件,修补裂板
4	抹灰工	8	墙板、楼板找平,修补堆放区外墙板防水槽、台,插保温条、防水条,抹光拆模后的板缝混凝土,墙板、楼板塞缝子
5	木工	4	支拆板缝模板、弹线
6	钢筋工	2	梳整板缝的锚环、钢筋,绑扎水平缝、阳台处钢筋

▶ 4.1.5　其他准备工作

（1）组织现场施工人员熟悉、审查图纸、对构件型号、尺寸、埋件位置逐块检查核对,熟悉吊装顺序和各种指挥信号,准备好各种施工记录表格。

（2）引进坐标桩、水平桩、按设计位置放线,经检验签证后挖土、打钎、做基础和浇筑完首层地面混凝土。

（3）对塔吊行走轨道和墙板构件堆放区等场地进行碾压、铺轨、安装塔吊,并在其周围设置排水沟。

（4）组织解决本条安装线的临时供电问题,见表4-6。

表 4-6　一条吊装线需配备的临时用电量

序　号	设备名称	数　量	一台用电(kVA)	合计用电(kVA)
1	塔吊	1	42.5	42.5
2	电焊机	6	25	150
3	搅拌机	1	15	15
4	水暖电卫			50
5	现场照明			16
	合计			273.5

(5)组织墙板等构件进场。按吊装顺序先存放 1~1.5 层的配套构件。并在吊装前认真检查构件的质量和数量。质量如不符合要求,应及时处理。

另外,应准备好烟道、通风道等小型构件以及门窗、水暖等装修材料,以便于逐层进行综合吊装。

▶ 4.2　装配式框架结构安装 ◀

在多层民用建筑和工业厂房中采用装配式钢筋混凝土结构,可大大减少现场的作业量,减少施工用地,也可节约劳动力,节省模板,缩短工期,还可提高建筑工业化、机械化水平,但因其预制构件的类型多、数量大,各类构件接头处理复杂、技术要求高。因此,施工中应做好安装前的准备工作,并着重解决构件安装工艺和接头的施工。

▶▶ 4.2.1　安装前的准备工作

结构安装之前应做好各项准备工作,包括场地清理和道路的修筑,基础准备,构件的运输、堆放和加固,构件的检查、弹线、编号等,其施工要点如下。

定位放线

螺栓抄平

1. 基础准备

框架结构的底层柱可采用预制柱插入杯形基础杯口内的做法。杯形基础的准备工作包括杯口弹线和杯底找平。在杯口顶面需弹出纵、横定位轴线,作为柱子对位、校正的依据。杯底找平是用细石混凝土或水泥砂浆找平至需要的标高处,以保证柱安装后标高的准确。

2. 构件的检查、弹线、编号

构件吊装之前,应对所有构件进行外观质量检查和混凝土强度的检查,其强度必须达到设计要求的吊装强度。然后在构件上按吊装要求弹出中心线、吊装准线等墨线,以便进行构件的定位和校正。同时依据设计图纸对构件进行编号,并写在构件上明显的部位。

▶▶ 4.2.2　构件安装工艺

现场视频

现场预制柱底部灌浆套筒

定位放线

楼梯安装

1. 框架柱的安装工艺

(1)预制柱的长度

预制框架柱的长度一般取 1~2 个层高为一节,也可取 3~4

层高为一节,视吊装机械的性能而定。当采用塔式起重机时,柱的长度宜较短;对总高 4~5 层的框架结构,当采用履带式起重机时,柱长也可采用一节到顶的方案。柱与柱的接头应设置在弯矩较小处,或梁与柱的节点位置,并应考虑方便施工。每节柱的接头应布置在同一高度处,以便统一构件规格,减少构件型号。

(2) 柱的起吊、临时固定

由于框架柱的长细比较大,起吊时的受力状态与使用时的受力状态不同,因此必须合理地选择柱的吊点位置和吊装方法,必要时应进行吊装应力和抗裂度验算。一般情况下,当柱长在 12 m 以内时可采用一点起吊;当柱长超过 12 m 时则应采用两点起吊;应尽量避免多点起吊。柱安装时,底层柱与基础杯口间可用硬木楔或钢楔临时固定,上部柱的临时固定可采用钢管式斜支撑,较重的上层柱应采用缆风绳进行临时固定。

(3) 柱的校正

柱的校正需要进行 2~3 次。首先在松开吊钩后柱接头钢筋电焊前进行初校;在电焊后进行二校,观测电焊时钢筋因受热收缩不均而引起的偏差;在梁和楼板安装后再校正一次,以消除梁柱接头电焊产生的偏差。

柱在校正时,应力求下节柱安装准确,以免造成上节的偏差积累。但当下节柱经最后校正仍存在一定偏差,且偏差值在允许范围内时可不再进行调整。此情况下吊装上节柱时,一般应使上节柱的底部中心线对准下节柱顶部中心线与标准轴线之间的中点,即图 4-5 中的 $a/2$ 处,而上节柱的顶部在校正时仍以标准轴线为准,以此类推。在柱校正过程中,当垂直度和水平位移均有偏差时,如垂直度偏差较大,则应先校正垂直度,然后校正水平位移,以减少柱倾覆的可能性。

2. 框架梁的安装工艺

框架梁与柱的接头形式有明牛腿式、暗牛腿式、齿槽式和浇筑整体式等多种。不同的接头形式,梁的安装方法不尽相同。

安装明牛腿式、暗牛腿式接头的框架梁时,只需将梁就位于柱牛腿上,经校正并将梁端预埋钢板与柱牛腿上的预埋钢板相互焊接后即可松开吊钩,梁上部钢筋与柱上预留钢筋的焊接可随后进行。

安装齿槽式接头的框架梁时,梁需搁置在临时支托上。因此,支托应安装牢固,梁就位后应有足够的搁置长度,并在焊接必要数量的上下连接钢筋后方能松开吊钩。

安装浇筑整体式接头的框架梁时也须在梁就位后,保证梁在柱接头处有足够的搁置长度,并根据构件设计要求焊接一定数量的连接钢筋或预埋件后方可松开吊钩。

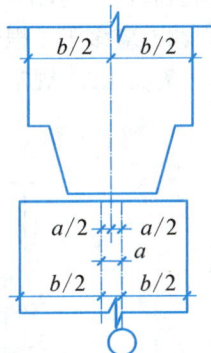

图 4-5　上下节柱校正时中心线偏差调整示意图

a—下节柱顶部中心线偏差;
b—柱宽

▮▶ 4.2.3　构件接头施工

底层柱的安装,是在校正柱与基础杯口的空隙间灌筑细石混凝土,进行最后固定。上下两节柱的接头及梁与柱的接头施工是多层框架结构安装的关键,它直接影响到结构的整体刚度和稳定性。

1. 柱与柱的接头

柱与柱的接头形式有榫式接头、浆锚接头、插入式接头等。

微课

结构吊装工程

(1) 榫式接头

榫式接头如图 4-6(a)所示。其做法是:将上节柱的下端做成榫头状,以承受施工荷载;安装时,将上节柱搁置在下节柱柱顶,并将上下柱外露的钢筋用电焊连接,然后用比柱子混凝土强度等级高 25%的细石混凝土或膨胀混凝土浇筑接头;待接头混凝土达到 75%强度后,再吊装上层构件。这种接头整体性好,安装校正方便,耗钢量较少,施工质量有保证;但钢筋容易错位,混凝土浇筑量较大,混凝土硬化后在接缝处易形成收缩裂缝。

(2) 浆锚接头

浆锚接头如图 4-6(b)所示。其做法是:在上节柱底部伸出 4 根长度为 300~700 mm 的锚固钢筋,下节柱顶部预留 4 个深度为 350~750 mm、孔径约为 2.5~4 倍锚固钢筋直径的浆锚孔;安装时,在这 4 个孔内灌入 M40 快凝砂浆,且在下柱顶面铺筑 10~15 mm 厚的砂浆垫层,将上节柱的锚固钢筋插入孔内,即可使上下柱连成整体。这种接头构造简单,不需电焊,安装固定较快;但钢筋根数不应多于 4 根,故应用时局限性较大。根据《装配式混凝土结构技术规程》(JGJ 1—2014)中条款 4.2.4 规定,钢筋浆锚搭接连接接头用灌浆料性能应满足如下要求(见表 4-7):

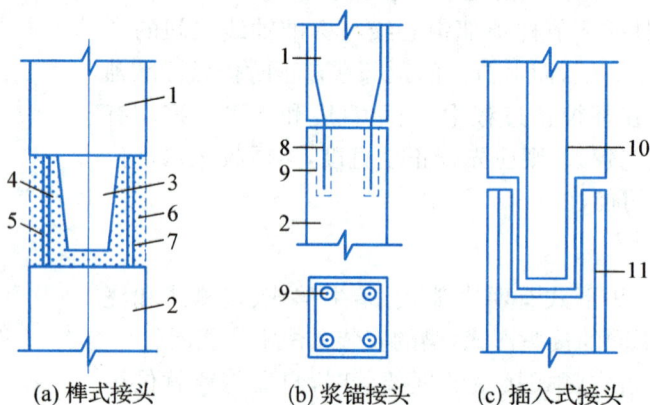

(a) 榫式接头　　(b) 浆锚接头　　(c) 插入式接头

图 4-6　柱的接头形式

1—上柱;2—下柱;3—上柱榫头;4—上柱外伸钢筋;5—下柱外伸钢筋;
6—坡口焊;7—后浇接头混凝土;8—上柱外伸锚固钢筋;9—浆锚孔;
10—榫头纵向钢筋;11—下柱钢筋

表 4-7　钢筋浆锚搭接连接接头用灌浆料性能要求

项　　目		性能指标	试验方法标准
泌水率(%)		0	《普通混凝土拌合物性能试验方法标准》(GB/T 50080—2016)
流动度	初始值	≥200	GB/T 50080—2016
	30 min 保留值	≥150	GB/T 50080—2016

（续表）

项　　目		性能指标	试验方法标准
竖向膨胀率（%）	3 h	≥0.02	GB/T 50080—2016
	24 h 与 3 h 膨胀率之差	0.02～0.05	GB/T 50080—2016
抗压强度（MPa）	1 d	≥35	GB/T 50080—2016
	3 d	≥55	GB/T 50080—2016
	28 d	≥80	GB/T 50080—2016
氯离子含量（%）		≤0.06	GB/T 50080—2016

（3）插入式接头

插入式接头如图 4-6(c)所示。其做法是：将上节柱做成榫头状，而下节柱顶部做成杯口状，上节柱插入杯口后用水泥砂浆填实成整体。这种接头不用电焊，安装方便，造价低，用于截面较大的小偏心受压柱较为合适，但对于大偏心受压柱，为防止受拉边缘产生裂缝，需采取相应的构造措施。

2. 梁与柱的接头

梁与柱的接头形式有明牛腿式、暗牛腿式、齿槽式和浇筑整体式等。

（1）明牛腿式接头

明牛腿式接头是指柱本身带有钢筋混凝土牛腿，梁在牛腿上安装就位后焊接连接钢筋或连接钢板，再浇筑接头处的混凝土使两者成为整体。这种接头刚度大，受力可靠，安装方便，但牛腿施工复杂，且影响室内美观。

（2）暗牛腿式接头

暗牛腿式接头通常是在柱中先设置好型钢牛腿，待梁安装后接头处浇筑混凝土使牛腿不外露。这种接头与明牛腿式相比可增大室内净空，但牛腿处钢筋较密，不便浇筑混凝土。

（3）齿槽式接头

齿槽式接头形式如图 4-7 所示。这种接头施工简单，节约钢材和水泥，但安装时需设置临时支托，待接缝混凝土达到一定强度后才能承担上部荷载，多用于承受中等荷载的结构中。

（4）浇筑整体式接头

浇筑整体式接头的形式如图 4-8 所示，其应用最为广泛。其基本做法是：柱为每层一节，梁搁置在柱上，梁底钢筋按锚固长度要求上弯或焊接；绑扎节点处柱子附加箍筋后，浇筑混凝土至楼板面；待混凝土强度达到 10 MPa 时即可安装上节柱，上下柱连接与榫式接头相似；然后第二次浇筑混凝土至上柱的榫头上方并留 35 mm 空隙，用干硬性细石混凝土捻缝，以形成梁柱刚性接头。这种接头整体性好，抗震性能高，安装方便，但工序较多。

微课

单层工业厂房
结构吊装

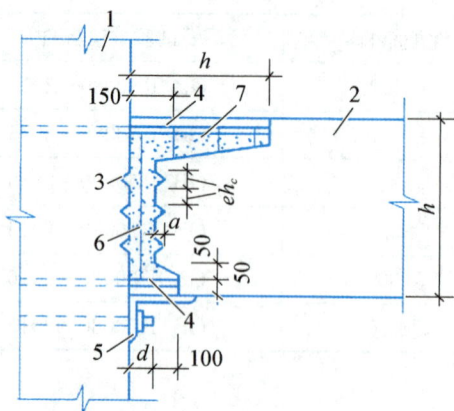

图 4-7　齿槽式梁柱接头
1—柱;2—梁;3—齿槽;4—钢筋焊接;
5—临时支托;6—附加箍筋;7—后浇细石混凝土

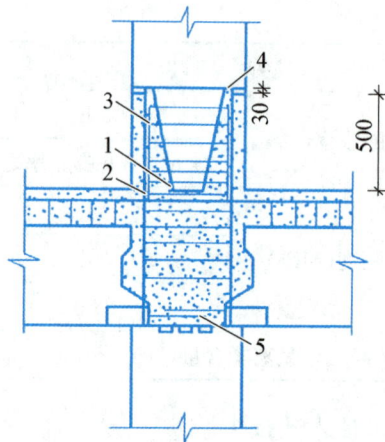

图 4-8　浇筑整体式梁柱接头
1—定位预埋件;2—定位箍筋;3—上下柱钢筋焊接;
4—捻干硬性混凝土;5—梁底锚固钢筋焊接

4.2.4　吊装方法

装配式框架结构常用的吊装方法有分件吊装法和综合吊装法,具体如图 4-9 所示。

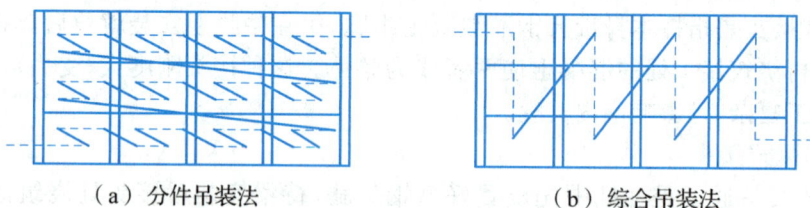

（a）分件吊装法　　　　　（b）综合吊装法
图 4-9　装配式房屋结构吊装法

1. 分件吊装法

分件吊装法,是按构件种类依次吊装,它也是装配式框架结构最常用的吊装方法。其优点是:① 可组织吊装、校正、焊接、灌浆等工序的流水作业;② 容易安排构件的供应和现场布置工作;③ 每次均吊装同类型构件,可减少起重机变幅和吊具更换的次数,从而提高吊装效率,各工序的操作也比较方便和安全。

墙板吊装

分件吊装法按流水方式的不同,又分为:分层大流水吊装法和分层分段流水吊装法。对建筑平面较小的工程,常采用分层大流水吊装法;对建筑平面较大的工程多用分层分段流水吊装法。

分层大流水吊装法,是每个施工层为一个施工段,按一个楼层组织各工序的流水,然后逐层向上。

分层分段流水吊装法,是以一个柱长(节段)为一个施工层,而每一个施工层再划分成若干个施工段,以便于构件吊装、校正、焊接以及接头灌浆等工序的流水作业。分层分段流水吊装法施工的情况:起重机在施工段 A 中吊完构件,依次转入施工段 A2,A3,待施工构件全部吊装完毕并最后固定后,再吊装上一层中各段构件,依次施工,直至整个结构吊完。施工段的划分主要取决于:建筑物平面形状和尺寸、起重机的性能及其开行路线、完成各个工序所需要的时间和临时固定设备的数量等。

2. 综合吊装法

综合吊装法是以一个柱网(节间)或若干个柱网(节间)为一个施工段,以房屋的全高为一个施工层来组织各工序的流水。起重机把一个施工段的各种构件吊装至房屋的全高,然后移到下一个施工段。这种方法可以较快地形成部分结构,为后续工作提供工作面,有利于缩短总工期。

采用综合吊装法,工人在操作过程中吊具、索具等变动频繁,作业高度也不断变化,结构构件连接处混凝土养护时间紧,稳定性难以得到保证,现场构件的供应与布置复杂,要求也较高,对提高吊装效率与施工管理均有影响,因此,在工程吊装施工中应用较少。

▷ 4.3　装配-整体式框架结构施工 ◁

钢筋混凝土装配-整体式结构亦称现浇柱、预制梁板结构,其施工要兼顾现浇及装配两方面的因素。

4.3.1　工艺流程

现浇柱、预制梁板框架结构施工阶段工艺流程有两种:第一种是梁、板吊装后,浇筑柱子、柱梁节点和叠合梁的混凝土,称为一次浇筑混凝土法;第二种称为二次浇筑混凝土法,即先浇筑柱身混凝土,并吊装梁、板后,再浇筑柱梁节点和叠合梁的混凝土。

一次浇筑混凝土法工艺流程为:搭设脚手架—弹线—绑扎柱钢筋—柱内预埋管线—安装柱模及支撑—柱模板弹线—安装临时支撑—校正柱模板并安装梁—安装预制楼板—安放叠合梁与节点钢筋—安装节点模板—浇筑柱、梁、板节点混凝土—混凝土养护—拆除模板。

二次浇筑混凝土法工艺流程为:搭设脚手架—弹线—绑扎柱钢筋—柱内预埋管线—安装柱模及支撑—浇筑柱混凝土—混凝土养护—拆除柱模板(保留节点模板)—柱身弹线—安装临时支撑—校正—校正立柱安装梁并校正—安装预制楼板—安放叠合梁与节点钢筋—安装节点模板—浇筑柱、梁、板节点混凝土—混凝土养护—拆除模板。

4.3.2　柱、梁节点模板与支撑

装配式结构的柱模板与支撑体与一般模板不同,施工中除承受一般混凝土结构施工阶段的荷载外,往往还要承受预制构件的荷载,因此,在设计与施工中应注意其受荷特点。

微课

装配式混凝土结构吊装——叠合梁吊装

1. 模板

装配式结构中模板主要是柱的模板及柱与梁的节点模板,其几何形状不规则,而且变化较多,施工中应针对不同部位的几何形状进行设计。

2. 支撑系统

考虑模板的受力特点,模板支撑沿房屋横向及纵向均需设置柱间支撑,以保证柱的位置和垂直度,防止发生位移和变形。支撑系统应牢固、轻便和易于装拆,其一端支撑在模板上,另一端可支承在楼板上,以便固定。

3. 操作平台

操作平台可在横向支撑桁架(或预制梁)上放置铺板,以便于操作人员登高浇筑混凝土。如采用一次浇筑混凝土方法,则先铺设的楼板可作为操作平台,操作人员可直接在楼板上操作。

4. 主梁顶撑

主梁安装时,因其荷载较大,整体结构也未形成,故主梁下部应设置竖撑,常用钢管组成排架,钢立柱间距一般为 1～1.5 m,以承受梁板自重及施工荷载。

现浇整体式框架结构的柱、梁节点是确保其整体性的关键部位,施工时应严格按设计要求布设钢筋,确保其构造达到受力性能的要求。

▶ 4.4 装配板式结构施工 ◀

装配板式建筑是由预制的大型内、外墙板和楼板、屋面板、楼梯等构件装配组合而成的建筑,亦称大板建筑。装配板式建筑的构件,由工厂预制或在施工现场预制,然后在施工现场装配。因此,与传统的砖混结构和现浇钢筋混凝土结构相比,装配板式建筑省去了绝大部分湿作业,有利于改善劳动条件、提高工效和缩短工期;另外,板墙的厚度可以减小,增加了使用面积。考虑到结构的整体性和抗震性能的要求,全装配板式结构的应用有一定限制,近些年,装配整体板式结构发展较快,已形成了各种不同的体系,其基本形式是:外墙为厚 80～100 mm 的预制墙板(可附有装饰层),在安装后作为外墙的外侧模板,在内侧现浇约 140～180 mm 厚的混凝土,并与楼板及部分现浇的内墙形成整体,承受竖向和水平荷载。其楼板可采用预制、现浇或叠合的方式,而不受力的内墙都采用轻质墙体材料。

现场视频

▶▶ 4.4.1 预制墙板的生产

预制墙板生产

预制墙板的施工应从预制构件的制作及现场施工安装两大环节进行质量控制。

预制墙板在构件厂采用工厂化流水生产。一般都采用定型模板,生产时采用平卧方式,便于钢筋和混凝土施工。墙板成型后再利用专用夹具翻转 90° 成正立位置放置。

预制墙板应做到形状、尺寸及位置准确,表面平整光滑、观感质量好,因此,模板应有足够的刚度,最大限度地减少模板的变形,并注意模板表面质量,使混凝土与其密贴成型。预制外墙板的设计与施工除应满足一般的建筑、结构和构造要求外,尚应满足防水保温等功能要求。因此,对外墙板侧面的边、角,构造防水的槽、台等部位,一定要制作精细并注意成品保护。

预制墙板的养护应采用低温蒸养,可在混凝土浇筑后用蒸养罩进行表面遮盖、内通蒸汽的方法进行。蒸养罩与混凝土表面隔开一定距离(一般为 300 mm),以形成蒸汽循环的空间。蒸养分为静停、升温、恒温和降温四个阶段。目前,构件的蒸养都采用自动温控系统,以便及时掌握和控制蒸养构件温度和周围环境温度。

预制外墙板还可以将外墙门窗、饰面砖在其浇筑时一并完成,实现装饰施工工厂化,这样不仅可大大提高工程质量和工效,而且对降低能耗、减少污染、实现绿色施工都具有很大意义。

带外装饰的外墙板生产要点如下:

(1) 门、窗框的预埋。在预制外墙板中安装门、窗框时,先在混凝土构件的模板中安装限位框架,窗框直接固定在限位框架上,可使窗框精确定位并防止其固定时受到擦划或撞击。框架与整体大模板之间则通过活动的连接模板加以固定,连接模板应具有拆卸方便、定位可靠的功能。

(2) 饰面砖施工。预制装饰外墙板,是用一种专用整体饰面砖安放在预制墙板的模板中,浇筑混凝土后形成带饰面砖的装饰外墙板。

专用整体饰面砖是通过类似于马赛克制作的特殊工艺制作而成,它是用保护纸将小块面砖粘结成一个大面积的整体,其主要工艺流程为:设计外墙装饰、选择饰面砖-设计饰面砖模具格-在模具格中放入饰面砖-嵌入分格条-用滚筒压平-粘贴保护纸-专用工具压粘分格条-板块状整体饰面砖成型。

预制墙板上整体饰面砖的铺贴不是按常规方法进行的,其施工工艺是先将模具清理干净,按设计的墙面整体饰面砖的位置排列在模板上并设置标记,将专用整体饰面砖按标记放置并加以临时固定,而后进行预制构件的混凝土浇筑,使整体饰面砖与混凝土直接粘牢,即形成预制装饰混凝土外墙板。在混凝土浇筑时,重点应控制模板支架、钢筋骨架、整体饰面砖、门、窗框和预埋件等的位置,防止它们发生位移和扭转。

▶ 4.4.2　施工方法选择

装配式大板工程的安装方法主要有储存吊装法和直接吊装法两种,其特点见表 4 - 8。

表 4 - 8　装配式大板工程的安装方法

名　称	说　明	特　点
储存吊装法	构件从生产场地按型号、数量配套、直接运往施工现场吊装机械工作半径范围内储存,然后进行安装。这是一般常用的方法。 储存数量:民用建筑一般为 1~2 层的构配件;工业建筑视具体情况确定	(1) 有充分的时间做好安装前的施工准备工作,可以保证墙板安装连续进行; (2) 墙板安装和墙板卸车可分日夜班进行,充分利用机械; (3) 占用场地较多。需用较多的插放(或靠放)架
直接吊装法	又称原车吊装法,将墙板由生产场地按墙板安装顺序配套运往施工现场,由运输工具上直接向建筑物上安装	(1) 可以减少构件的堆放设施,少占用场地; (2) 要有严密的施工组织管理; (3) 需用较多的墙板运输车

装配式大板住宅建筑的结构安装,主要采用逐间封闭式吊装法。当有通常的单身宿舍,一般采用单间封闭;若为单元式居住建筑,一般采用双间封闭。由于逐间闭合,随即焊接,施工期间结构整体性好,临时固定简便,焊接工作比较集中,被普遍采用(图4-10)。

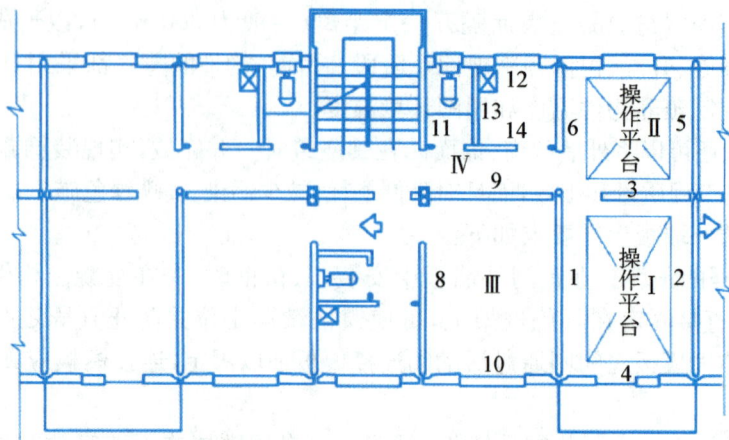

图 4 - 10　双间封闭式安装顺序示意图

1、2、3——墙板安装顺序；Ⅰ、Ⅱ、Ⅲ——逐间封闭顺序

建筑物较长时,为了避免电焊线行程过长,一般由建筑物中部开始安装。建筑物较短时,也可由建筑物一端第二开间开始安装。封闭的第一间为标准间,作为其他安装的依据。

4.4.3　预制墙板的安装施工

1. 预制墙板的吊装与校正

全装配板式结构施工流程为:预制墙板进场并临时固定-吊装外墙板-吊装内墙板-面板吊装-节点板缝与节点的钢筋、模板与混凝土施工-楼面叠合层施工。

现场视频

微课

剪力墙　　装配式混凝土结构吊装——墙板吊装

装配-整体板式结构因其外墙板由预制与现浇两层组成,内墙和楼板也常为现浇或叠合式,其施工流程为:预制墙板进场并临时固定-吊装外墙板-外墙内侧钢筋与模板施工-吊装内墙板(安装内墙模板)-墙体混凝土浇筑-楼面模板支撑-楼面混凝土(或叠合层混凝土)施工。其中,墙体的混凝土也可在楼面模板支撑完成后与楼面混凝土一起浇筑。

在预制墙板进场后临时放置时,应采用定位支架加以稳妥固定,防止构件坍塌,并核对数量,进行编号。

吊装时运用专用的吊具将外墙板吊至结构安装位置,初步就位后随即设置临时支撑系统与固定限位措施。临时支撑系统一般附有可调节螺杆的斜撑杆,定位后还可进行垂直度调节。外墙板与楼层面的固定一般采用型钢制成的限位器,用可拆卸螺栓固定。

预制墙板的校正以放线时弹出的墙板边线为依据,校正方法应考虑便于三维校正,一般可用吊索进行平面位置的校正和用带调节螺杆的支撑进行垂直度的校正,对墙板的高差则可用千斤顶顶升的方法校正。预制墙板安装的轴线偏差应不大于 3 mm,垂直度偏差(靠尺检查)不大于 5 mm。

现场视频

现场视频

后浇段现场混凝土浇筑　　后浇段施工拆模后

2. 后浇结构施工

高层板式结构对整体性的要求较高,销键较多,节点与接缝的构造比较复杂,此外还要做好防水、保温等处理。因此,高层板式结构不仅对构件生产的要求较高,而且吊装后的后浇部

分施工质量也十分重要,后浇结构的施工工艺主要包括三个内容:① 叠合墙板的混凝土施工;② 预制墙板之间的连接;③ 现浇(或叠合)楼板的施工。

现场视频

剪力墙现场灌浆

采用装配-整体式板式结构时,需要进行叠合墙板混凝土的施工。在外墙的预制外墙板安装后,绑扎现浇部分钢筋,此时应注意现浇墙体的钢筋应和预制墙板钢筋绑扎,形成整体。在内侧设置常规的外墙内模板后,进行混凝土浇筑。

预制墙板之间的竖向连接又称"整体连接",是将墙板及其预留锚固钢筋和附加钢筋互相连接,然后浇筑混凝土。每层内、外墙板吊装就位后,对伸出墙板的预留锚固钢筋进行整形校正,插入竖缝附加钢筋,并与下层附加钢筋拉通连接。设置竖缝模板浇筑混凝土,连成上下贯通的小柱。由于竖缝截面较小,混凝土的坍落度宜适当放大,一般取 120~150 mm,并振捣密实,必要时可采用微膨胀混凝土。

3. 盒子式卫生间

钢筋绑扎

卫生间是现代建筑中不可缺少的部件。近年来,国际上发达国家在装配式高层建筑中普遍采用盒子卫生间,即预制装配式卫生间,我国近年来正逐渐推广使用。盒子卫生间是将浴缸、坐便器、盥洗盆等预先安装在一个预制的盒子间(或直接做成的卫生间)内,然后在结构吊装时,按图纸设计的位置,整体吊装就位。盒子卫生间是一种工业化的产品,可实现标准化、工业化、系列化和多样化,很好地解决了建筑空间与设备之间的协调问题,并具有质轻清洁、不易渗漏、组装便捷等优点。这种卫生间的构件材料具有轻质高强、防水保温、收缩率小、可锯可钻、组合性强等特性。目前,一般采用塑料,或者是芯材等有机类材料,而外表面为无机类材料的复合材料。

微课

▶ 4.5　升板法施工 ◀

大跨度结构吊装

升板法施工,是装配式钢筋混凝土板柱结构(无梁楼盖)的一种特殊施工方法,当装配式板柱结构用升板法施工时,往往也称为升板结构。升板法施工是在地面重叠浇筑装配式钢筋混凝土楼板(可整体或分块浇筑),然后利用建筑的承重柱或另行安装工具式柱作为支承结构,并借助悬挂在柱子上或安放在柱顶上的提升机械,即升板机将地面叠层浇筑的楼板依次按照规定的提升程序提升到设计标高,并加以永久固定(图 4-11)。

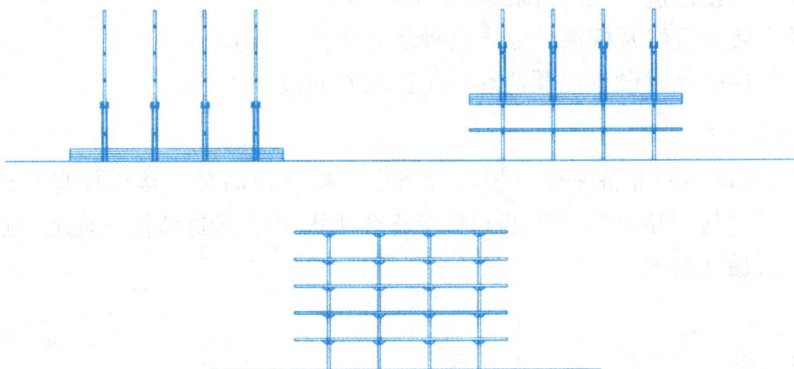

图 4-11　升板法施工

升板法施工技术的主要优点是高空作业少,模板工程量小(可节约 95％的楼面模板)。施工用地小,受季节影响小等。此外,如合理布置施工机械,可不设塔式起重机进行多层和高层结构施工。由于升板法在施工方面具有良好的技术经济性,故在国内外均有不少建筑采用升板法施工。但由于升板结构用钢量大,结构抗震性能差,故目前这种施工方法已较少使用。近来,人们开始研究钢-混凝土组合结构及钢结构中应用升板技术,今后升板法施工仍会具有其发展前景。

现场视频

现场叠合板吊装

4.6 应用

某工程 3♯、4♯、5♯楼采用竖向现浇、水平叠合主体结构施工工法(通过现浇叠合层与现浇剪力墙连接成整体构成主体结构),即竖向结构现浇混凝土施工采用大模板、水平结构采用预制叠合梁板工艺,楼梯采用装配式预制构件。

4.6.1 预制装配吊装施工

1. 技术准备

(1)学习设计图纸及转化图纸,领会设计意图,并做好图纸会审。
(2)确定预制构件吊装顺序。
(3)编制构件进场计划。
(4)确定吊装使用的机械、吊具、辅助吊装钢梁等。
(5)编制施工技术方案并报审。

微课

预制楼梯吊装

2. 机械设备、工器具准备

塔式起重机(选用时应根据构件重量、塔臂覆盖半径等条件确定)、汽车吊(选用时应根据构件重量、吊臂覆盖半径等条件确定)、电焊机,可调式垂直撑杆,空压机、振动机、振捣棒、混凝土泵车、经纬仪、水准仪等。

3. 作业条件

(1)构件吊装人员(一般每班 4～6 人)已经培训并到位。
(2)各机械设备已进场,并经调试可正常使用。
(3)构件安装位置线及标高控制点已抄测完毕。
(4)下部结构已经建设单位及监理单位验收并通过。

4. 施工工艺流程

吊装流程:构件吊装准备—叠合板支撑搭设—叠合板吊装—楼梯休息平台支模—预制楼梯安装—构件拼缝封堵密实—钢筋修整及叠合梁板上层钢筋绑扎—现浇节点模板支设—叠合板现浇层混凝土浇筑。

5. 操作要点

(1) 构件准备
① 检查预留钢筋位置、长度是否准确。

② 检查预留孔位置、数量,是否畅通。

③ 检查构件预埋吊环(或用于做吊点的钢筋桁架)边缘混凝土是否破损开裂,吊环本身是否开裂断裂。

④ 梁板楼梯搁置边缘及相应搁置位置已根据标高线切割整齐。

(2) 水平构件吊装

① 水平构件叠合板、楼梯等构件。

② 水平构件现场吊装采用塔式起重机,塔式起重机的工作半径、起重量应满足吊装设计要求;吊装时根据水平构件平面布置图及吊装顺序图,对水平构件进行吊装就位。

③ 水平构件吊装前应清理连接部位的灰渣和浮浆;根据标高控制线,复核水平构件的支座标高,对偏差部位进行切割、剔凿或修补,以满足构件安装要求。

④ 根据临时支撑平面布置图,在楼面上用墨线弹出临时支撑点的位置,确保上、下层临时支撑处在同一垂直线上。

图 4-12　叠合板吊装就位　　　　图 4-13　板底支撑体系

⑤ 水平构件采用专用组合横吊梁(铁扁担)进行吊装,吊装时根据深化设计布置吊点及位置,确保各吊点受力均匀。

(3) 节点及叠合板混凝土浇筑

① 混凝土浇筑前,应将模板内及叠合面垃圾清理干净,并应剔除叠合面松动的石子、浮浆。

② 构件表面清理干净后,应在混凝土浇筑前 24 小时对节点及叠合面充分浇水湿润,浇筑前 1 小时应吸干积水。

③ 节点混凝土浇筑应采用 ZN35 型插入式振动棒振捣,叠合板混凝土浇筑应采用 ZW7 型平板振动器振捣,混凝土应振捣密实。

④ 叠合板混凝土浇筑后 12 h 内应进行覆盖浇水养护,当日平均气温低于 5 ℃时,宜采用薄膜布养护,养护时间应满足规范要求。

▶ 4.6.2　机电线管预埋施工工艺

1. 一般规定

现场装配前,在加工厂由工厂预制人员对图纸进行详细的分解,对各平台

叠合板吊装
微课

装配式混凝土
结构吊装——
叠合板吊装

顶板钢筋绑扎

FC 板吊装
现场视频

水电管线预埋

中预埋的线、盒、箱、套管位置进行精确定位,预埋标准尺寸统一。由于是工厂化生产,在施工中每块平台内的线盒、箱体一次性预埋成型。现场仅进行平台内的管路连接。

2. 施工工艺流程及操作要点

现场视频   微课

预埋线盒成型   装配式混凝土结构吊装——女儿墙、阳台及其他构件吊装

(1) 施工工艺流程

① 电线管暗敷设:工厂内按图划线定位—预制板内盒、箱稳固—平台现浇层内配管—扫管穿引线。

② 给排水系统预留预埋:施工准备—加工厂平台预制板留洞(半成品)埋套管—现浇层内二次预留洞。

(2) 操作要点

① 电线管暗敷设

工厂内按图划线定位—预制板内盒、箱稳固—平台现浇层内配管—扫管穿引线

② 给排水系统预留预埋

施工准备—加工厂平台预制板留洞(半成品)—现浇层内二次预留洞

▶ 4.6.3 成品保护规程

1. 成品保护规程主要适用范围

现场装配阶段—吊装、运输、水平构件叠合梁(板)、楼梯段、节点连接等工序安装过程成品保护、构件吊装完毕后现场成品保护、交工验收前的成品保护。

2. 成品保护主要工作流程

成品保护工作流程:构件加工及脱模成品保护—工厂构件堆放成品保护—构件装车卸车成品保护—构件安装过程成品保护—构件吊装完毕后现场成品保护。

3. 成品保护措施

(1) 构件堆放成品保护

① 构件堆放场地需硬化,表面平整,无积水。

② 构件堆放应使用垫木,垫木必须上下对齐,楼板构件沿长向垫木间距不得大于1.5 m,防止构件变形。

座浆

③ 每堆构件与构件之间,应留出一定的距离,应考虑运输吊运等位置,放置车辆进出碰坏构件。

(2) 构件装车卸车成品保护

① 构件起吊及放下,必须"轻起轻放",防止猛烈冲击导致构件损坏、裂缝等。

② 装运时多层构件之间应设置垫木,垫木设置原则同构件堆放原则。

③ 构件运输时应用绳索将构件绑扎牢固,防止运输过程中构件晃动导致损伤。

(3) 构件安装过程成品保护

① 构件安装就位,采用撬棍时应加设木块,防止撬坏构件、棱角损伤。

② 安装斜撑及垂直支撑时,不得过于用力敲打,防止造成构件损伤。

现场视频

女儿墙吊装

(4) 构件吊装完毕后现场成品保护

① 楼层内搬运料具时应注意,不得磕碰构件,避免构件棱角破坏。

② 对楼梯等应在楼梯踏步角部采用废旧多层板等做护角,放置棱角损坏。

③ 现场不得在构件上乱写乱画。

(5) 交工验收前的成品保护

现场视频

阳台吊装

① 在装饰和安装工程分层完成后,应组织专职人员负责工程成品保护。

② 工程成品保护人员应按成品保护职责与方法,执行成品保护工作,直到竣工验收,办理移交手续后终止。

③ 在工程未办理竣工验收移交手续之前,任何人不得在工程成品内使用楼房内的任何设施。

▶ 4.7　安全文明施工措施 ◀

1. 构件运输安全技术措施

(1) 选择合适的运输车辆和装卸机械。根据道路交通法规,运输车辆限高 4.2 m,构件竖放运输高度选用低跑平板车,可使构件上限高度低于限高高度。根据路面情况掌握行车速度。预制构件运输车的特点是长、高、大,控制车速和转弯错车的减速,可以保证行车安全。

(2) 运输超高、超宽、超长三超构件时,必须向有关部门申报,经批准后满载指定路线上行驶。车上应悬挂安全标志。超高的部件应由专人照看,并配备适当工具,保证在有障碍物情况下安全通过。

(3) 运输构件时,除一名驾驶员主驾外,还应指派一名助手,协助瞭望,及时反映安全情况和处理安全事宜。平板拖车上不得坐人。

(4) 重车下坡应缓慢行驶,并应避免紧急刹车。驶至转弯或险要地段时,应降低车速,同时注意两侧行人和障碍物。

(5) 在雨、雪、雾天通过陡坡时,必须提前采取有效措施。

(6) 预制混凝土构件的竖放与平放,以构件形式和运输状况选用。稳固、牢靠的构件架,是行车安全需要,构件在运输时要固定牢靠,以防在运输中途倾倒。对重心高、支承面窄的构件,应用专门支架固定。墙板插筋向内放置,可避免行车过程中,钩、拉相邻物。

(7) 教育全体人员防噪扰民意识。禁止构件运输车辆高速运行,并禁止鸣笛,材料运输车辆停车卸料时应熄火。

(8) 构件运输、装卸应防止不必要的噪声产生,施工过程严禁敲打构件、钢管等。

2. 吊装工程安全技术措施

(1) 吊装前应检查机械、索具、夹具、吊环等是否符合要求并应进行试吊。吊装时注意,安装吊钩前必须要对构件上预埋吊环进行认真检查,看预埋吊环是否有松动断裂迹象,如有上述现象或其它影响吊装的现象,严禁吊装。预制构件应按标准图或设计的要求吊装。起吊时绳索与构件水平面的夹角不宜小于 $45°$,否则应采用吊架。

(2) 对于安全负责人的指令,要自上而下贯彻到最末端,确保对程序、要点进行完整的传达和指示。

(3) 特种施工人员必须持证上岗。

(4) 在吊装区域、安装区域设置临时围栏、警示标志,临时拆除安全设施(洞口保护网、洞口水平防护)时也一定要取得安全负责人的许可,离开操作场所时需要对安全设施进行复位。工人不得禁止在吊装范围下方穿越。

(5) 使用撬棒等工具,用力要均匀、要慢、支点要稳固,防止撬滑发生事故。

(6) 构件在未经校正、焊牢或固定之前,不准松绳脱钩。

(7) 起吊较重物件时,不可中途长时间悬吊、停滞。

(8) 起重吊装所用之钢丝绳,不准触及有电线路和电焊搭铁线或与坚硬物体摩擦。

(9) 严格遵守有关起重吊装的"十不吊"中的有关规定。

▶ 4.8　装配式建筑生产全过程 ◀

装配式建筑
生产全过程

为更深入地对装配式建筑从构件生产、运输、吊装连接整个过程的学习,将各类预制构件现场具体做法进行分类汇总以供读者学习参考,扫一扫二维码可见。

▶ 思考练习题 ◀

1. 简述吊装机械的起重量、工作半径和起重高度的基本要求。

典型工程案例

2. 钢筋浆锚搭接连接接头用灌浆料性能要求。

3. 简述叠合板中桁架钢筋的作用。

4. 简述现场构件轴线定位工艺流程。

5. 简述全装配板式结构施工流程。

中南 NPC 技术体系

学习情境 5　装配式混凝土结构验收

素质目标（依据专业教学标准）

（1）坚定拥护中国共产党领导和我国社会主义制度，践行社会主义核心价值观，具有深厚的爱国情感和中华民族自豪感。

（2）崇尚宪法、遵纪守法、崇德向善、诚实守信、尊重生命、热爱劳动，履行道德准则和行为规范，具有社会责任感和社会参与意识。

（3）具有质量意识、环保意识、安全意识、信息素养、工匠精神和创新意识。

（4）勇于奋斗、乐观向上，具有自我管理能力和职业生涯规划意识，具有较强的集体意识和团队合作精神。

（5）具有健康的体魄、心理和健全的人格，以及良好的行为习惯。

（6）具有正确的审美和人文素养。

知识目标

（1）了解后浇混凝土强度设计要求。

（2）了解钢筋套筒灌浆连接及浆锚搭接连接用的灌浆料强度设计要求。

（3）了解剪力墙底部接缝坐浆强度设计要求。

（4）掌握外墙板接缝的防水性能设计要求。

（5）掌握钢筋套筒构造设计要求。

能力目标

（1）能识别预制构件外观质量缺陷类型及处理方法。

（2）能检测墙板类、梁柱类构件尺寸允许偏差问题。

（3）能初步编写流动度试验的具体操作方案。

学习资料准备

（1）中华人民共和国住房和城乡建设部.混凝土结构工程施工质量验收规范：GB 50204—2015［S］.北京：中国建筑工业出版社，2015.

（2）中华人民共和国住房和城乡建设部.装配式混凝土结构技术规程：JGJ 1—2014［S］.北京：中国建筑工业出版社，2014.

（3）江苏省建设工程质量监督总站，江苏省建设工程质量检测中心有限公司.装配式结构工程施工质量验收规程：DB32/T 4301—2022［S］.南京：东南大学出版社，2023.

（4）中华人民共和国住房和城乡建设部.钢筋套筒灌浆连接应用技术规程（2023年版）：JGJ 355—2015［S］.北京：中国建筑工业出版社，2023.

（5）中华人民共和国住房和城乡建设部.水泥基灌浆材料应用技术规范:GB/T 50448—2015[S].北京:中国建筑工业出版社,2015.

（6）中华人民共和国住房和城乡建设部.钢筋连接用套筒灌浆料:JG/T 408—2019[S].北京:中国标准出版社,2020.

▶ 5.1 装配式混凝土结构整体验收要求 ◀

装配式混凝土结构施工验收应严格按照相关标准执行。

▶ 5.1.1 一般规定

装配式混凝土结构验收时,除应按现行国家标准《混凝土结构工程施工质量验收规范》（GB 50204—2015)的要求提供文件和记录外,尚应提供下列文件和记录:

（1）工程设计文件,预制构件制作和安装的深化设计图。

（2）预制构件、主要材料及配件的质量证明文件、进场验收记录、抽样复验报告。

（3）预制构件安装施工记录。

（4）钢筋套筒灌浆,浆锚搭接连接的施工检验记录。

（5）后浇混凝土、灌浆料、坐浆材料强度检测报告。

（6）外墙防水施工质量检验记录。

（7）装配式结构分项工程质量验收文件。

（8）装配式工程的重大质量问题的处理方案和验收记录。

（9）装配式工程的其他文件和记录。

▶ 5.1.2 主控项目

1. 后浇混凝土强度应符合设计要求

检查数量:按批检验,检验批应符合《装配式混凝土结构技术规程》（JGJ 1—2014)中12.3.7 条款相关规定:

（1）预制构件结合面疏松部分的混凝土应剔除并清理干净。

（2）模板应保证后浇混凝土部分形状、尺寸和位置准确,并应防止漏浆。

（3）在浇筑混凝土前应洒水湿润结合面,混凝土应振捣密实。

（4）同一配合比的混凝土,每工作班且建筑面积不超过 1 000 m^2,应制作一组标准养护试件,同一楼层应制作不少于三组标准养护试件。

检验方法:按现行国家标准《混凝土强度检验评定标准》（GB/T 50107—2010)的要求进行。

2. 钢筋套筒灌浆连接及浆锚搭接连接的灌浆应密实饱满

检查数量:全数检查。

检验方法:检查灌浆施工质量检查记录。

3. 钢筋套筒灌浆连接及浆锚搭接连接用的灌浆料强度应满足设计要求

检查数量:按批检验,以每层为一检验批;每工作班应制作一组且每层不应少于 3 组 40 mm×40 mm×160 mm 的长方体试件,标准养护 28d 后进行抗压强度试验。

检验方法:检查灌浆料强度试验报告及评定记录。

4. 剪力墙底部接缝坐浆强度应满足设计要求

检查数量:按批检验,以每层为一检验批,每工作班应制作一组且每层不应少于 3 组边长为 70.7 mm 的立方体试件,标准养护 28d 后进行抗压强度试验。

检验方法:检查坐浆材料强度试验报告及评定记录。

微课

粗糙面和键
槽验收要求

▎▶ 5.1.3 　一般项目

1. 装配式结构尺寸允许偏差应符合设计要求,并应符合表 5-1 中的规定

检查数量:按楼层、结构缝或施工段划分检验批。在同一检验批内,对梁、柱,应检查构件数量的 10%,且不少于 3 件;对墙和板,应按有代表性的自然间抽查 10%,且不少于 3 间;对大空间结构,墙可按相邻轴线间高度 5 m 左右划分检验面,板可按纵、横轴线划分检验面,且均不少于 3 面。

表 5-1　装配式结构尺寸允许偏差及检验方法

项　　目			允许偏差(mm)	检验方法
构件中心线对轴线位置	基础		15	尺量检查
	竖向构件(柱、墙、桁架)		10	
	水平构件(梁、板)		5	
构件标高	梁、柱、墙、板底面或顶面		±5	水准仪或尺量检查
构件垂直度	柱、墙	<5 m	5	经纬仪或全站仪检查
		≥5 m 且<10 m	10	
		≥10 m	20	
构件倾斜度	梁、桁架		5	垂线、钢尺量测
相邻构件平整度	板端面		5	钢尺、塞尺量测
	梁、板底面	抹灰	5	
		不抹灰	3	
	柱、墙侧面	外露	5	
		不外露	10	
构件搁置长度	梁、板		±10	尺量检查
支座、支垫中心位置	板、梁、柱、墙、桁架		10	尺量检查
墙板接缝	宽度		±5	尺量检查
	中心线位置			

2. 外墙板接缝的防水性能应符合设计要求

检查数量：按批检验，每 1 000 m² 外墙面积应划分为一个检验批，不足 1 000 m² 时也应划分为一个检验批；每个检验批每 100 m² 应至少抽查一处，每处不得少于 10 m²。

检查方法：检查现场淋水试验报告。

▶ 5.2 模具验收要求 ◀

预制构件生产用模具应具有足够的承载力、刚度和稳定性，保证在构件生产时能可靠承受浇筑混凝土的重量、侧压力及工作荷载。

5.2.1 板类构件、墙板类构件模具

板类构件、墙板类构件模具安装尺寸允许偏差应符合表 5-2 中的规定。

表 5-2 板类构件、墙板类构件模具安装尺寸允许偏差

项次	检验项目		允许偏差(mm)
1	长(高)	墙板	0,−2
		其他板	±2
2	宽		0,−2
3	厚		±1
4	翼板厚		±1
5	肋宽		±2
6	檐高		±2
7	檐宽		±2
8	对角线差		△4
9	表面平整	清水面	△1
		普通面	△2
10	侧向弯曲	板	$\Delta L/1\,000$ 且≤4
11		墙板	$\Delta L/1\,500$ 且≤2
12	扭翘		$L/1\,500$
13	拼板表面高低差		0.5
14	门窗口位置偏移		2

注：L 为构件长度(mm)，△表示不允许超偏差项目。

5.2.2 梁、柱类构件模具

梁、柱类构件模具安装尺寸允许偏差应符合表 5-3 中的规定。

表 5－3　梁、柱类构件模具安装尺寸允许偏差

项次	检验项目		允许偏差（mm）
1	长	梁	±2
		薄腹梁、桁架、桩	±5
		柱	0,－3
2	宽		＋2,－3
3	高（厚）		0,－2
4	翼板厚		±2
5	侧向弯曲	梁、柱	$\Delta L/1\,000$　且≤5
		薄腹梁、桁架、桩	$\Delta L/1\,500$　且≤5
6	表面平整	清水面	Δ1
		普通面	Δ2
7	拼板表面高低差		0.5
8	梁设计起拱		±2
9	桩顶对角线差		3
10	端模平直		1
11	牛腿支撑面位置		±2

注：L 为构件长度（mm），Δ 表示不允许超偏差项目。

5.3　预埋件和预留孔洞验收要求

预埋件和预留孔洞的尺寸允许偏差应符合表 5－4 中的规定。

表 5－4　预埋件和预留孔洞的尺寸允许偏差

项次	检验项目		允许偏差（mm）
1	预埋钢板中心线位置		3
2	预埋管、预留孔中心线位置		3
3	插筋	中心线位置	5
		外露长度	＋10,0
4	预埋螺栓	中心线位置	2
		外露长度	＋5,0
5	预留洞	中心线位置	3
		尺寸	＋3,0

5.4 钢筋验收要求

5.4.1 钢筋半成品外观质量要求

钢筋半成品外观质量要求应符合表5-5中的规定。

表5-5 预埋件和预留孔洞的尺寸允许偏差

项次	工序名称	检验项目		质量要求
1	冷拉	钢筋表面裂纹、断面明显粗细不匀		不应有
2	冷拔	钢筋表面斑痕、裂纹、纵向拉痕		不应有
3	调直	钢筋表面划伤、锤痕		不应有
4	切断	断口马蹄形		不应有
5	冷镦	镦头严重裂纹		不应有
6	热镦	夹具处钢筋烧伤		不应有
7	弯曲	弯曲部位裂纹		不应有
8	点焊	脱点、漏点	周边两行	不应有
9			中间部位	不应有相邻两点
10		错点伤筋、起弧蚀损		不应有
11	对焊	接头处表面裂纹、卡具部位钢筋烧伤		HPB 300、HRB 335 级钢筋有轻微烧伤 HRB 400、HRB 500 级钢筋不应有
12	电弧焊	焊缝表面裂纹、较大凹陷、焊瘤、药皮不净		不应有

5.4.2 钢筋成品尺寸质量要求

钢筋成品尺寸允许偏差应符合表5-6中的规定。

表5-6 钢筋成品尺寸允许偏差

项次	检验项目		允许偏差(mm)
1	绑扎钢筋网片	长、宽	±5
		网眼尺寸	±10
2	焊接钢筋网片	长、宽	±5
		网眼尺寸	±10
		对角线差	5
		端头不齐	5

（续表）

项次	检验项目		允许偏差（mm）
3	钢筋骨架	长	±10
		宽	±5
		厚	0,−5
		主筋间距	±10
		主筋排距	±5
		起弯点位移	15
		箍筋间距	±10
		端头不齐	5

▶ 5.5　混凝土验收要求 ◀

拌制混凝土所用原材料的数量应符合混凝土配合比的规定。混凝土原材料每盘称量的偏差不应大于表 5-7 规定。

表 5-7　混凝土原材料每盘称量的允许偏差

项　次	材料名称	允许偏差
1	胶凝材料	±2%
2	粗、细骨料	±3%
3	水、外加剂	±1%

检查数量：每工作班不应少于 1 次；
检验方法：检查复核称量装置的数值。

▶ 5.6　预制构件验收要求 ◀

▍▶ 5.6.1　预制构件外观质量要求

构件生产时应制定措施避免出现预制构件的外观质量缺陷；预制构件的外观质量缺陷根据其影响预制构件的结构性能和使用功能的严重程度，可按表 5-8 规定划分严重缺陷和一般缺陷。

表 5-8　预制构件外观质量缺陷

名称	现象	严重缺陷	一般缺陷
露筋	构件内钢筋未被混凝土包裹而外露	纵向受力钢筋有露筋	其他钢筋有少量露筋
蜂窝	混凝土表面缺少水泥砂浆而形成石子外露	构件主要受力部位有蜂窝	其他部位有少量蜂窝
孔洞	混凝土中孔穴深度和长度均超过保护层厚度	构件主要受力部位有孔洞	其他部位有少量孔洞
夹渣	混凝土中夹有杂物且深度超过保护层厚度	构件主要受力部位有夹渣	其他部位有少量夹渣
疏松	混凝土中局部不密实	构件主要受力部位有疏松	其他部位有少量疏松
裂缝	缝隙从混凝土表面延伸至混凝土内部	构件主要受力部位有影响结构性能或使用功能的裂缝	其他部位有少量不影响结构性能或使用功能的裂缝
连接部位缺陷	构件连接处混凝土缺陷及连接钢筋、连接件松动	连接部位有影响结构传力性能的缺陷	连接部位有基本不影响结构传力性能的缺陷
外形缺陷	缺棱掉角、棱角不直、翘曲不平、飞边凸肋等	清水混凝土构件有影响使用功能或装饰效果的外形缺陷	其他混凝土构件有不影响使用功能的外形缺陷
外表缺陷	构件表面麻面、掉皮、起砂、沾污等	具有重要装饰效果的清水混凝土构件有外表缺陷	其他混凝土构件有不影响使用功能的外表缺陷

预制构件外观质量不应有一般缺陷;对出现的一般缺陷应进行修整并达到合格。

检查数量:全数检查。

检验方法:观察。

5.6.2　板类构件尺寸允许偏差

板类构件尺寸允许偏差应符合表 5-9 的要求。

表 5-9　板类构件尺寸允许偏差

项次	检验项目		允许偏差(mm)
1	规格尺寸	长	+10,-5
2		宽	±5
3		厚	+5,-3
4		翼板厚	±5
5		肋宽	±5
6		对角线差	10

（续表）

项次	检验项目			允许偏差(mm)
7	外形	表面平整	模具面	3
8			手工面	4
9		侧向弯曲		$L/1\,000$ 且≤20
		翘曲		$L/1\,000$
10	预埋部件	铁件	中心线位置偏移	10
11			平面高差	3
12		插筋、木砖	中心线位置偏移	△3
13			插筋留出长度	+10,−5
14		吊环	相对位置偏移	10
15			留出高度	±20
16		电线管、电盒	水平方向中心线位置偏移	30
17			垂直方向中心线位置偏移	±10
18		螺栓、销栓	中心线位置偏移	20
19			留出长度	+5,0
20	预留孔洞	孔洞	中心线位置偏移	5
21			规格尺寸	+10,0
22		安装孔中心线位置偏移		△5
23		主筋外留长度		+10,−5
24		主筋保护层		△+5,−3

注：L 为构件长度(mm)，△ 表示不允许超偏差项目。

5.6.3　墙板类构件尺寸允许偏差

墙板类构件尺寸允许偏差应符合表5-10的要求。

表5-10　墙板类构件尺寸允许偏差

项次	检验项目			允许偏差(mm)
1	规格尺寸	高		±3
2		宽		±3
3		厚		±2
4		对角线差		△5
5		门窗口	规格尺寸	±4
6			对角线差	△4
7			位置偏移	△3

(续表)

项次	检验项目			允许偏差(mm)
8	外形	清水面表面平整		△2
		普通面表面平整		△3
9		侧向弯曲		$\Delta L/1\,000$ 且≤5
10		扭翘		$L/1\,000$ 且≤5
11		门窗口内侧平整		2
12		装饰线条宽度		±2
13	预埋部件	铁件	中心线位置偏移	5
14			平面高差	3
15		安装结构用吊环	中心线位置偏移	△10
16			留出长度	△±10
17		插筋、木砖	中心线位置偏移	10
18			插筋留出长度	±10
19	预留孔洞	中心线位置偏移		5
20		安装门窗预留孔深度		±5
21		规格尺寸		±5
22		主筋保护层		△+5,−3
23	结构安装用预留件(孔)	螺栓	中心线位置偏移	△3
24			留出长度	△+5,0
25		内螺母、套筒、销孔等中心线位置偏移		△2

注:L 为构件长度(mm),△ 表示不允许超偏差项目。

▶ 5.6.4 梁柱类构件尺寸允许偏差

梁柱类构件尺寸允许偏差应符合表 5-11 的要求。

表 5-11 梁柱类构件尺寸允许偏差

项次	检验项目			允许偏差(mm)
1	规格尺寸	长	梁	+10,−5
2			柱	+5,−10
3		截面宽度		±3
		截面高度		±3

（续表）

项次		检验项目		允许偏差（mm）
4	外形	翼板厚		±5
5		表面平整	模具面	3
			手工面	5
6		侧向弯曲	梁柱	$\Delta L/1\ 000$ 且≤15 mm
			桩	$\Delta L/1\ 000$ 且≤15 mm
7		梁设计起拱		±5
8		梁下垂		0
9		预应力构件锚固端支撑面平整		3
10		桩顶偏斜		2
11		桩尖轴心线位置偏移		5
12	预埋部件	铁件	中心线位置偏移	5
13			平面高差	5
14		螺栓	中心线位置偏移	$\Delta 3$
15			留出长度	$\Delta+10,0$
16		插筋、木砖	中心线位置偏移	10
17			插筋留出长度	±20
18		吊环	相对位置偏移	30
19			留出高度	±10
20	预留孔洞中心线位置偏移	一般孔洞		10
21		安装孔		$\Delta 3$
22		预应力筋孔道		$\Delta 3$
23		预应力筋自锚混凝土孔洞		3
24	主筋保护层		梁柱	$\Delta±5$
			桩	$\Delta±5$
25	主筋外留长度			±10

注：L 为构件长度（mm），Δ 表示不允许超偏差项目。

▶ 5.7　具体验收项目 ◀

微课
钢筋套筒
灌浆连接

微课
钢筋套筒
质量验收

▮▶ 5.7.1　钢筋套筒

根据《装配式结构工程施工质量验收规程》（DB32/T 4301—2022）中钢筋套筒的规格、

质量应符合设计要求,套筒与钢筋连接的质量应符合设计要求。

检验方法:检查钢筋套筒的质量证明文件、套筒与钢筋连接的抽样检测报告。

检查数量:全数检查。

条文说明:套筒与钢筋连接的抽样检测数量应符合《钢筋套筒灌浆连接应用技术规程(2023年版)》(JGJ 355—2015)的规定。套筒灌浆连接施工应采用由接头型式检验确定的匹配灌浆套筒、灌浆料。灌浆套筒经检验合格后方可使用。

根据《钢筋套筒灌浆连接应用技术规程(2023年版)》(JGJ 355—2015)条款3.1.1规定:套筒灌浆连接的钢筋直径不宜小于12 mm,且不宜大于40 mm。

根据《钢筋套筒灌浆连接应用技术规程(2023年版)》(JGJ 355—2015)条款3.1.2规定:灌浆套筒灌浆端最小内径与连接钢筋公称直径的差值:12~25 mm的钢筋不宜小于10 mm;28~40 mm的钢筋不宜小于15 mm。用于钢筋锚固的深度不宜小于插入钢筋公称直径的8倍。

采用套筒灌浆连接的混凝土构件,接头连接钢筋的直径规格不应大于灌浆套筒规定的连接钢筋直径规格,且不宜小于灌浆套筒规定的连接钢筋直径规格一级以上。

灌浆套筒的直径规格对应了连接钢筋的直径规格,在套筒产品说明书中均有注明。工程不得采用直径规格小于连接钢筋的套筒,但可采用直径规格大于连接钢筋的套筒,但相差不宜大于一级。

混凝土构件中灌浆套筒的净距不应小于25 mm。

混凝土构件的灌浆套筒长度范围内,预制混凝土柱箍筋的混凝土保护层厚度不应小于20 mm,预制混凝土墙最外层钢筋的保护层厚度不应小于15 mm。

钢筋套筒灌浆连接接头的抗拉强度不应小于连接钢筋抗拉强度标准值,且破坏时应断于接头外钢筋(图5-1)。

微课
型式检验报告

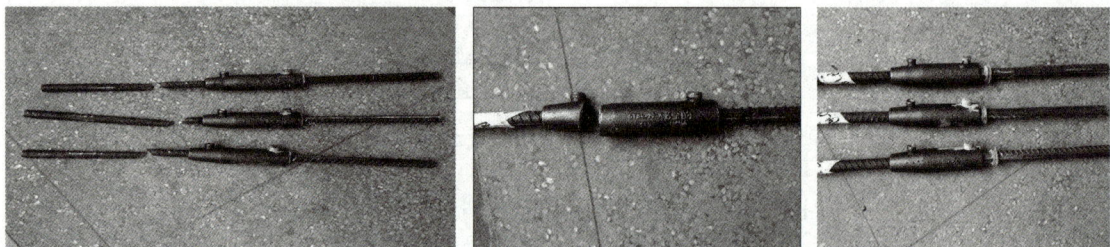

图5-1 钢筋套筒灌浆连接接头断裂位置对比(3种)

5.7.2 灌浆料

根据《钢筋套筒灌浆连接应用技术规程(2023年版)》(JGJ 355—2015)条款2.1.6规定:灌浆料拌合物——灌浆料按规定比例加水搅拌后,具有规定流动性、早强、高强及硬化后微膨胀等性能的浆体。

根据《装配式结构工程施工质量验收规程》(DB32/T 4301—2022)条款5.1.4规定:预制混凝土构件钢筋套筒灌浆连接用的灌浆料进场后应进行抽样检测,检测参数为抗压强度、流动性、竖向膨胀率。水泥基灌浆材料主要性能应符合表5-12的规定:

表 5 – 12　水泥基灌浆料材料主要性能指标

类别		Ⅰ类	Ⅱ类	Ⅲ类	Ⅳ类	
最大集料粒径（mm）		≤4.75			>4.75 且≤16	
流动度（mm）	初始值	≥380	≥340	≥290	≥270	≥650
	30 min 保留值	≥340	≥310	≥260	≥240	≥550
竖向膨胀率（%）	3 h	0.1～3.5				
	24 h 与 3 h 的膨胀值之差	0.02～0.5				
抗压强度（MPa）	1d	≥20.0				
	3d	≥40.0				
	28d	≥60.0				
对钢筋有无锈蚀作用		无				
泌水率（%）		0				

检测方法应符合《水泥基灌浆料材料应用技术规范》(GB/T 50448—2015)和《钢筋连接用套筒灌浆料》(JG/T408—2019)的规定。

抽样数量：按进场批次每 50 t 为一个检验批，不足 50 t 的也作为一个检验批。

根据《钢筋连接用套筒灌浆料》(JG/T408—2019)条款 5.2 中规定：套筒灌浆料的性能应符合表5 – 13 的规定。

表 5 – 13　套筒灌浆料的性能

检测项目		性能指标
流动度/mm	初值	≥300
	30 min	≥260
抗压强度（MPa）	1d	≥35
	3d	≥60
	28d	≥85
竖向膨胀率（%）	3 h	≥0.02
	24 h 与 3 h 的膨胀值之差	0.02～0.5
氯离子含量/%		≤0.03
泌水率/%		0

1. 流动度试验应符合下列规定

（1）应采用符合《行星式水泥胶砂搅拌机》(JC/T 681—2005)要求的搅拌机拌和水泥基灌浆材料。

（2）截锥圆模应符合《水泥胶砂流动度试验标准》(GB/T 2419—2005)的规定，尺寸为下口内径 100 mm±0.5 mm，上口内径 70 mm±0.5 mm，高 60 mm±0.5 mm。

（3）玻璃板尺寸 500 mm×500 mm，并应水平放置。

2. 流动度试验应按下列步骤进行

(1) 称取 1 800 g 水泥基灌浆材料,精确至 5 g;按照产品设计(说明书)要求的用水量称量好拌合用水,精确至 1 g。

(2) 湿润搅拌锅和搅拌叶,但不得有明水。将水泥基灌浆材料倒入搅拌锅中,开启搅拌机,同时加入拌合水,应在 10 s 内加完。

(3) 按水泥胶砂搅拌机的设定程序搅拌 240 s。

(4) 湿润玻璃板和截锥圆模内壁,但不得有明水;将截锥圆模放置在玻璃板中间位置。

(5) 将水泥基灌浆材料浆体倒入截锥圆模内,直至浆体与截锥圆模上口平;徐徐提起截锥圆模,让浆体在无扰动条件下自由流动直至停止。

(6) 测量浆体最大扩散直径及与其垂直方向的直径,计算平均值,精确到 1 mm,作为流动度初始值;应在 6 min 内完成上述搅拌和测量过程。

(7) 将玻璃板上的浆体装入搅拌锅内,并采取防止浆体水分蒸发的措施。自加水拌合起 30 min 时,将搅拌锅内浆体按步骤试验,测定结果作为流动度 30 min 保留值。

套筒灌浆料流动度试验具体操作如图 5-2 所示。

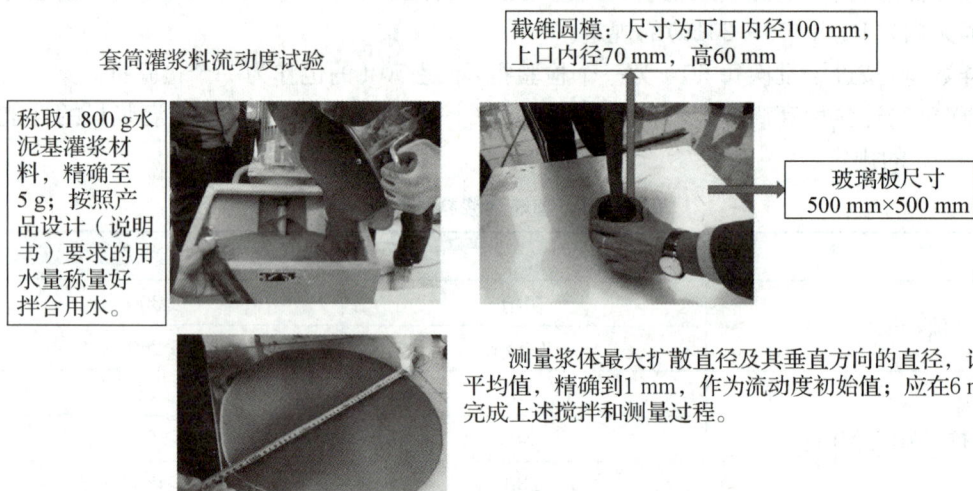

图 5-2 套筒灌浆料流动度试验

根据《装配式结构工程施工质量验收规程》(DB32/T 4301—2022)相关条款规定:

灌浆料的 28d 抗压强度应符合设计要求。用于检验抗压强度的灌浆料试件应在施工现场制作。

检验方法:检查灌浆施工记录、强度试验报告及评定记录。

检查数量:以每层为一个检验批,每工作班应制作 1 组且每层不应少于 3 组为 40 mm×40 mm×160 mm 的长方体试件,标准养护 28d 后进行抗压强度试验。

5.7.3 浆锚连接孔道规格

根据《装配式结构工程施工质量验收规程》(DB32/T 4301—2022)条款 4.4.6 规定:采用浆锚连接时,钢筋的数量和长度应符合设计要求外,尚应符合下列要求。

（1）注浆预留孔道长度应大于构件预留的锚固钢筋长度。

（2）预留孔宜选用镀锌螺旋管，管的内径应大于钢筋直径 15 mm。

（3）检查方法：观察，尺量检查。

（4）检查数量：抽查 10%。

▶ 5.7.4　预制构件外伸钢筋

根据《装配式结构工程施工质量验收规程》（DB32/T 4301—2022）条款 4.4.3 规定：构件留出的钢筋长度及位置应符合设计要求。

（1）尺寸超出允许偏差范围且影响安装时，必须采取有效纠偏措施，严禁擅自切割钢筋。

（2）检验方法：检查施工记录，宜抽样进行扫描检测。

（3）检查数量：全数检查。

现场视频

墙板转角处构造处理

▶ 5.7.5　定位钢筋

钢筋套筒灌浆连接及浆锚连接接头的预留钢筋应采用专用模具进行定位（图 5-3），并应符合下列规定：

（1）定位钢筋中心位置存在细微偏差时，宜采用钢套管方式进行细微调整。

（2）定位钢筋中心位置存在严重偏差影响预制构件安装时，应按设计单位确认的技术方案处理。

（3）应采用可靠的固定措施控制连接钢筋的外露长度，以满足设计要求。

说明：预留钢筋定位精度对预制构件的安装有重要影响。

专用定型钢套

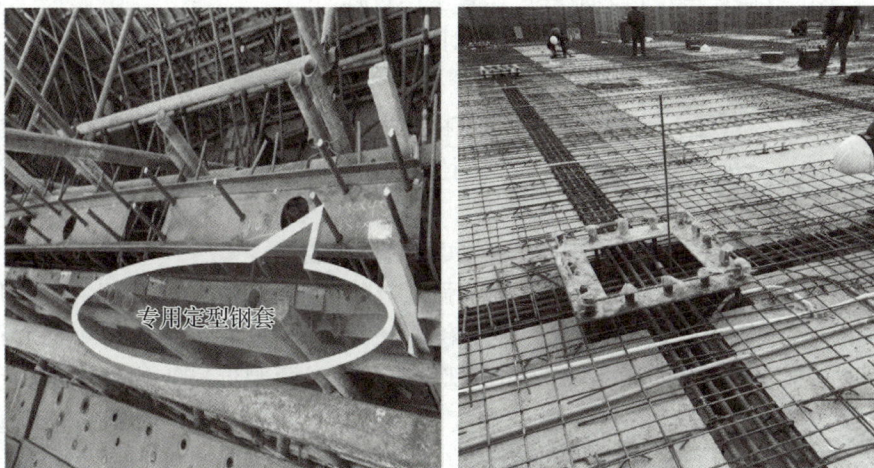

图 5-3　专用模具定位

▶ 5.7.6　接头和拼缝

根据《装配式结构工程施工质量验收规程》（DB32/T 4301—2022）条款 4.5.3 规定，装配式结构中的构件的接头和拼缝应符合设计要求。

当设计无具体要求时,应符合下列规定:

(1) 对承受内力的接头和拼缝,应采用混凝土或砂浆砌筑,其强度等级应比构件混凝土强度等级提高一级。

(2) 对不承受内力的接头和拼缝,应采用混凝土或砂浆砌筑,其强度等级不应低于 C15 或 M15。

(3) 用于接头和拼缝的混凝土或砂浆,宜采用微膨胀措施和快硬措施,在浇筑过程中应振捣密实,并采取必要的养护措施。

(4) 外墙板间拼缝不应小于 15 mm 且不宜大于 20 mm。

▶ 5.7.7　预制构件结构性能检验

根据《装配式结构工程施工质量验收规程》(DB32/T 4301—2022)相关条款规定,预制构件进场时,预制构件结构性能检验应符合下列规定。

(1) 梁板类简支受弯预制构件进场时应进行结构性能检验,并应符合下列规定:

① 结构性能检验应符合国家现行相关标准的有关规定及设计的要求,检验要求和试验方法应符合本规范附录 B 的规定。

② 钢筋混凝土构件和允许出现裂缝的预应力混凝土构件应进行承载力、挠度和裂缝宽度检验;不允许出现裂缝的预应力混凝土构件应进行承载力、挠度和抗裂检验。

③ 对大型构件及有可靠应用经验的构件,可只进行裂缝宽度、抗裂和挠度检验。

④ 对使用数量较少的构件,当能提供可靠依据时,可不进行结构性能检验。

(2) 对其他预制构件,除设计有专门要求外,进场时可不做结构性能检验。

(3) 对进场时不做结构性能检验的预制构件,应采取下列措施:

① 施工单位或监理单位代表应驻厂监督生产过程。

② 当无驻厂监督时,预制构件进场时应对预制构件主要受力钢筋数量、规格、间距及混凝土强度、混凝土保护层厚度等进行实体检验。

③ 检验数量:不超过 1 000 个同类型预制构件为一批。对进行结构性能检验的构件,在每批中应随机抽取一个构件进行检验;对进行实体检验的构件,检验数量和检验方法由各方协商确定。

④ 检验方法:检查结构性能检验报告或实体检验报告。

注:"同类型"是指同一钢种、同一混凝土强度等级、同一生产工艺和同一结构形式。抽取预制构件时,宜从设计荷载最大、受力最不利或生产数量最多的预制构件中抽取。

(4) 当无施工单位或监理单位代表驻厂监督,又未对预制混凝土构件做结构性能检验时,预制混凝土构件进场后应对混凝土强度、钢筋间距、保护层厚度、钢筋直径进行抽样检测。

检测方法:混凝土强度采用无损检测方法,钢筋间距、保护层厚度、钢筋直径采用电磁感应法。

抽样数量:按《建筑工程施工质量验收统一标准》(GB 50300—2013)第 3.0.9 条的规定,即表 5-14 的规定。

表 5-14　检验批最小抽样数量

检验批的容量	最小抽样数量	检验批的容量	最小抽样数量
2～15	2	151～280	13
16～25	3	281～500	20
26～90	5	501～1 200	32
91～150	8	1 201～3 200	50

▐▶ 5.7.8　叠合板接缝

根据《装配式混凝土结构技术规程》(JGJ 1—2014)条款 6.6.5 规定,单向叠合板板侧的分离式接缝宜配置附加钢筋,并应符合下列规定:

(1)接缝处紧邻预制板顶面宜设置垂直于板缝的附加钢筋,附加钢筋伸入两侧后浇混凝土叠合层的锚固长度不应小于 15d(d 为附加钢筋直径)。

(2)附加钢筋直径不宜小于 6 mm、间距不宜大于 250 mm。

根据《装配式混凝土结构技术规程》(JGJ 1—2014)条款 6.6.6 规定,双向叠合板板侧的整体式接缝宜设置在叠合板的次要受力方向上且宜避开最大弯矩截面。接缝可采用后浇带形式,并应符合下列规定:

(1)后浇带宽度不宜小于 200 mm。

(2)后浇带两侧板底纵向受力钢筋可在后浇带中焊接、搭接连接、弯折锚固(图 5-4)。

图 5-4　整体式接缝(搭接连接)

▐▶ 5.7.9　叠合层上部钢筋布置

验收方法:叠合层中,顺桁架方向的钢筋在下,垂直桁架方向的钢筋在上。

根据《桁架钢筋混凝土叠合板(60 mm 厚底板)》(15G366—1)图集相关构造,如图 5-5 所示。

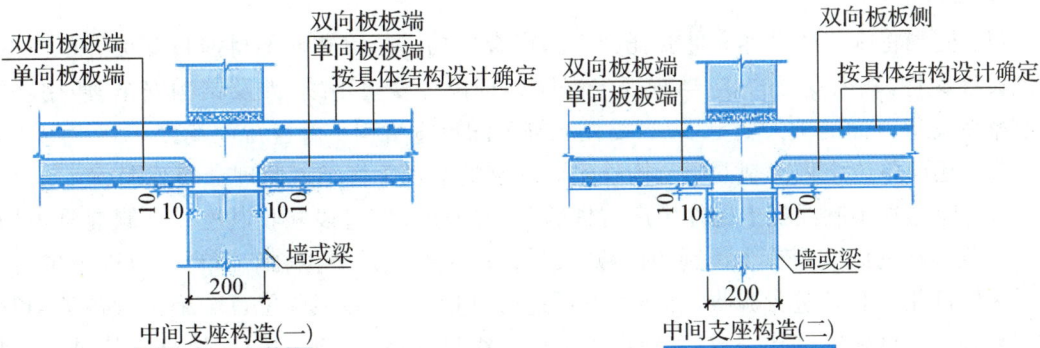

图 5-5　叠合层上部钢筋布置示意

5.7.10　叠合层内桁架筋位置

《桁架钢筋混凝土叠合板(60 mm 厚底板)》(15G366—1)图集中钢筋桁架放置于底板钢筋上层,下弦钢筋与底板钢筋绑扎连接。看节点构造图时注意:底板最下层筋为板宽方向的分布筋,它的上面紧邻的是跨度方向的受力筋及桁架下弦钢筋。

错误做法:叠合层钢筋顺桁架方向的应在下侧,垂直桁架方向的在上侧(图 5-6)。

正确做法:顺桁架方向的钢筋在下侧,垂直桁架的钢筋在上侧(图 5-7)。

图 5-6　错误示范

图 5-7　正确做法

5.8　质量监督

5.8.1　基本规定

装配式混凝土结构施工除了要遵循一般建筑工程的建设要求外,工程参建各责任主体,以及施工图审查、预制构件生产、工程质量检测等单位,应当建立健全质量保证体系,落实工程质量终身责任,依法对工程质量负责。

5.8.2　质量责任

1. 建设单位

(1)应当将施工图设计文件委托施工图审查机构进行审查。不得擅自变更经审查的施工图设计文件,确需变更的,应当按规定程序办理设计变更手续,涉及结构安全、使用功能、装配率变化等方面的重大变更,应当委托原施工图审查机构重新进行审查。

(2)建设单位应将预制混凝土构件生产环节的监理工作纳入监理合同范围。

(3)应建立预制混凝土构件生产首件验收和现场安装首段验收制度。预制混凝土构件生产企业生产的同类型首个预制构件,建设单位应组织设计单位、施工单位、监理单位、预制混凝土构件生产企业进行验收,合格后方可进行批量生产;施工单位首个施工段各类预制构件安装和后浇区钢筋绑扎完成后,建设单位应组织设计单位、施工单位、监理单位进行验收,合格后方可进行后续施工。

2. 设计单位

（1）应当就审查合格的施工图设计文件向构件生产企业、施工单位进行设计交底。

（2）应当对预制构件生产企业出具的构件制作深化设计详图进行审核认定。

（3）应参加首层装配结构与其下部现浇结构之间节点连接部位验收及装配式混凝土结构子分部工程质量验收。

3. 施工单位

（1）应做好对施工操作人员岗前培训工作，并经企业内部考核后上岗。

（2）应当建立健全预制构件施工安装过程质量检验制度。

（3）会同预制构件生产企业、监理单位对进入施工现场的预制构件质量进行验收，验收内容应当包含构件生产全过程质量控制资料、构件成品质量合格证明文件、外观质量（包括合格标识）、构件结构性能或结构实体检验等，未经进场验收或进场验收不合格的预制构件，严禁使用。

（4）对预制构件连接灌浆作业进行全过程质管量控，并形成可追溯的文档记录资料及影像记录资料。

（5）对预制构件施工安装过程的隐蔽工程和检验批进行自检、评定，合格后通知工程监理单位进行验收，隐蔽工程和检验批未经验收或者验收不合格，不得进入下道工序施工。

4. 监理单位

（1）预制构件生产实施驻场监理时，监理单位要按审批后的驻场监理实施细则切实履行相关监理职责，实施原材料验收、检测、隐蔽工程验收和检验批验收，编制驻场监理评估报告。

（2）应当按下列要求对预制构件的施工安装过程进行监理。

（3）组织施工单位、构件生产企业对进入施工现场的预制构件进行质量验收，验收内容应当包含构件生产全过程质量控制资料、构件成品质量合格证明文件、外观质量（包括合格标识）、结构实体检验等，未经进场验收或进场验收不合格的预制构件，严禁使用。

（4）核查施工管理人员及预制构件连接灌浆等作业人员的培训情况，对首层装配结构与其下部现浇结构连接、预制构件连接灌浆、外围护预制构件密封防水等关键工序、关键部位实施旁站监理。

（5）对预制构件施工安装过程的隐蔽工程和检验批进行质量验收。

5. 预制构件生产单位

（1）生产单位应根据审查合格的施工图设计文件进行预制构件的加工图设计，并须经原施工图设计单位审核确认。

（2）生产单位应按工程项目编制预制构件生产方案，明确质量保证措施，按规定履行审批手续后方可实施。

（3）生产单位应加强预制构件生产过程中的质量控制，并根据规范标准加强原材料、混凝土强度、连接件、构件性能等的检验。

（4）生产单位应对检查合格的预制构件进行标识，标识不全的构件不得出厂。出厂的构件应提供完整的构件质量证明文件。

（5）生产单位应积极配合监理单位开展相关监理工作。

6. 质量监督部门

（1）对建设、设计、施工、监理单位的以及预制构件生产、工程质量检测等单位的质量行为进行抽查。

（2）对预制构件的原材料、混凝土制备、制作成型过程、成品实物质量及相关质量控制资料进行抽查、抽测。

（3）对预制构件生产、安装、后浇混凝土施工过程中关键工序、关键部位的实体质量及相关质量控制资料进行抽查、抽测。

（4）对发现的违法违规行为和违反强制性标准的问题，下达限期整改通知书或暂时停工（停产）整改通知书。

（5）对依法应当实施行政处罚的，向市建设局提出行政处罚建议。

▶ 5.9　工程验收 ◀

（1）建设单位应组织设计单位、施工单位、监理单位及预制混凝土构件生产单位进行预制混凝土构件生产首件验收，验收合格后方可批量生产。

（2）预制构件产品进场验收由施工单位组织，应当进行全数验收，并经监理单位抽检合格后方可使用；发现存在影响结构质量或吊装安全缺陷时，不得验收通过。

（3）首层装配结构与其下部现浇结构连接验收由建设单位组织设计、施工、监理和预制构配件生产企业共同验收，重点对连接形式、连接质量等进行验收。

（4）装配式结构子分部验收由建设单位依据《混凝土结构工程施工质量验收规范》（GB 50204—2015）、《装配式混凝土结构技术规程》（JGJ 1—2014）、《预制预应力混凝土装配整体式框架结构技术规程》（JGJ 224—2010）及《预制装配整体式剪力墙结构体系技术规程》（DGJ 32/TJ125—2011）组织设计、施工、监理和预制构配件生产单位共同验收并形成验收意见，对规范规程中未包括验收内容，应组织专家论证验收。

（5）装配式结构子分部质量保证资料应包含以下内容：

① 建设、施工、监理、设计、预制构配件生产单位编制的有关设计文件、施工组织设计和专项施工方案、图纸会审、设计交底及审批文件。

② 主要原材料、保温拉结件、连接件、灌浆料和预制构配件生产合格证、性能检验记录、复检（复试）报告等。

③ 施工记录（含测量记录、吊装记录、安装记录、灌浆或连接记录和影像资料、监理旁站记录等）。

④ 检验报告（含钢筋连接、灌浆料浆体强度、套筒灌浆连接接头抗拉强度、浆锚搭接接头力学性能及适应性检验、后浇混凝土强度、子分部实体检验等检测报告）。

⑤ 验收记录（含隐蔽验收记录、连接构造节点、钢筋套筒灌浆或浆锚、外墙防水处理、自检、交接检、分项分部验收记录等）。

（6）工程重大质量事故处理方案及验收记录。

（7）其他应提供的质量文件（保温节能、防水检验等）。

▶ 思考练习题 ◀

1. 钢筋套筒灌浆连接及浆锚搭接连接用的灌浆料强度如何测定？
2. 剪力墙底部接缝坐浆强度设计要求。
3. 预制构件外观质量缺陷如何认定？
4. 灌浆料流动度试验如何操作？
5. 各主体单位如何落实质量监督责任。

学习情境6 装配式混凝土结构建筑案例

素质目标（依据专业教学标准）

（1）坚定拥护中国共产党领导和我国社会主义制度,践行社会主义核心价值观,具有深厚的爱国情感和中华民族自豪感。

（2）崇尚宪法、遵纪守法、崇德向善、诚实守信、尊重生命、热爱劳动,履行道德准则和行为规范,具有社会责任感和社会参与意识。

（3）具有质量意识、环保意识、安全意识、信息素养、工匠精神和创新意识。

（4）勇于奋斗、乐观向上,具有自我管理能力和职业生涯规划意识,具有较强的集体意识和团队合作精神。

（5）具有健康的体魄、心理和健全的人格,以及良好的行为习惯。

（6）具有正确的审美和人文素养。

知识目标

（1）了解装配式框架结构构件拆分方法。

（2）了解叠合板拼缝构造设计要求。

（3）了解土建和水电交互基本原理。

（4）掌握全装修基本概念。

（5）针对具体工程项目,掌握信息化技术应用情况。

能力目标

（1）能编写完成装配式建筑深化设计方案。

（2）能初步编写装配式建筑信息化技术应用管理方案。

学习资料准备

（1）典型工程项目全套施工资料。

（2）REVIT 等相关软件。

▶ 6.1 基本信息 ◀

老年公寓位于海门市龙馨家园项目,毗邻南海路、嘉陵江路,工程建设单位为江苏运杰置业有限公司,设计单位为南京长江都市建筑设计股份有限公司,深化设计单位为龙信建设集团有限公司,施工单位为江苏龙信建设有限公司,预制构件生产单位为龙信集团江苏建筑产业有限公司,项目目前已竣工验收。

▶ 6.2　项目概况 ◀

本工程主楼结构体系是国内首例最高预制装配整体式框架剪力墙结构(图6-1、6-2)。为一类居住建筑,设计使用年限为50年,抗震设防烈度为6度。总建筑面积为21 265.1 m²,其中地上25层、面积18 605.6 m²,地下2层、面积2 659.5 m²,建筑高度85.200 m,预制率为52%,总体装配率达到80%,装饰装修率达到100%,项目整体取得了绿色二星证书,建造时间为2014年,建设周期为12个月。

图6-1　项目鸟瞰图

图6-2　项目外立面图

▶ 6.3　工程承包模式 ◀

项目采用EPC工程总承包模式,由建设单位将施工图设计、材料设备采购和工程施工全部委托给龙信建设集团,龙信建设集团通过对设计、采购、施工的统一策划、统一组织、统一协调和全过程控制,实现了设计、采购、施工之间合理有序交叉搭界,通过局部服务整体、阶段服从全过程的指导思想优化设计、采购、施工,将采购被纳入设计程序,对设计可施工性进行分析,提高工程整体质量、有效控制投资。

典型工程案例

龙信老年
公寓施工模拟

▶ 6.4　建筑专业 ◀

1.标准化设计

龙信老年宾馆项目为装配式建筑,建筑设计遵循装配式建筑"简单、规整"的设计原则,平面布置简单、灵活,同时可根据实际功能使用要求进行平面布局调整。建筑平面柱网尺寸只有三种:8 400 mm×7 100 mm,8 400 mm×4 900 mm及8 400 mm×5 400 mm;由于柱网尺寸相对较少,柱梁截面种类减少,有利于建筑设计标准化,部品生产工厂化,现场施工装配化,结构装修一体化,过程管理信息化。十层以上原设计为单开间公寓房,根据实际需求,大部分已调整为两开间公寓套房,经济效益明显。

立面在尊重原有建筑立面风格基础上,采用了清水混凝土,整个立面效果简洁、大方,将装配式建筑体现得淋漓尽致,给人耳目一新的感觉,别具一格,获得好评。

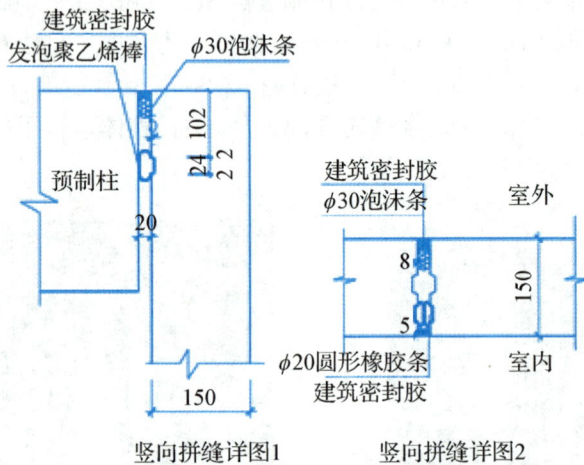

图 6-3 外挂墙板接缝大样

接缝处理到目前为止防水效果良好,用材经济,取得良好经济效益。

2. 主要部品构件设计

主要部品构件有:预制柱、预制梁、叠合板、预制楼梯、预制阳台与空调隔板、预制外墙挂板等。

6.5 结构专业

1. 主体结构设计

龙信老年宾馆项目为装配整体式框架——现浇剪力墙结构,结构具有能源消耗少、经济效益高、建造工期短、绿色环保、安全高效、省人省力等优点,完全符合低碳、节能、绿色、生态和可持续发展等理念。

本工程地下2层以及1至3层,由于功能复杂及结构需要,采用传统现浇结构;4至24层标准层采用预制装配式结构,标准层剪力墙采用现浇,与剪力墙相连的框架柱考虑连接的需要也采用现浇结构形式,其余构件采用预制。预制构件包括:预制柱、预制梁、叠合板、预制楼梯、预制阳台与隔板、外墙挂板。预制率达53.6%。

2. 拆分及连接方式

(1) 预制柱与楼面预留钢筋的连接、主次(叠合)梁钢筋的连接、空调立板及阳台栏板与楼面预留钢筋的连接均采用套筒灌浆连接。

（2）主（叠合）梁搁置在框架柱子边 2 cm，并在主叠合梁端部留设抗键槽，主（叠合）梁的主筋在柱顶处连接采用梁底钢筋在柱内互锚加抗剪槽内附加 U 形钢筋的形式。

（3）主次（叠合）梁连接通常采用缺口梁方式，次梁端部采用缺口梁，截面抗剪、抗扭承载力均有所削弱，主（叠合）梁侧预留钢筋与次（叠合）梁现浇段钢筋采用灌浆直螺纹套筒连接。

（4）在构件安装完毕后，在叠合梁板上层钢筋绑扎，现浇叠合层（C35），主次（叠合）梁节点位置、主（叠合）梁与柱子节点抗剪槽位置采用高标号 C60 膨胀混凝土浇筑，部分现浇剪力墙及框架柱采用 C35～C50 不等的混凝土浇筑，完成标准层的施工。

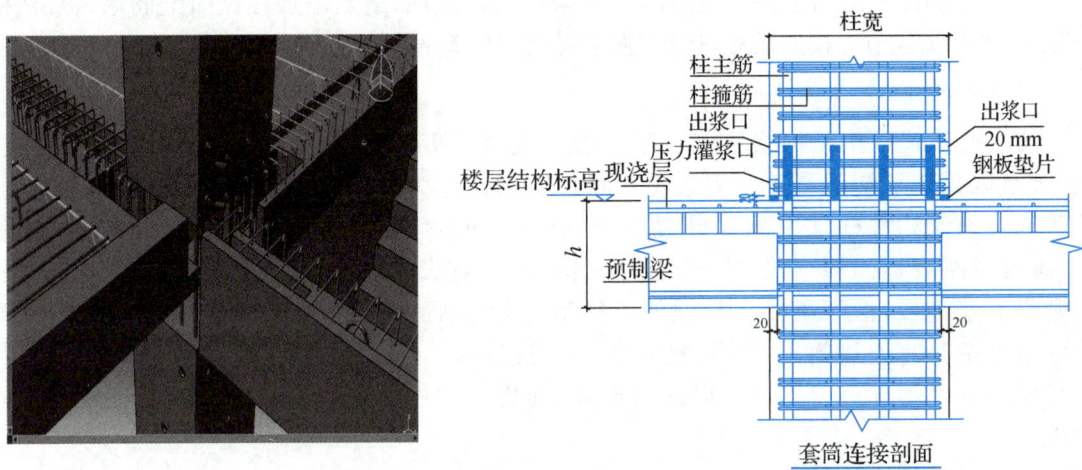

图 6‑4　结构柱套筒连接

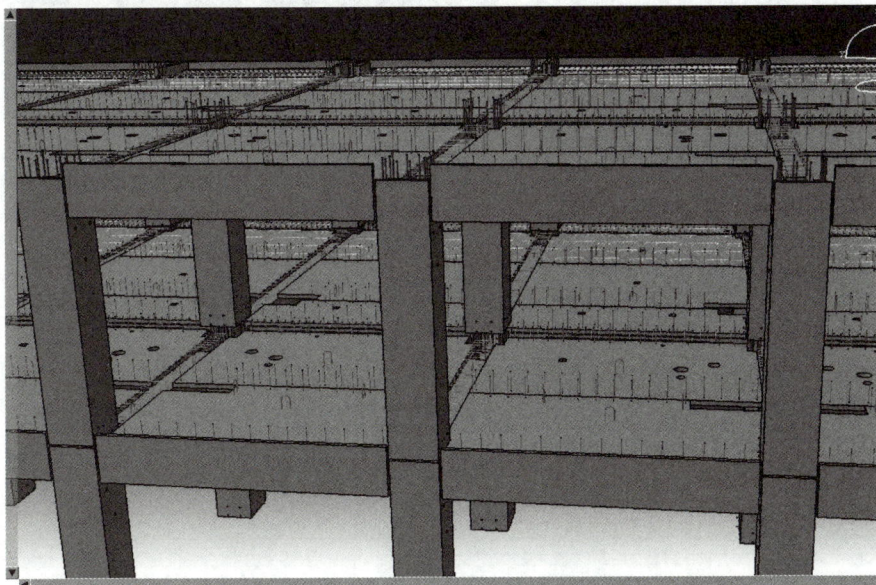

图 6‑5　装配式框架结构三维模型

3. 抗震设计

老年宾馆抗震设防类别:标准设防类(丙类)。抗震设防烈度 6 度,设计基本地震加速度值为 0.05 g,设计地震分组为第三组;建筑场地类别为Ⅲ类;特征周期 Tg＝0.63 s,结构阻尼比 0.05;多遇地震水平地震一下系数最大值 0.04,罕遇地震水平地震一下系数最大值 0.28。抗震措施烈度 6 度,抗震构造措施烈度 6 度。结构计算采用 PKPM 软件、理正结构工具箱、CSI 系列(结构整体分析软件)。

老年宾馆建筑平面、立面布置简洁、规则,结构质量中心与刚度中心相一致,剪力墙对称布置,较好控制结构竖向刚度的均匀性。

设计过程中严格控制柱的轴压比,柱子采用对称配筋,适当增加柱纵向配筋率,提高柱子延性;同时加强节点构造措施,达到"强柱弱梁""强剪弱弯""强节点弱构件"。

4. 节点设计

装配整体式框架结构梁柱节点采用湿式连接,即节点区主筋及构造加强筋全部连接,节点区采用后浇混凝土及灌浆材料将预制构件连为整体,才能实现与现浇节点性能的等同。预制构件柱采用高标号混凝土,强度及刚度大一些,而梁可采用低标号混凝土,强度及刚度适当弱一些,符合"强柱弱梁"的抗震设计要求。竖向构件预制柱之间采用套筒灌浆连接,框架梁接头与框架梁柱节点处水平钢筋宜采用机械连接或焊接。套筒灌浆连接具有连接简单,不影响钢筋,适用范围广,误差小,效率高,构件制作容易,现场施工方便等优点。采用套筒灌浆连接,能提高构件节点处的刚度,具有足够的抗震性能。

(1) 梁、柱连接节点

图 6-6　柱纵向钢筋的连接节点

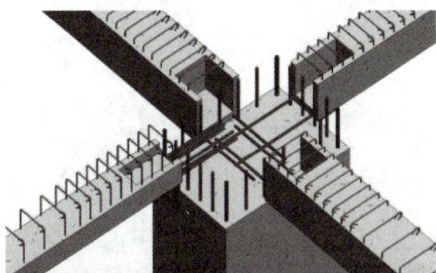

图 6-7 预制梁与楼层中柱连接节点　　　　图 6-8 预制梁与楼层角柱连接节点

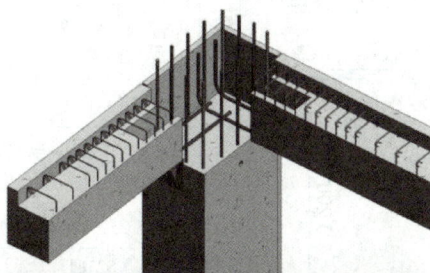

图 6-9 大跨次梁的连接-套筒连接现浇方式

（2）叠合板拼缝节点

预制钢筋混凝土叠合板底部拼缝用填充材料填平，填充材料用掺纤维丝的混合砂浆，纤维丝的掺量为 5％、混合砂浆强度为 M5。下表面贴一层 20 cm 宽的纤维网格布柔性材料（网格布选用：网眼尺寸 5 * 5 mm，重量 120 g/m）。填充前，拼缝内应清理干净。

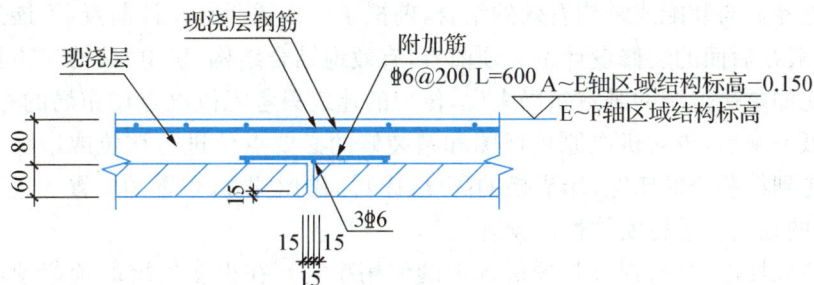

图 6-10 叠合板拼缝

（3）阳台板节点

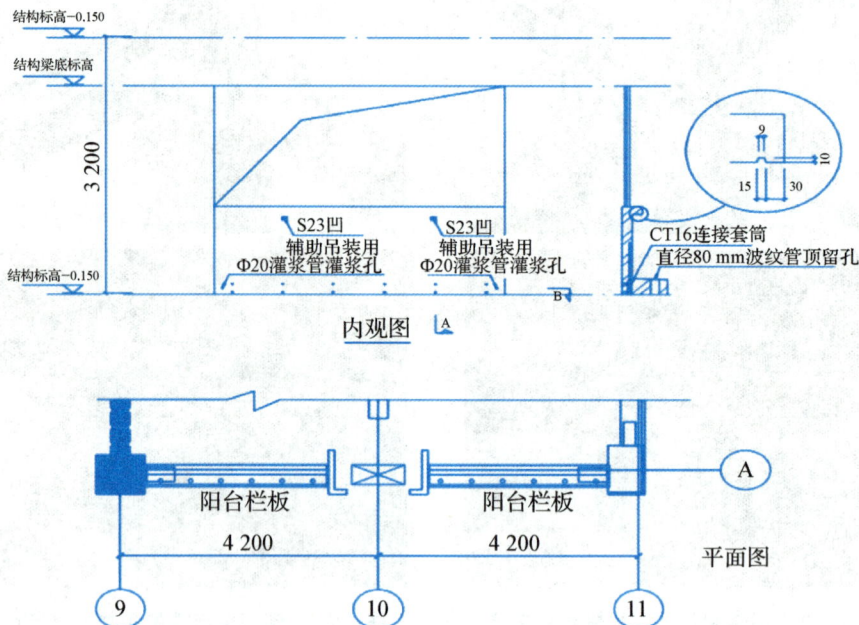

图 6-11　阳台板节点

▶ 6.6　水暖电专业 ◀

建筑工业化采用装配式混凝土预制构件的装配式施工,而装配式混凝土预制构件中机电安装预埋是体现建筑工业化的一个重要组成部分,也是区别于传统安装方式的关键所在。

建筑产业化工程中,如何实现建筑产业化中的土建、安装、装修一体化;如何使机电安装的预留预埋在混凝土预制构件的装配式建筑中提高使用率;如何降低机电安装在构件加工、安装的难度和提高预制构件中安装预埋的质量;如何保证机电安装各专业管路在预制构件中的准确性;如何缩短机电安装工程在预制构件装配式工程预埋的时间,使整体工程项目的工期缩短;如何满足工程质量及规范要求等问题。已然成为其发展的重要环节。

1. 提高机电安装在混凝土预制构件中的预留预埋的使用率

要使机电专业与装配式结构有效的结合,前提条件必须所有设计前置,不能进行"三边"工程,而且一般在后面的装修设计也必须前置,有效地结合结构、机电、装修三方面结合进行综合考虑。比如拿最传统的卧室布局来说,传统的建筑只考虑机电点位布局的存在,而后等精装修的图纸下来后,再对机电原预埋图和精装修的必要点位进行移位或增加。而装配式结构必须考虑到精装修的床宽、床头柜的高度、床对面的电视机布置的位置等进行各方位的定位,在预制的结构上进行实体性的预埋。

但如何精确性地预埋,提高其预留预埋的使用率呢？ 在很多传统的预留预埋上也有可能出错,如何在这一块块预制构件上不出错呢？ 其实在主体装配结构的协调技术中本工程借助了 BIM 技术,先使土建的模型基本构架用软件建立起来,在进行装修布局的建模,而后在考虑机电专业的原始蓝图及装修后需要优化的管路进行建模,达到零碰撞,而后进行构件的拆分、出图。这样的本意是让项目在模型中进行预安装,再结合各专业人员进行会审,使其在工程出现的各种问题都有效地在模型中进行解决,此为协调技术的一技。

2. 降低装配式结构机电预埋的安装难度及有效地提高其质量

传统式的各种预埋都由现场的监理做隐蔽验收的等一系列的资料,然而如何在装配式结构中提高机电专业的各种质量是一个极其关键的部署内容,本工程专门请现场监理去工厂对预制构件中的预留预埋管线进行验收核实,同时组织人员进行了系统的预制构件中机电的研究,如组织 QC 小组、集团技术质量组等对装配机电安装的研究。施工单位发表了多篇关于装配式结构的工法,确保机电安装在预制构件中的质量,同时也简化了预留套管在预制梁中的操作过程,传统的预留套管要进行焊接固定等,如《装配式混凝土构件内机电管线预埋施工工法》确保了其预制梁预留套管的不要焊接也能固定的方案,简化了施工工艺,同时也确保了质量,此为集成技术的一技。

3. 在装配式结构的预埋预留中如何缩短其工艺时间

针对传统与预制过程中机电安装工艺应该如何缩短其时间,施工单位组织 QC 小组研究发表了《提高装配式预制梁内套管预留质量》,也颇有成效地降低了传统工艺的时间。并且在装配式构件中,对于集成卫浴、集成厨房怎样降低其装配的工期进行研究。在预制板内,针对机电各类线盒的预埋方面,运用了红外线定位仪,把现有的各类机电模型导入其装置,不需要人工一个个的定位,只要符合模型进行红外扫射定位,定位好后进行人工复核就可,也大大降低了工厂人工的需求。

图 6-12　土建、水电交互

预制构件生产过程中,由安装专业技术、施工人员配合,将线盒、管线等进行精确定位并预埋,与构件一次性浇筑成型。

其实机电专业与主体装配式结构的协调技术、集成技术还有许多,这里不一一讲解,总之装配式结构大大提高了传统建筑的安全、质量、工期等一系列的无形效益。

▶ 6.7　装配式装修设计(全装修技术) ◀

装配式装修成品交付,在前期设计阶段就需要预留相关的设计阶段,同时需要有后期的采购、施工相关环节的统一支持,是一个全产业链的协同工作。

龙馨家园老年公寓项目是全预制装配整体式框架加框架结构体系全装修成品交付项目,在前期与业主沟通确认装修标准定位及技术体系后同采购管理部沟通装修部品件选择,结合成本部确定装修造价控制范围内装修方案设计。

业主确认过装修方案,提供给建筑设计,建筑设计结合装修方案是否可行反馈给装修设计,装修设计单位结合建筑反馈意见进行装修方案深化,装修部品件封样向业主汇报装修设计最终方案,现场实施样板房确认装修效果,最终根据样板房批量装修施工。

本次主要针对龙馨家园老年公寓项目进行全装修应用,主要从以下几个方面进行全装修设计:

(1) 确定装配式装修技术体系

老年公寓项目主要客户群体为老年人,在设计时充分考虑老年人生活习惯及需求,满足无障碍使用需求,工厂化装修实施。

① 整体厨柜定制包括油烟机、灶具、洗菜池。

② 整体卫浴定制包括洁具及无障碍设施。

③ 地板和门等部品的统一配置和装配化施工。

④ 固定、活动家具工厂化定制。

⑤ 预制构件图做好水电点位预留预埋的设计。

(2) 装修材料部品件前置,标准部品与室内空间尺寸统一

所有装修材料部品件同采购部提前协调提供样品在达到设计效果同时满足成本控制要求,部品件根据老年公寓室内房型空间尺寸合理定制。

(3) 室内设计与建筑设计紧密互动一步到位

确认室内装修方案后与建筑设计及时沟通,一步到位避免二次改动,室内在实施时,样板先行,根据样板房设计效果局部调整完善达到最终批量实施要求。

平面空间布置图

▶ 6.8　装饰装修部品件、重点装饰部位设计 ◀

在老年公寓项目装配式装修设计中,室内部品件及重点部位技术主要有以下几个方面:

（1）卫生间整体成品定制系体统

A-L型号平面布置图

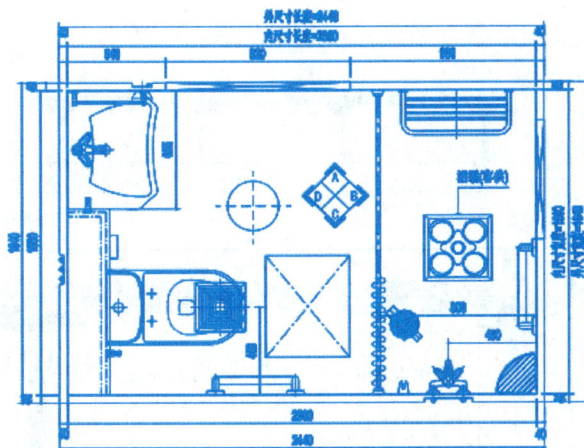

单室套户型成品卫浴平面布置图

说明：
1. 本图为A-L型号。
2. A-R型号与A-L型号为对称关系。
3. A-L型号为68套。
4. A-R型号为68套。

备注：● A型号共136套
　　　● 墙体为40 mm厚墙板，芯材为铝蜂窝
　　　● 底盘为玻璃钢底盘

图 6-13　整体卫浴平面布置图

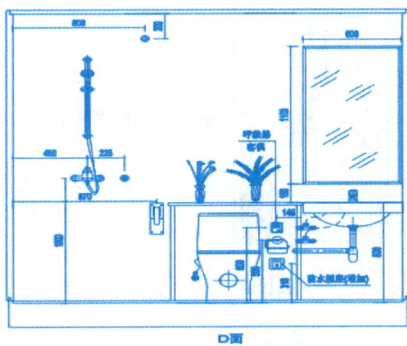

图 6-14　整体卫浴立面

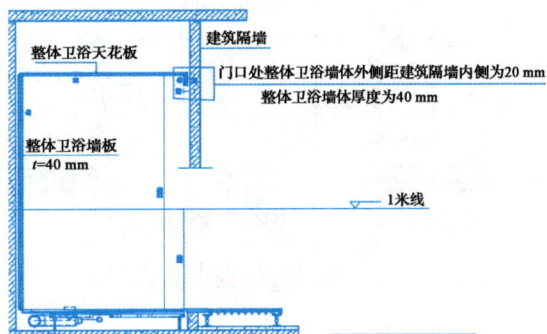

图 6-15　整体卫浴详图

（2）厨房整体收纳橱柜

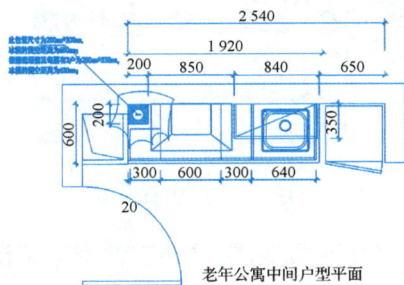

老年公寓中间户型平面

图 6-16　定制橱柜平面布置图

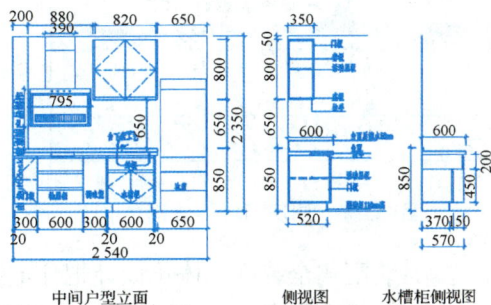

中间户型立面　　　侧视图　　水槽柜侧视图

图 6-17　定制橱柜立面图

（3）架空隔音地板系统

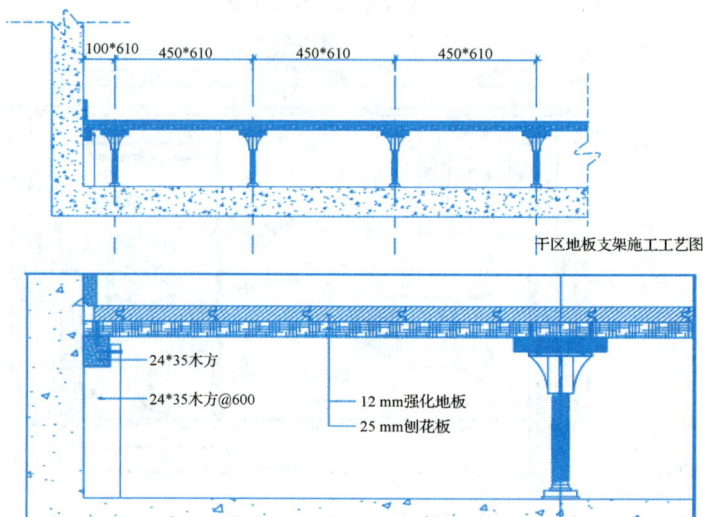

干区地板支架施工工艺图

100*610　450*610　450*610　450*610

24*35木方
24*35木方@600
12 mm强化地板
25 mm刨花板

图 6-18　地板支架节点

部品件模数化系统

（4）部品件模数化系统
（5）室内各部位收口节点做法

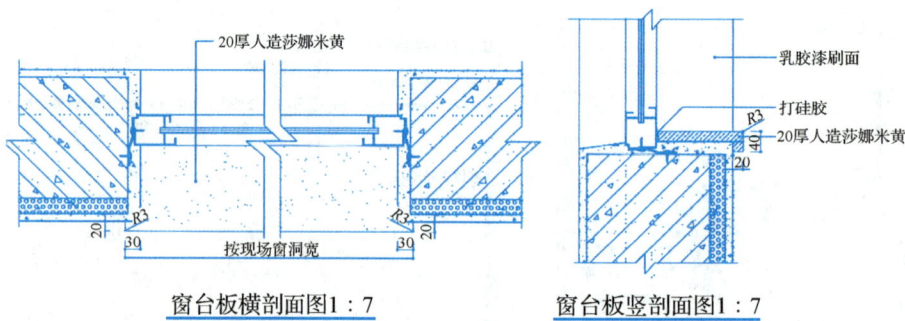

20厚人造莎娜米黄

乳胶漆刷面
打硅胶
20厚人造莎娜米黄

按现场窗洞宽

窗台板横剖面图1:7　　窗台板竖剖面图1:7

图 6-19　窗台板节点详图

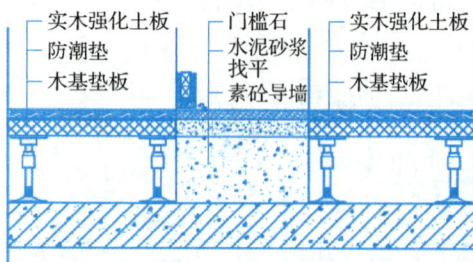

实木强化土板
防潮垫
木基垫板
门槛石
水泥砂浆
找平
素砼导墙
实木强化土板
防潮垫
木基垫板

图 6-20　厨房门槛石详图

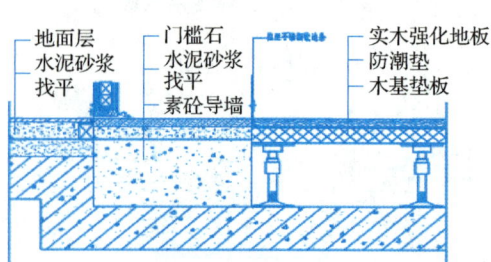

地面层
水泥砂浆
找平
门槛石
水泥砂浆
找平
素砼导墙
实木强化地板
防潮垫
木基垫板

图 6-21　进户门槛石做法

总结：装配式全装修一体化设计把住宅装修设计与建筑设计同步，它贯穿于整个建筑设计中，有利于实现住宅的生产、供给、销售和服务一体化的生产组织形式，节约设计成本，点位精确、减少土建与装修、装修与部品之间的冲突和通病，设备配套精细化，提升居住环境舒适度,保证质量节约建造和装修成本,杜绝二次浪费、节能环保缩短工期。

▶ 6.9　信息化技术应用 ◀

通过建立 BIM 平台,使建设、设计、施工总承包、监理单位以及专业分包等都在 BIM 平台上进行管理共享,并且建立与工程项目管理密切相关的基础数据支撑和技术支撑。通过建立 BIM 平台,项目管理团队各部门都在 BIM 平台上进行管理共享。

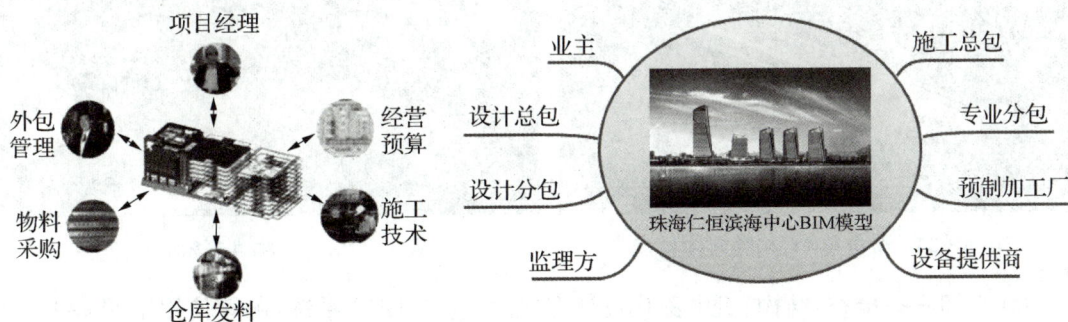

图 6-22　BIM 管理共享平台

1. 设计阶段

(1) 传统结构图设计阶段

本项目 4 层结构平面(三层顶)以下,传统的钢筋混凝土结构利用 BIM 技术协同设计部门,第一时间创建各个专业 BIM 模型,及时发现问题,及时处理。

(2) 标准层 PC 构件设计阶段

在 PC 构件拆分和设计过程中,采用三维 BIM 设计软件系统,每个节点、构件都可提前模拟出来,进行智能碰撞检查、精确定位 PC 构件上每一个预留洞位置、虚拟综合排布机电管线、进一步完成使用空间净空检查,从而从设计源头消除因各个专业设计不协同引起的图纸问题,避免了施工过程中的不必要的返工,节约了工期,保证了施工质量。

① 节点设计深化:利用 BIM 设计软件,深化完成各个节点的设计,把图纸问题消灭在设计阶段。

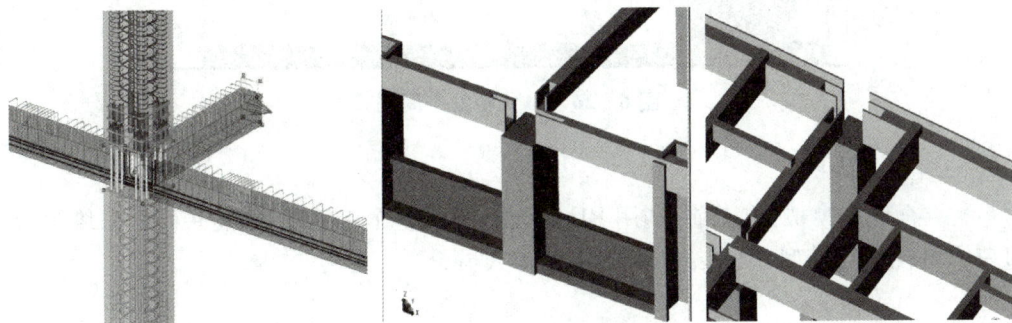

图 6-23　节点深化设计

② 基于 PC 构件的机电管线综合:利用 BIM 软件,完成机电与 PC 构件的碰撞检查,结合碰撞点,深化完成机电各专业的管线综合排布,出具详细的基于 BIM 模型的施工图纸。

③ PC 构件预留洞定位:结合做好的机电管线综合模型,可以准确定位 PC 构件上的各种预留洞口,防止 PC 构件的返厂。

图 6‑24　机电与 PC 构件碰撞检查

图 6‑25　PC 构件预留洞定位

④ 空间净空检查:结构、机电深化设计完成后,应用 BIM 系统,测算使用空间是否满足要求,智能定位不满足要就的部分,便于及时调整设计。

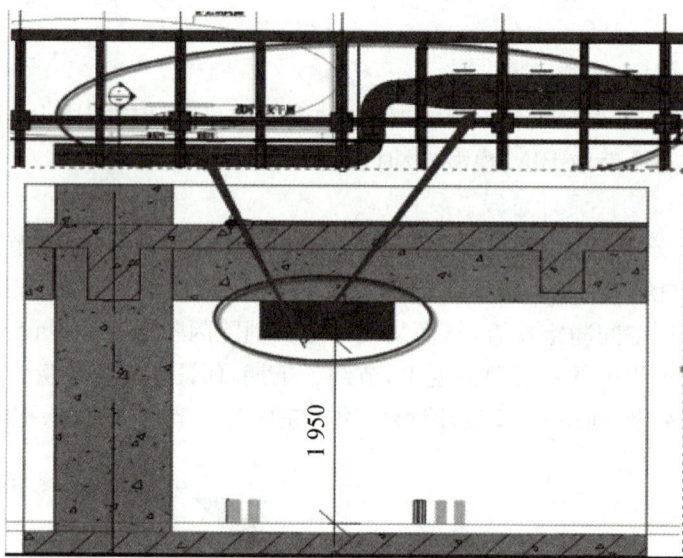

图 6‑26　BIM 辅助空间测算

2. 施工准备阶段

(1) 综合场布模拟:施工前,利用 BIM 软件,模拟整个施工现场,将传统的二维综合场布通过三维可视化的模型,展现给所有施工技术人员。

图 6 - 27　综合场布模拟

（2）基坑阶段支撑体系模拟：模拟支撑维护体系，做技术方案的交底，由二维到三维，可视化效果好，技术交底更加深入。

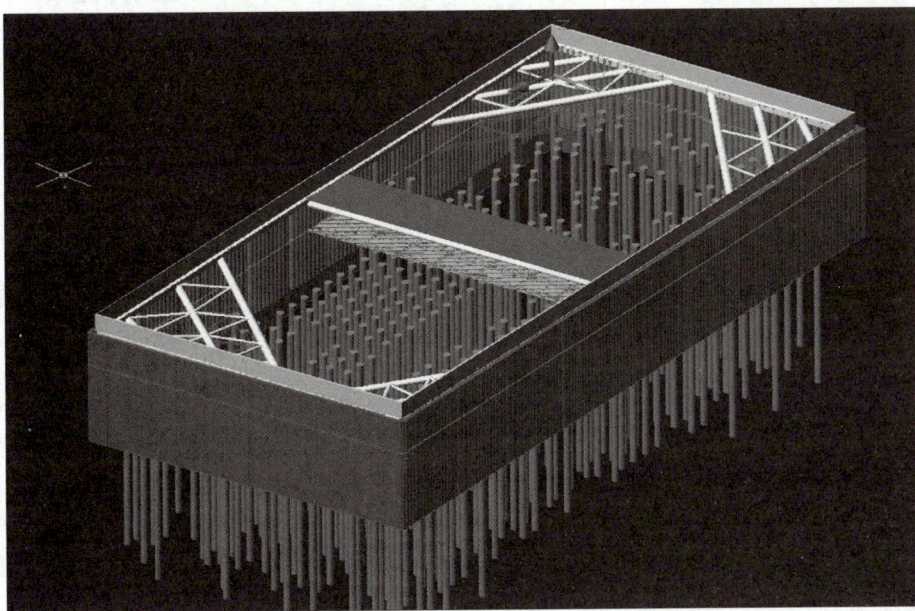

图 6 - 28　基坑阶段支撑体系模拟

3. 现场施工阶段

（1）施工交底

通过 BIM 的模型对施工人员进行交底，可以在建筑物内部漫游，现场安装人员可以提前进入到"施工"完毕后的建筑内部，身临其境的查看相关管线、结构排布走向。生动形象的使其明白哪些要修改，将要在哪个部位进行加强，使现场栋号施工人员对所做工程的结构、布局有直观印象。

图 6-29　BIM 模型漫游

（2）质量安全多方协同管理：质量、安全管理

通过移动客户端，现场问题即时拍照与模型关联，让管理者对问题的位置及详情准确掌控，在办公室即可及时掌握质量安全风险因素，可以及时统计分析，在开项目例会时分析解决。

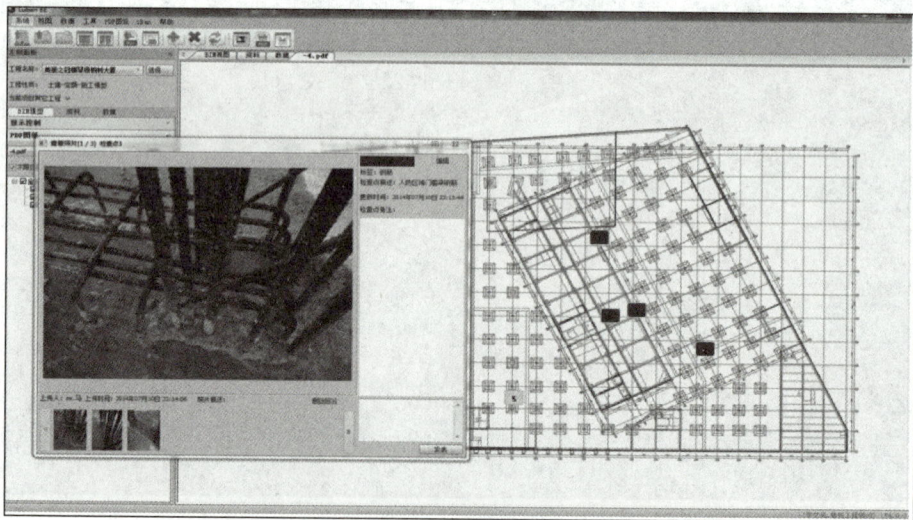

图 6-30　质量管理

（3）PC 构件施工进度模拟

通过 BIM 模型，模拟 PC 构件所处状态，让业主方、监理方、施工管理人员每时每刻都能了解。

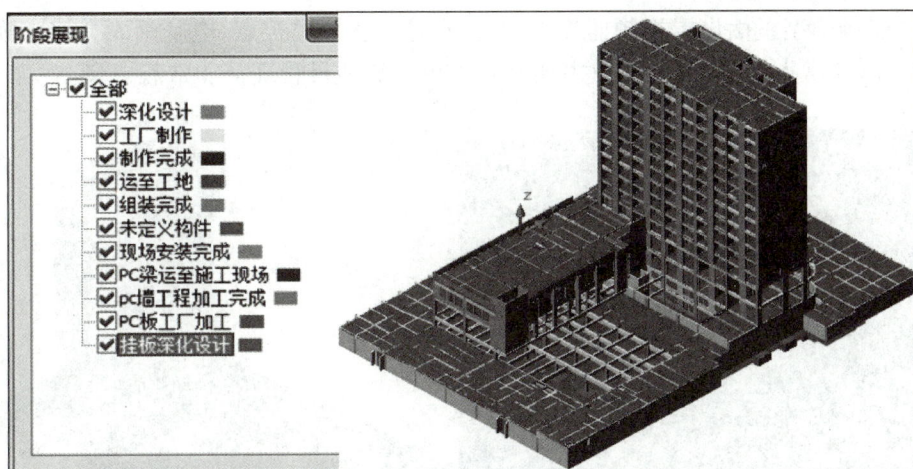

图 6‑31　施工进度模拟

（4）PC 构件二维码管理

通过 BIM 模型，模拟 PC 构件所处状态，让业主方、监理方、施工管理人员每时每刻了解。

① 结合 PC 梁的构件图，预留孔、洞。

② 现场梁上孔洞，可通过现场二维码注明其作用。

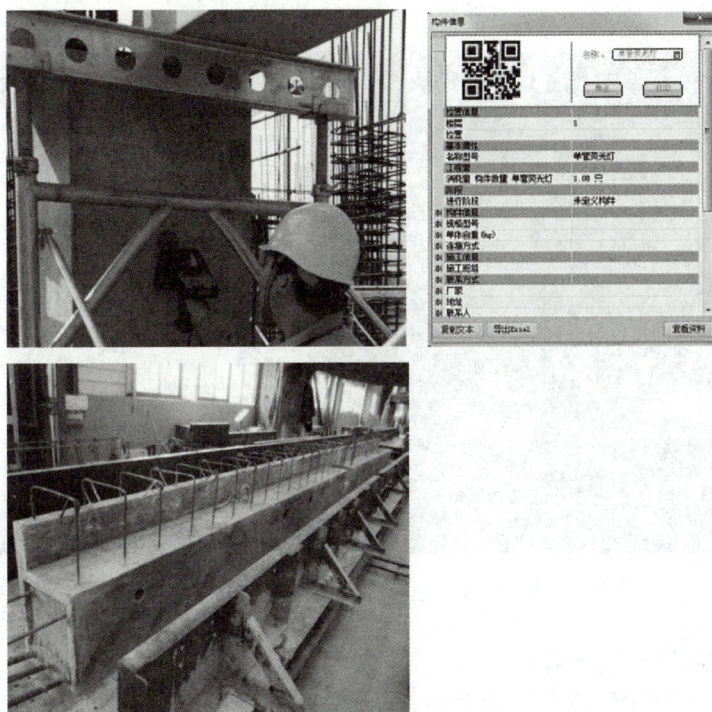

图 6‑32　智能扫码识别构件信息

（5）现场监控管理

BIM 三维模型里面设置视频监控点，鼠标点这个视频监控点，电脑画面会切入施工现场的监控画面，非常人性化，无论对业主还是施工单位的项目管理都非常有意义。

图 6-33　现场监控管理

4. 运维管理阶段

（1）运维资料关联

可以将施工过程中产生的与物业运维有关的资料，与 BIM 模型关联，用于日后物业管理。

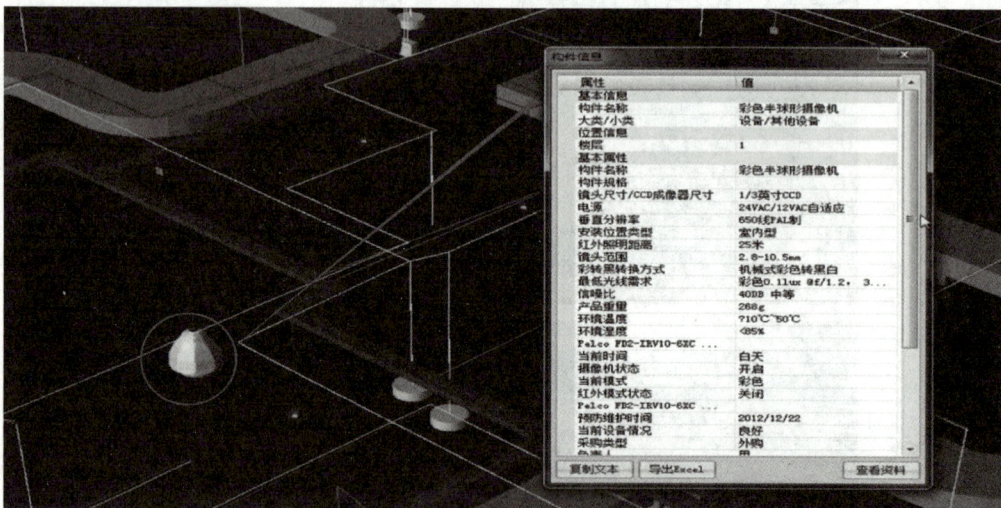

图 6-34　BIM 模型关联物业运维

（2）上游设备、隐蔽设备查找

利用 BIM 模型之间的数量流的关系，可以快速准确地查找到某个或某些上游设备，也可以通过互联网快速获取隐蔽在管道井、吊顶等位置中的构件设备。

图 6‑35　上游设备、隐蔽设备查找

▶ 6.10　构件生产阶段工艺 ◀

1. 定型化钢模板加工构件

预制构件生产采用定型化模具采用钢模,其有利于保证构件表面的光滑平整,且可周转使用的次数远远高于木模板,使用价值更高。

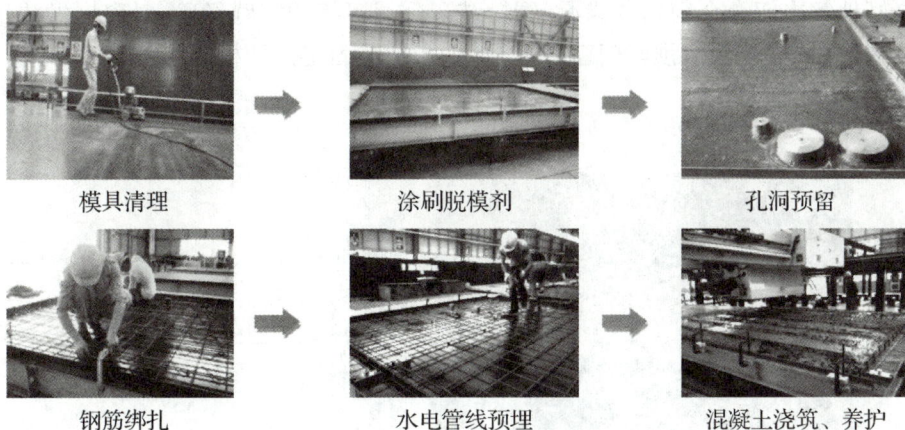

模具清理　　　　涂刷脱模剂　　　　孔洞预留

钢筋绑扎　　　　水电管线预埋　　　　混凝土浇筑、养护

图 6‑36　叠合板生产流程

2. 外墙保温一体化施工技术

(1) 绑扎外墙外页钢筋。

(2) 将保温板通过固定件固定于台模上。

（3）绑扎墙体钢筋。

（4）浇筑混凝土，保温板与构件一次成型。

图 6‑37　外页钢筋绑扎

图 6‑38　保温板埋设固定

图 6‑39　预制外墙板

3. 门窗洞口一次成型

为更好地解决铝合金窗框的渗漏问题，结合公司多年的实践经验，对窗框做法进行改进升级：PC 构件生产加工时，预留门窗施工洞口，并预埋固定件凹槽。

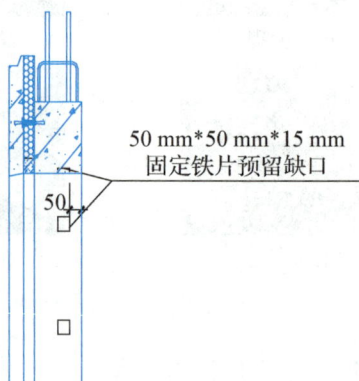

50 mm*50 mm*15 mm
固定铁片预留缺口

图 6‑40　门窗洞口一次成型构造

▶ 6.11　构件施工安装工法及特点 ◀

1. 外挂架提升施工工艺流程

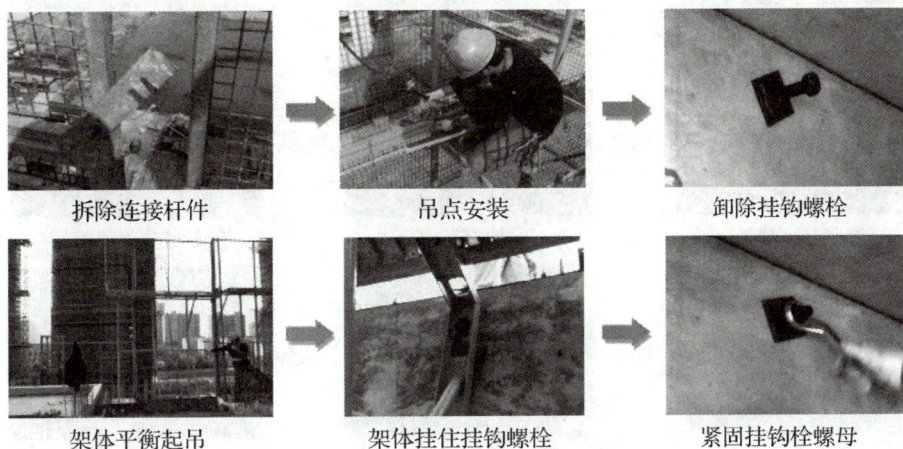

拆除连接杆件　　吊点安装　　卸除挂钩螺栓

架体平衡起吊　　架体挂住挂钩螺栓　　紧固挂钩栓螺母

图 6 - 41　外挂架提升施工工艺流程

2. 楼梯吊装施工流程

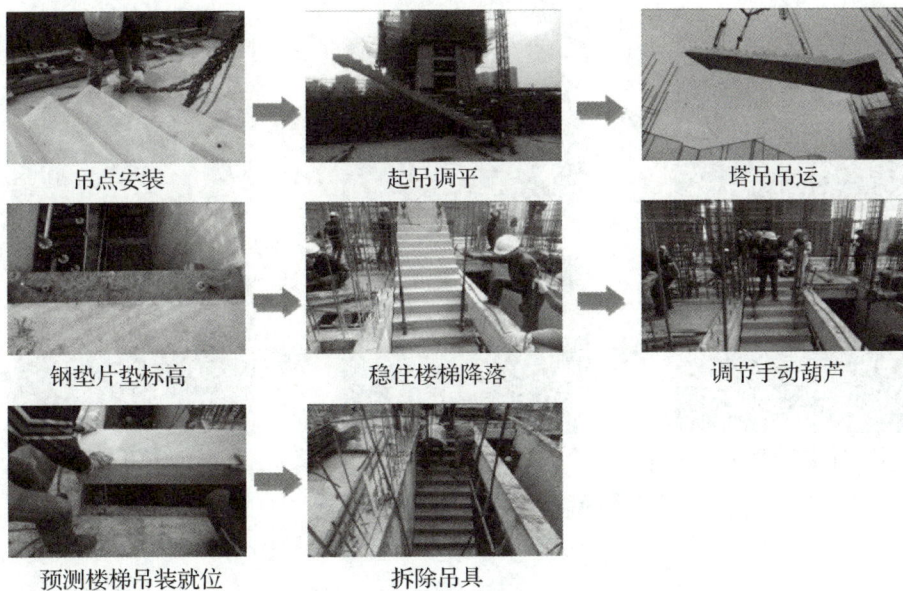

吊点安装　　起吊调平　　塔吊吊运

钢垫片垫标高　　稳住楼梯降落　　调节手动葫芦

预测楼梯吊装就位　　拆除吊具

图 6 - 42　楼梯吊装施工流程

3. PC 墙板吊装施工流程

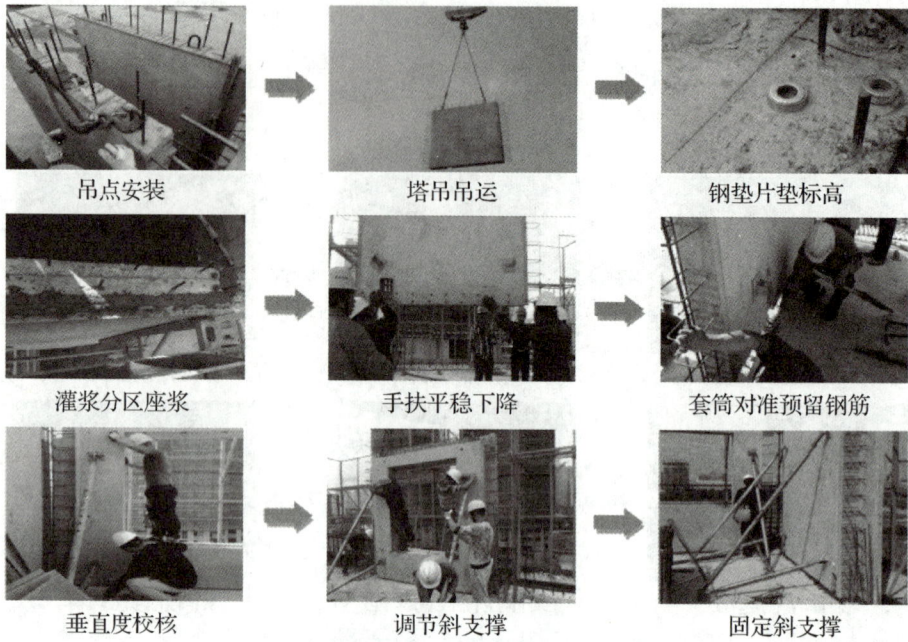

吊点安装	塔吊吊运	钢垫片垫标高
灌浆分区座浆	手扶平稳下降	套筒对准预留钢筋
垂直度校核	调节斜支撑	固定斜支撑

图 6－43　PC 墙板吊装施工流程

4. 灌浆连接施工流程

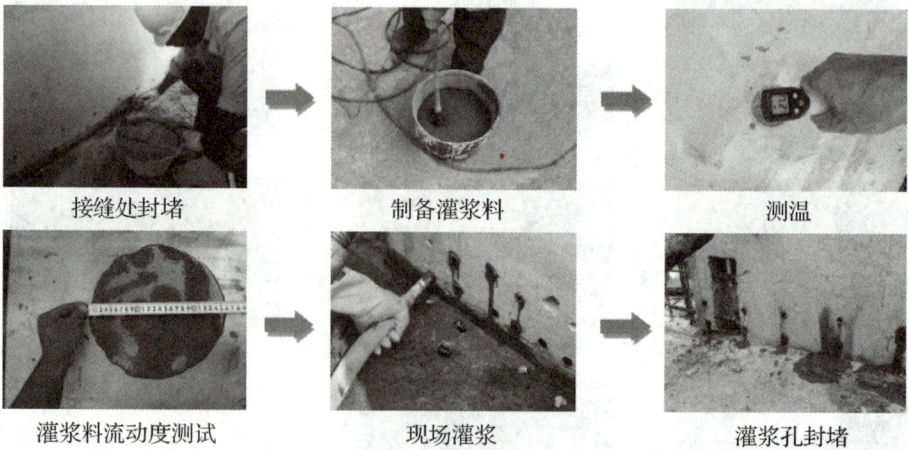

接缝处封堵	制备灌浆料	测温
灌浆料流动度测试	现场灌浆	灌浆孔封堵

图 6－44　灌浆连接施工流程

5. PCF 板吊装施工流程

图 6 - 45 PCF 板吊装施工流程

6. PC 梁吊装施工流程

图 6 - 46 PC 梁吊装施工流程

7. 叠合板吊装施工流程

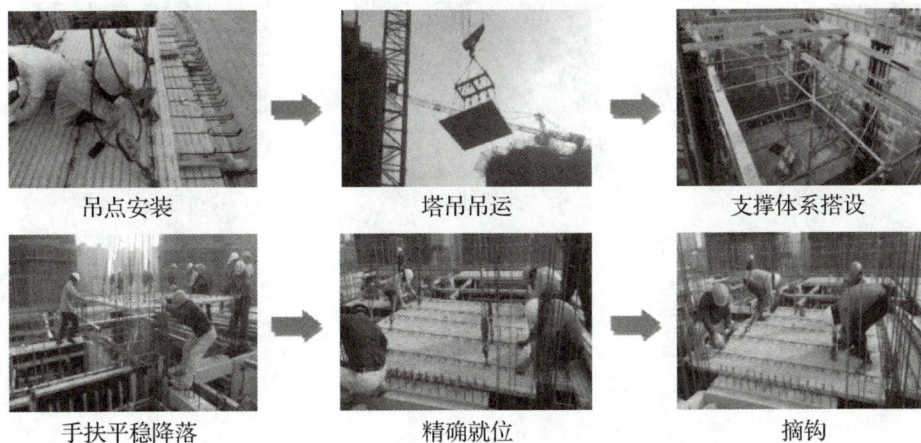

图 6 - 47 叠合板吊装施工流程

8. 阳台、空调板吊装施工流程

图 6‑48 阳台、空调板吊装施工流程

▶ 6.12 预制装配整体式框架-现浇剪力墙结构体系 ◀

1. 外挂架提升施工工艺流程

图 6‑49 外挂架提升施工工艺流程

2. PC 楼梯吊装施工流程

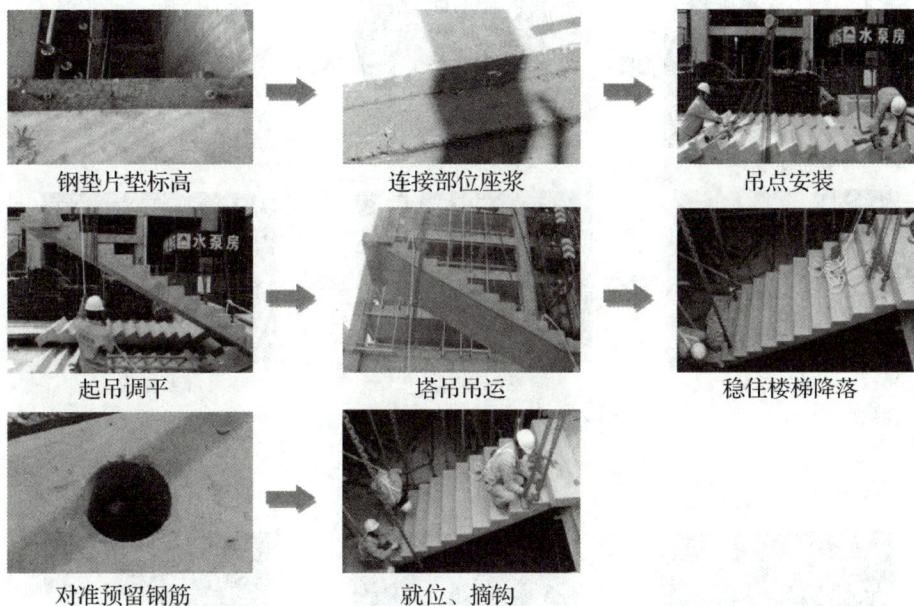

钢垫片垫标高	连接部位座浆	吊点安装
起吊调平	塔吊吊运	稳住楼梯降落
对准预留钢筋	就位、摘钩	

图 6‑50　PC 楼梯吊装施工流程

3. PC 柱吊装施工流程

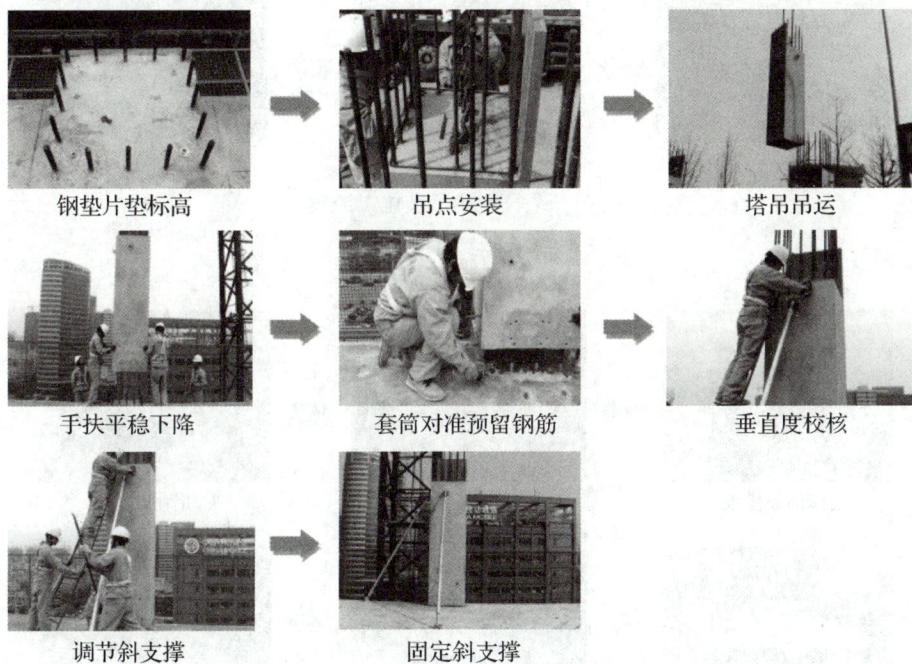

钢垫片垫标高	吊点安装	塔吊吊运
手扶平稳下降	套筒对准预留钢筋	垂直度校核
调节斜支撑	固定斜支撑	

图 6‑51　PC 柱吊装施工流程

4. 灌浆连接施工流程

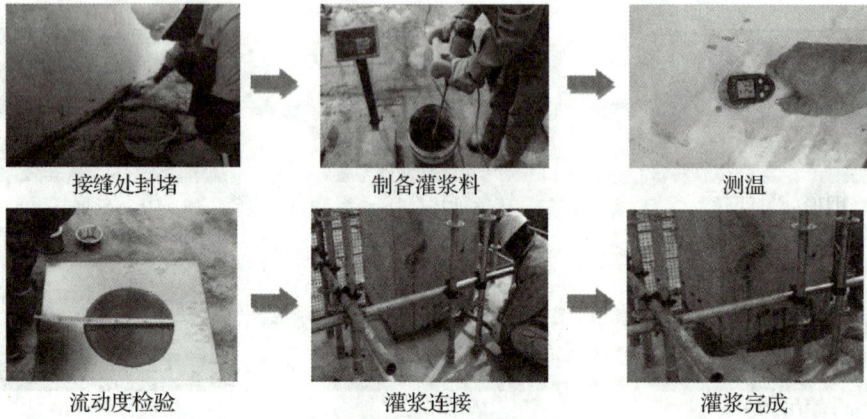

| 接缝处封堵 | 制备灌浆料 | 测温 |
| 流动度检验 | 灌浆连接 | 灌浆完成 |

图 6－52　灌浆连接施工流程

5. PC 梁吊装施工流程

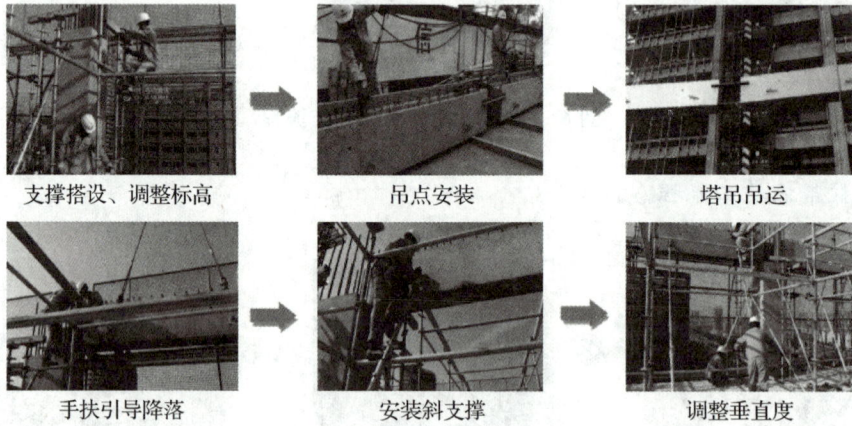

| 支撑搭设、调整标高 | 吊点安装 | 塔吊吊运 |
| 手扶引导降落 | 安装斜支撑 | 调整垂直度 |

图 6－53　PC 梁吊装施工流程

6. 叠合板吊装施工流程

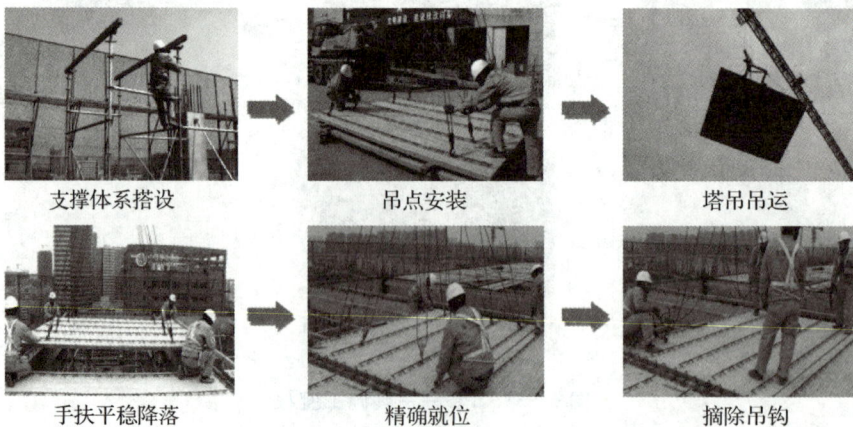

| 支撑体系搭设 | 吊点安装 | 塔吊吊运 |
| 手扶平稳降落 | 精确就位 | 摘除吊钩 |

图 6－54　叠合板吊装施工流程

7. 现浇部位施工流程

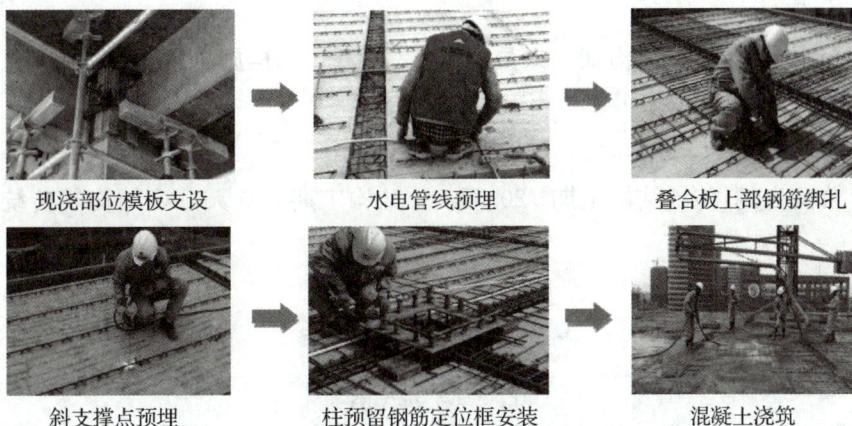

图 6 – 55　现浇部位施工流程

▶ 6.13　施工特点 ◀

1. 优越性

(1) 构件可在工厂内进行产业化生产,施工现场可直接安装,方便又快捷,可缩短施工工期。

(2) 构件在工厂采用机械化生产,产品质量更易得到有效控制。

(3) 周转料具投入量减少,料具租赁费用降低。

(4) 减少施工现场湿作业量,有利于环保。

(5) 因施工现场作业量减少,可在一定程度上降低材料浪费。

(6) 构件机械化程度高,可较大减少现场施工人员配备。

2. 局限性

(1) 因目前国内相关设计、验收规范等过于滞后施工技术的发展,装配式建筑在建筑物总高度及层高上均有较大的限制。

(2) 建筑物内预埋件、螺栓等使用量有较大增加。

(3) 构件工厂化生产因模具限制及运输(水平垂直)限制,构件尺寸不能过大。

(4) 对现场垂直运输机械要求较高,需使用较大型的吊装机械。

(5) 构件采用工厂预制,预制厂距离施工现场不能过远。

▶ 6.14　效益分析 ◀

1. 成本分析

以老年公寓为例:总工期 12 个月,总投资 1.6 个亿,1.86 万平方米,节约财务成本 960 万,施工成本增加 400 元一平方,加上前期研发费用,总成本增加 1 000 万,资金成本和传统方式建造基本持平。

2. 用工分析

以老年公寓为例:传统结构施工人员约为 32 人,PC 结构施工人员约为 20 人,PC 结构施工人员需求数量较传统结构减少 35%。

3. 用时分析

以老年公寓为例:传统结构工期 720 天,PC 结构工期 360 天,PC 结构较传统结构工期缩短一半。

4. 四节一环保分析

表 6-1　四节一环保分析

以老年公寓为例			
项目	PC 结构	传统结构	优点
节能	可降低能耗 70%	30%	降低综合能耗
节地	可节约用地 70%	40%	提高土地利用率
节水	2.3 万立方	3.4 万立方	节约建造用水量 30%
节材	钢材 2 941 吨	3 000 吨	节约钢材 59 吨
	钢管 468 吨	1 582 吨	节省 1 114 吨
	木材 320 m³	990 m³	节省 670 m³
环境保护	减少施工扬尘、混凝土垃圾、温室气体排放量,降低建筑施工噪声,增加建筑垃圾回收利用率。		

▶ 思考练习题 ◀

1. 简述吊装机械的起重量、工作半径和起重高度的基本要求。
2. 钢筋浆锚搭接连接接头用灌浆料性能要求。
3. 简述叠合板中桁架钢筋的作用。
4. 简述现场构件轴线定位工艺流程。
5. 简述全装配板式结构施工流程。

第 2 篇
其他结构装配式建筑

学习情境 7 装配式木结构建筑

素质目标（依据专业教学标准）

（1）坚定拥护中国共产党领导和我国社会主义制度，践行社会主义核心价值观，具有深厚的爱国情感和中华民族自豪感。

（2）崇尚宪法、遵纪守法、崇德向善、诚实守信、尊重生命、热爱劳动，履行道德准则和行为规范，具有社会责任感和社会参与意识。

（3）具有质量意识、环保意识、安全意识、信息素养、工匠精神和创新意识。

（4）勇于奋斗、乐观向上，具有自我管理能力和职业生涯规划意识，具有较强的集体意识和团队合作精神。

（5）具有健康的体魄、心理和健全的人格，以及良好的行为习惯。

（6）具有正确的审美和人文素养。

知识目标

（1）了解国内外装配式木结构建筑发展历程。

（2）了解装配式木结构的特点。

（3）了解装配式木结构的安全性能。

（4）掌握我国木结构产业现状的特点。

（5）掌握制约中国木结构建筑发展的因素。

能力目标

（1）能对比装配式木结构与装配式混凝土结构技术优劣。

（2）能初步绘制几种典型装配式木结构节点构造图。

（3）能初步编写装配式木结构施工技术方案。

学习资料准备

（1）中华人民共和国住房和城乡建设部.装配式木结构建筑技术标准:GB/T 51233—2016[S].北京:中国建筑工业出版社,2017.

（2）中华人民共和国住房和城乡建设部.装配式混凝土建筑技术标准:GB/T 51231—2016[S].北京:中国建筑工业出版社,2017.

▶ 7.1 装配式木结构建筑介绍 ◀

木结构是我国古代建筑中的一种结构体系,它以木构梁柱为承重骨架,柱与梁之间多为榫卯结合,以砖石为体、结瓦为盖、油饰彩绘为衣,经能工巧匠精心设计、巧妙施工而成,集历史性、艺术性和科学性于一身,具有极高的文物价值和观赏价值。木结构建筑发展至今,已从传统重木结构建筑进入现代木结构建筑的新发展阶段。现代木结构中,因其可工业化的建造模式,提出了预制装配式木结构建筑的说法。在钢材、混凝土、木材、石材四大常用建筑结构材料中,木材是唯一一种具有可再生特点的自然资源。使用木材的木结构建筑,与其他结构建筑相比,在节能环保、绿色低碳、防震减灾、工厂化预制、施工效率等方面凸显更多的优势。

木结构在我国具有悠久的历史,在不同时期、不同地域条件、多种文化背景下发展,形成独特、高度成熟的建筑体系。20 世纪 60 年代,木结构和木混结构的占比较高,但 80 年代,由于木材资源的匮乏,以及以钢代木、以塑代木等相关政策的影响,木结构建筑产业发展一度停滞。90 年代后,随着我国推行的人工速生林政策取得显著效果,木结构行业逐步复苏。经过将近 30 年的发展,木结构产业已初具规模。尤其是近年来政府相继出台的政策、标准规范,推动木结构向高质量方向发展,对于切实转变城乡建设模式和建筑业发展方式、提高资源利用效率、实现节能减排约束性目标、应对全球气候变化、实现建筑结构多元化发展和增强生态文明建设起到重要意义。

随着时代和科技的发展,现代木结构建筑采用新材料、新工艺和工厂化的精确化生产,与传统木结构建筑相比更具绿色环保、舒适耐久、保温节能、结构安全等优势,具有优良的抗震、隔声等性能,比钢筋混凝土结构和砌体结构更具优越性。

装配式木结构集传统建筑材料和现代加工、建造技术于一体。装配式木结构建筑采用标准化设计、构件工厂化生产和信息化管理、现场装配的方式建造,施工周期短,质量可控,符合建筑产业化的发展方向。以原木结构建筑为例,从原料的获取—构件加工制作—现场装配,整个工艺流程全部机械化。在工厂制作加工装配式木构件、部品,包括内外墙板、梁、柱、楼板、楼梯等,然后运送到施工现场进行装配。

▶ 7.2 装配式木结构性能 ◀

中国正在大力推进生态文明建设,木材作为一种可再生资源,制成工程木材后可高效利用。应用于建筑领域的工程木材主要包括层板胶合木、平行木片胶合木、单板层积胶合木、层叠木片胶合木、正交胶合木。这些工程木材可填补新型建筑材料、节能环保型材料的空缺,对节能减排、对建设行业的可持续发展有重要意义。木结构建筑是生态建筑的重要代表,为节能减排、绿色环保,减轻建筑在建造、使用、拆除的全生命周期内对环境资源的压力,实现材料的循环利用和可持续发展,推广应用木结构已越来越成为全社会的共识。

7.2.1　环保性能

木结构建筑在生产环节、建设环节和拆除环节都体现了其优越的环保性能。

1. 碳排放量最少

木材、钢材和水泥三种建筑材料的碳排放系数分别为 30、6 470 和 1 220 kg CO_2/t。可见相较于钢材和水泥，木材生产碳排放最少，不影响生态环境，而钢材和水泥生产释放的温室气体，使全球雾霾问题更加严重，带来的环境污染有目共睹。

2. 环境污染最小

(1) 建设环节

建设过程中钢筋混凝土结构产生的建筑垃圾要比木结构建筑多得多，且较难处理，对环境造成污染。

(2) 拆除环节

木结构建筑拆除后的木材易于处理，可循环再利用，无需填埋占用耕地，不同于钢筋混凝土和金属结构材料在拆除后产生大量固体废弃物。

7.2.2　节能保温性能

由于木质的导热系数小，木质墙体的保温隔热好，可大大减少为了保温、隔热而需要消耗的能量，因此木结构建筑的节能环保性能好。木材是一种天然的隔热材料，其导热系数小，一般是 0.1～0.2 W/(m·K)，而普通混凝土 1.28 W/(m·K)，钢材大约在 13.7～43.6 W/(m·K)。因此，木质墙体的保温隔热好，有利于减少为了保温、隔热而需要消耗的能量。同样的保温效果，木质墙体的厚度只有混凝土结构的 1/4，可节能 50%～70%。在上海地区，木结构房屋采暖耗能比轻型钢结构房屋低 27.1%，比混凝土结构房屋低 31.3%。因此，木结构室内温度变化受室外环境影响较小，保温性好。

7.2.3　安全性能

1. 抗震安全性

传统木结构的连接方式为榫卯搭接，构成柔性框架，韧性大，一根根薄薄的木质构件经榫卯搭接后能够承受较大的压力与荷载，有利于抵抗瞬时冲击，具有抵抗周期性疲劳破坏的能力。发生地震时，地基的震动虽然会引起榫卯连接的木结构基石的运动，但因基石与木柱之间没有固定连接，可允许一定量的水平错位，于是大大降低了地基传到木结构的水平震动能量；而且由于木结构建筑自身的质量小、弹性好，地震时吸收的震力也相对较少。因此，无论是在抗震还是承受荷载方面木结构都优于许多现代工艺。历史证明，我国的木构建筑能抵御里氏 7～8 级的地震。

2. 防火安全性

同时，木结构还具有良好的防火安全性。木材的耐火性明显高于钢筋和混凝土，木材的传热能力相当于混凝土的 1/8 左右，钢筋的 1/400。木材燃烧时，通常以 0.7 mm/min 的速度碳化，表面会形成一层碳，碳化层自然地将木材与外界隔离，成为绝佳的阻燃层,保护内部的木材不再燃烧,提高木结构可承受的温度,而且,烧焦断面里面的木料仍有结构强度。而钢材的燃点虽然高达 1 000 ℃ 以上,但在温度达到 550 ℃ 左右时发生变形,其结构性能受到破坏。因此,钢筋在大火中强度减弱而迅速坍塌,变成了一堆废钢架,不能再作为结构。可见,木结构比钢结构更具有防火性。木结构建筑还可通过安装自动喷淋系统、增加防火间隔、控制建筑物之间的消防距离等措施,来提高防火能力。

▌▶ 7.2.4　可持续性

木材是唯一可以再生的建筑材料,具有重复利用的特点。只要科学管理,合理砍伐,就能以树木的成才周期(少则 5～6 年,多则 20～30 年)为循环,周而复始、源源不断地得到上等的、可持续利用的建筑材料。

▌▶ 7.2.5　设计灵活、改造方便

木结构设计灵活,能够突破木材自身的尺寸限制,实现各种不同的设计。在施工过程中能够随时调整和更改空间布局、洞口位置,相较于钢筋混凝土结构更易改扩建,给予建筑设计师更大的想象和自由发挥空间,有利于实现各种不同风格的设计。

▌▶ 7.2.6　装配化施工

工厂化生产、装配化施工。木结构建筑大量构件能够通过工厂预制成型,工地现场装配,结构件和连接件的生产和施工可以在全年任何气候条件下进行,施工周期只需同等规模混凝土结构建筑的1/3～1/2。减少了施工所需的劳动力,降低了操作强度,节省了劳动成本,提高了施工质量。现代木结构建筑可进行框架整体预制及剪力墙等大片板式构件预制,能提高木结构建筑的工业化水平,推动了装配式木结构建筑发展。

▌▶ 7.2.7　遵循人与自然相融合,有益于身心健康

在我国古代,木代表的是生命,木结构建筑在视觉上给人温暖、亲近的感觉,研究表明,居住在木结构房屋中可以缓解压力,降低血压和心率,有利于居住者的身心健康。此外,木材还具有良好的保温、调湿和杀菌作用,据报道,红桧心材、扁柏心材、杉木精油等对多种细菌具有很好的抑制作用;木材中的微量成分还能抑制引发过敏性疾病的螨虫繁殖,提高居住的舒适度和生活质量。

▷ 7.3　木结构建筑在国内外应用概况 ◁

▌▶ 7.3.1　国外应用概况

在北欧、北美、日本、澳大利亚、新西兰等发达国家和地区木结构的应用相当普遍,如住宅、体育馆、机场、火车站、桥梁、游泳馆、学校建筑、商业建筑、教堂、博物馆等。

1. 住宅

在北美,住宅建设衍生出集设计、制作、安装、装修、整体厨卫为一体的集成住宅产业,工厂标准化生产,工地现场安装。北美轻型木结构住宅是一种将小尺寸木构件按不大于 600 mm 的中心间距布置而成的结构形式(图 7-1),占北美住宅的 85% 以上,无论是在东部还是西部,均可见到大量的木结构住宅。

2. 体育馆

1983 年建成的美国塔科马穹顶体育馆穹顶直径 162 m,高出地面达 45.7 m,可容纳观众达 26 000 人。穹顶屋面的主要受力构件为 414 根截面尺寸为 200 mm×762 mm 的胶合木梁,每根胶合木梁根据穹顶表面的曲线被弯成曲线形,并通过金属连接件连接形成球形的单层网壳结构(图 7-2)。屋面檩条与曲线形胶合木肋梁搭接,屋面板采用 2 mm×6 mm 凹槽拼合的冷杉板覆面。

图 7-1　轻木结构住宅

图 7-2　美国塔科马穹顶体育馆

图 7-3　日本大树海体育馆

1997 年建成的日本大树海体育馆采用双向胶合木杆件和支撑构件组成的三维桁架结构,其长边的上下弦杆与短边杆通过方钢管连接件和螺栓连接,形成一个 178 m(长)×157 m(宽)×18.3 m(高)的大跨度穹顶空间。屋顶的拱形构架是秋田杉木的构件,表皮采用聚四氟乙烯的白色半透明材料,与杉木构架的结合给人亲切舒适的感觉,该体育馆也成为当地的地标性建筑(图 7-3)。

除上述大型体育馆之外,木结构还经常用于篮球馆、羽毛球馆、溜冰馆、网球馆及健身中心等中小型体育设施中。

3. 机场

菲律宾的麦克坦-宿雾国际机场是目前亚洲第一个大跨度全木结构的国际机场。该机场屋面设计为跨度约 30 m 的全胶合木屋顶,如图 7-4 所示。

图 7-4　Mactan-Cebu 国际机场

7.3.2　国内应用概况

1. 贵州省黔东南州游泳馆

贵州省黔东南州游泳馆占地约 20 亩,总投资 6 782 万元,采用大跨度木拱屋架结构形式(图 7-5)。上部屋盖采用张弦木拱体系,跨度 50.4 m;木拱沿弧长分三段拼接,每段由两块截面为 170 mm(厚度)×1 000 mm(高度)胶合木构件组合拼装而成,并选用 PRF 结构胶黏剂粘接,表面采用环保型木材防腐液 ACQ 和防护型木蜡油进行二次涂装,有效提高了耐久性和防潮性。通过 6 根木撑杆与主索共同形成张弦结构,与纵向索和屋面索构成完整的稳定结构体系。自平衡的张弦木拱以滑移支座支撑,消除了支座水平推力。

2. 成都都江堰向峨小学

成都都江堰市向峨小学总建筑面积为 5 749 m²。教学综合楼、宿舍楼均采用轻木结构建筑,是中国第一所全木结构校舍,如图 7-6 所示。每个单体建筑零标高以上外墙、内隔墙均采用 38 mm×140 mm 内龙骨,外墙龙骨间距为406 mm;楼面主要由楼面格栅和楼面板组成,在下层墙顶标高处设置大梁,格栅之间用填块加强连接。

图 7-5　贵州省黔东南州游泳馆

图 7-6　都江堰向峨小学

7.4　我国装配式木结构发展现状

7.4.1　木结构产业现状

根据 2018 年我国现代木结构建筑市场调研,我国现阶段木结构产业发展现状总结如下:

(1) 企业状况:木结构建筑及其相关企业数量约 300 家,多数为民营企业,少数为国有企业和外资企业。其中东北、北部沿海和东部沿海地区木结构企业的数量占 70% 以上,产值占木结构产业总产值的 90% 以上。50% 的企业员工人数不超过百人;70% 的企业在木结构行业的从业年限低于 10 年。企业规模小、经营时间短,是国内木结构企业的主要特点。

(2) 产品类型:我国现代木结构建筑体系以梁柱结构、轻型木结构及井干式木结构为主流产品。其中梁柱式木结构占约 90%,轻型木结构占约 89%,井干式木结构占 68%;此外,混合木结构占 58%,板式木结构占 25%,其他占 16%。绝大部分企业生产建造的不止一种木结构产品,而 70% 以上的企业生产梁柱(胶合木)结构、轻型木结构和井干式木结构。

(3) 用材树种:主要为进口树种,包括花旗松、樟子松、SPF、红雪松、云杉、落叶松。

(4) 技术装备:现有木屋加工中心 30 个,胶合木生产线约 60 条,预制化墙体生产线 7 条,圆柱生产线 2 条,正交胶合木生产线 4 条,弯曲梁生产线 7 条。木结构加工装备水平近年来大幅提升。

(5) 建造面积:据初步统计,2016 年木结构建造总面积为 212 万平方米,2017 年为 291 万平方米,2018 年达到 350 万平方米。虽然近几年木结构建筑施工总面积增长迅速,但在全国建筑竣工总面积的占比仅 0.1%。

(6) 消费流向:30% 的木结构建筑使用在旅游景区,住宅建筑占 24%,酒店会所及商业建筑占 23%,大型场馆类公共建筑占 10%,小型公共建筑 7%,公园设施、广场建筑占 6%。木结构建筑消费流向存在局限性,以政府项目及临时建筑项目居多。

总体来看,我国木结构产业现状的特点:

(1) 政府支持力度大,市场发展速度快。

(2) 木材资源主要依靠进口,结构材制造和木结构建筑建造企业规模小,产品质量低。

(3) 设计规范还有诸多限制,木结构报建和验收缺乏依据。

(4) 设计人才、施工管理人员严重缺乏,施工深化设计和工业化拆分技术是短板。

(5) 产业尚不成熟,木结构成本较高。

(6) 消费大众对木结构的认识度不高,存在木结构建筑不防火、不保温、不环保的认知误区。

7.4.2　木结构用材资源状况

根据第九次全国森林资源清查结果,我国现有森林面积 2.2 亿公顷,森林蓄积 175.6 亿立方米。其中天然林林地面积 1.4 亿公顷,蓄积量 141.08 亿立方米;人工林面积 0.80 亿公顷,蓄积量 34.52 亿立方米。我国 2015 年起实行天然林禁止商业性采伐政策,人工林成为木材及木制品的主要资源。

全国人工乔木林主要优势树种(组)面积排名前 10 位的是:杉木、杨树、桉树、落叶松、马尾松、刺槐、油松、柏木、橡胶木和湿地松,面积合计 3 635.88 万公顷,占全国人工乔木林面积的63.65%,蓄积合计23.2亿立方米,占全国人工乔木林蓄积的68.47%。其中杉木、落叶松的强度设计值,《木结构设计标准》(GB 50005—2017)中已经给出,为这两个国产树种木材在木结构建筑中的应用提供了依据;其他树种和竹材如何应用到木结构中,尚待提供试验数据支撑。

近 10 年来,我国木材消费总量从 2007 年的3.8亿立方米增长到 2017 年的 6 亿立方米,年均增长 4.67%,其中建筑业用木材 1.86 亿立方米,约占全国木材消费量的31%。为了弥补国内木材资源的不足,从 1997 年起我国每年从国外进口原木和锯材。1997 年进口原木447.1 万立方米、锯材 132.5 万立方米,到 2017 年分别增加到 5 539.83 万、3 739.36 万立方米,合计近 1 亿立方米,且进口针叶树材占比过半。

2017 年针叶树材原木进口量为 3 823.62 万 m^3,占原木总进口量的 69%;针叶材锯材进口量 2 504.7 万 m^3,占锯材总进口量的 67%。主要进口树种有:红松、樟子松、冷杉、云杉、辐射松、落叶松、花旗松,主要进口国包括:俄罗斯、新西兰、加拿大等。

▶ 7.4.3 木结构的标准体系现状

木结构的国家和行业标准的相继颁布,有利于产业的良性发展,保证木结构生产企业和消费者有法可依。我国木结构标准体系已经初步构建,产品覆盖了锯材、胶合木、结构用人造板等,涵盖了设计标准、施工验收标准、产品标准、技术标准、测试方法标准等,见表 7 - 1。

表 7 - 1　我国木结构相关标准

GB/T 36407—2018	机械应力分级锯材
GB/T 36408—2018	木结构用单板层积材
GB 50005—2017	木结构设计标准
GB/T 35215—2017	结构用人造板特征值的确定方法
GB/T 35216—2017	结构胶合板
GB/T 51226—2017	多高层木结构建筑技术标准
GB/T 34725—2017	结构用人造板集中荷载和冲击荷载性能测试方法
GB/T 34719—2017	结构用人造板均布荷载性能测试方法
GB/T 34744—2017	规格材及齿板连接性能设计值确定方法
GB 50016—2014	建筑设计防火规范
GB/T 31291—2014	木材和木基产品的荷载持续时间效应和蠕变性能评定
GB/T 31264—2014	结构用人造板力学性能试验方法
GB/T 31265—2014	混凝土模板用木工字梁
GB/T 29897—2013	轻型木结构用规格材目测分级规则
GB/T 29895—2013	横向振动法测试木质材料动态弯曲弹性模量方法
GB/T 50329—2012	木结构试验方法标准

(续表)

GB 50206—2012	木结构工程施工质量验收规范
GB/T 50772—2012	木结构工程施工规范
GB/T 50708—2012	胶合木结构技术规范
GB/T 28993—2012	结构用锯材力学性能测试方法
GB/T 28986—2012	结构用木质复合材产品力学性能评定

7.5　我国装配式木结构相关政策

为了加快推进"安全实用、节能减废、经济美观、健康舒适"的绿色住房建设,推动"节能、减排、安全、便利和可循环"的绿色建材应用,2015 年以来,我国陆续颁布了一系列政策,为未来木结构产业的发展奠定基础。

2015 年 8 月,工信部、住建部颁布《促进绿色建材生产和应用行动方案》,提出推广城镇木结构建筑应用,在特色地区、旅游度假区重点推广木结构,在经济发达地区的农村自建住宅、新农村居民地建设中,重点推进木结构农房建设,鼓励在竹资源丰富地区发展竹制建材和竹结构建筑,首次将木竹结构发展列入国家部委文件。

2016 年 2 月,国务院颁布《中共中央　国务院关于进一步加强城市规划建设管理工作的若干意见》,首次提出,在具备条件的地方倡导发展现代木结构建筑,力争用 10 年左右时间,使装配式建筑占新建建筑的 30%。而木结构建筑"搭积木式"造房子、流水线上"生产"房子,非常适合作为装配式建筑。绿色材料、绿色建造、绿色生活将是未来发展的核心理念,发展现代木结构建筑政策导向明确,符合"适用、经济、绿色、美观"的建筑八字方针。同年,原国家林业局颁布《关于大力推进森林体验和森林养生发展的通知》,强调采用木结构建筑对森林的影响最小,与森林环境最为协调,在森林体验和养生中大有作为。该通知发布后,浙江林业厅根据自身特点,提出在森林旅游中鼓励采用木结构建筑。

2017 年住房和城乡建设部颁布《"十三五"装配式建筑行动方案》《装配式建筑示范城市管理办法》《装配式建筑产业基地管理办法》,制定全国木结构建筑发展规划,明确发展目标和任务,确定重点发展地区,开展试点示范。木结构属于绿色节能建筑,随着生态文明建设被社会的正确理解,政府对绿色建筑的推进,将有效推动木结构产业高质量发展,进一步完善和落实木结构建筑土地、税收、资质、认证、消防等相关政策,简化审批手续,加快推进我国木结构建筑的商品化和市场化。同年,《装配式木结构建筑技术标准》(GB/T 51233—2016)颁布实施。

7.6　装配式木结构体系和构配件

20 世纪 70、80 年代中国的森林资源量急剧下降,中国传统木结构建筑应用逐渐减少,对木结构的研究和应用陷入停滞。加入 WTO 后,中国引入了现代木结构建筑技术。现代木建筑结构体系可分为轻型木结构和重型木结构,具体的建筑结构体系见表7－2。

表7－2　现代木结构建筑结构体系

建筑类型	结构体系
低层建筑	井干式木结构、轻型木结构、梁柱-支撑结构
多层建筑	轻型木结构、梁柱-支撑、梁柱-剪力墙、CLT 剪力墙
高层建筑	梁柱-支撑、梁柱-剪力墙、CLT 剪力墙、核心筒-木结构
大跨建筑	网壳结构、张弦结构、拱结构、桁架结构

中国现有木结构建筑中,轻型木结构体系占比约70%,重型木结构建筑约占16%,其他形式木结构(重轻木结构、井干式结构、木结构与其他建筑结构混合)占比约17%。木结构别墅占已建木结构建筑的51%,是木结构建筑的主要市场。

根据《装配式木结构建筑技术标准》(GB/T 51233—2016),装配式木结构建筑是指建筑的结构系统由木结构承重构件组成的装配式建筑,涉及的构配件主要包括预制木结构组件、预制木骨架组合墙体、预制木墙板、预制板式组件、预制空间组件、金属连接件等。

装配式木结构装配式建筑构配件产品的分类,详见表7－3:

表7－3　装配式木结构构配件分类

类别	名　　　称	
木组件	楼盖	轻型木楼盖
		正交胶合木楼盖
	木梁	层板胶合木
		旋切板胶合木
	木柱	层板胶合木
	墙体	轻型木剪力墙
		正交胶合木剪力墙
		木骨架组合墙体
	桁架	平行弦桁架
		三角桁架
	木屋盖	
	木支撑	
	木楼梯	
	木阳台	
配件	连接件	搁栅连接件
		墙角抗拔锚固件
		齿板
		紧固件
		剪板

▶ 7.7 制约中国木结构建筑发展的因素 ◀

总体上国外装配式木结构建筑在民用、工业用、农业上皆有应用,除农业用比例最小和价值小外,工业和民用木建筑在现实生活中都是"大手笔"的建筑作品。但在国内,我们几乎未见工业用的木建筑,如木厂房、木车间、木仓库,除了一些规模较小的园林景观建筑外,也很少建设其他类非住宅型木建筑,诸如地标建筑、商业建筑、纪念堂、大型体育或休闲娱乐或宗教类等建筑。制约中国木结构建筑发展的主要因素为以下三个方面。

1. 木结构设计规范限制

2003年我国发布《木结构设计规范》(GB 50005—2003)以来,至今我国在木结构建筑设计、施工等方面发布的技术标准、规程不多,规范标准的编制跟不上市场发展的需要,从而限制了木结构建筑的发展和推广应用。

建筑层高、建筑层数的规定限制了木结构建筑的发展。国内与国外的消防理念有较大差异。国外重点是确保火灾时人员安全,中国除了人之外,还需要确保财产不受损失。因此,许多设计方案,在国外行得通,于国内审查却无法过关。

我国土地资源紧张,城市住宅土地利用规划控制严格,加上国家标准对木结构建筑的层数和高度有规定,只适合于建造低密度的民用建筑和公共建筑,例如,特色地区和旅游度假区古建筑的修复和仿古建筑的建造、寺庙建筑、园林景观、多功能场馆、休闲会所等。

2. 上下游产业链不完善

近几十年来,砖石、钢筋混凝土结构风靡一时,导致建筑用木材的处理技术和现代木材工业停滞。工程木材的相关研究也落后于发达国家。

3. 大众观念的制约

大众仍停留在传统木材的观念上,认为木结构建筑易着火、腐烂快及防白蚁。历史上兵荒马乱、杀人放火,房屋容易被人一把火烧了,还是砖石、钢筋混凝土结构可靠。实质上,过度依赖砖石、钢筋混凝土结构也有问题,钢筋、砂石、水泥资源有限,不环保、不可持续,许多地方砂石开采已经告急。

实际上现代木结构建筑技术已经不同于使用简单锯材及依赖大直径原生木材的传统建造方式,通过现代加工工艺处理,克服了易燃、易腐等缺陷;工业化生产的工程材构件,能提高原材的利用率和性能,拓宽木材在建筑领域的应用范围,应用于大跨度和多层建筑中;现代木结构构件可进行工厂预制,产业化水平高;国际上可持续森林管理实践已相当成熟,可保证森林的可持续发展和持续稳定的木材供应。

▶ 7.8 我国装配式木结构建筑发展展望 ◀

木结构是中国几千年建筑历史上最重要的建筑形式。但自20世纪60年代起,新建的木结构建筑在我国占比很低,与发达国家相比,有很大的差距,木结构的发展还有很大的空间。随着国家标准《装配式木结构建筑技术标准》（GB/T 51233—2016）和新版《木结构设计标准》（GB 50005—2017）的颁布实施，以及国家鼓励装配式建筑发展的政策推动，中国木结构建筑行业将会出现爆发式发展。特别是我国经济持续高速增长，抗震要求高或造型特殊的公共建筑、居住建筑、桥梁工程等大批建设项目待建，为装配式木结构建筑提供了广阔的应用前景。对木结构建筑的推广应进行科学引导，尽快形成木结构建筑产业链，业主、设计、施工、制作等各方主体形成合力，共同推动我国木结构建筑健康发展。

（1）多措并举，在全国范围内，大力推广装配式木结构体系。在地震区、地质灾害多发区、旅游度假区，重点推广木结构建筑。提升农村木结构建筑占比，争取旅游风景区木结构建筑全覆盖。

（2）加快研究多层、高层现代木结构建筑技术，进行高层木结构建筑试点示范。推动木结构建筑在政府投融资公共项目中的应用，以及在平改坡、棚户区、历史风貌建筑改造中的应用。

（3）逐年增加木结构研发投入，不断攻克木结构应用的关键技术难题。国内多家高等院校、研究机构、木结构制造企业，在解决工程木材的强度、防火、防潮及耐久性方面，有了突破性进展，逐步为木结构建筑的大面积推广应用扫清了障碍。

（4）进一步优化人工林资源利用，减少对进口材依赖，加大人工林木材用于木结构领域的技术研发，在竹资源丰富地区发展竹制建材和竹结构建筑。打造木结构与林业生态、旅游地产、新农村互动新型经营模式，通过项目经营，带动单纯的产品经营，避开木结构产品市场低价竞争的恶性环境，达到木结构企业与开发商双赢的目的。

（5）推进产品经营深度向资本经营、品牌经营转变，提高企业品牌的认知度、美誉度，延伸产品服务深度，提供木结构建筑定期维护和保修服务，增强市场竞争优势。

（6）加强教育和科研投入，培养木结构相关的生产、设计、施工、监理、验收人才，加大技术储备，提升技术创新能力。

我国已具备大力发展现代木结构的条件，发展现代木结构是绿色低碳和建筑工业化的重要途径，加快装配式木结构建筑的发展，有利于建筑业企业的优化升级。要以国家大力发展装配式建筑为契机，尽快形成装配式木结构建筑的产业链，加大工程木材的研发投入，在技术上争取早日达到世界领先水平。

▶ 思考练习题 ◀

1. 简述装配式木结构性能。
2. 阐述国内外装配式木结构发展现状。
3. 简述现代木结构建筑结构体系。

学习情境 8 装配式钢结构建筑

素质目标 （依据专业教学标准）

（1）坚定拥护中国共产党领导和我国社会主义制度，践行社会主义核心价值观，具有深厚的爱国情感和中华民族自豪感。

（2）崇尚宪法、遵纪守法、崇德向善、诚实守信、尊重生命、热爱劳动，履行道德准则和行为规范，具有社会责任感和社会参与意识。

（3）具有质量意识、环保意识、安全意识、信息素养、工匠精神和创新意识。

（4）勇于奋斗、乐观向上，具有自我管理能力和职业生涯规划意识，具有较强的集体意识和团队合作精神。

（5）具有健康的体魄、心理和健全的人格，以及良好的行为习惯。

（6）具有正确的审美和人文素养。

知识目标

（1）了解装配式钢结构建筑的定义。

（2）了解装配式钢结构国内外发展现状。

（3）了解装配式钢结构建筑部品和构配件国内分类现状。

（4）掌握装配式钢结构建筑的典型建造方法。

（5）掌握装配式钢结构建筑存在的问题及发展思考。

能力目标

（1）能初步绘制装配式钢结构建筑预制构件现场排列图及起重机吊装路线图。

（2）能初步编写装配式钢结构建筑梁柱节点焊接工艺方案。

（3）能初步编写装配式钢结构建筑施工技术方案。

学习资料准备

（1）侯君伟.装配式混凝土住宅工程施工手册[M].北京:中国建筑工业出版社,2015.

（2）中华人民共和国住房和城乡建设部.建筑施工临时支撑结构技术规范:JGJ 300—2013[S].北京:中国建筑工业出版社,2014.

（3）中华人民共和国住房和城乡建设部.建筑施工扣件式钢管脚手架安全技术规范:JGJ 130—2011[S].北京:中国建筑工业出版社,2011.

（4）中华人民共和国住房和城乡建设部.建筑施工塔式起重机安装、使用、拆卸安全技术规程:JGJ 196—2010[S].北京:中国建筑工业出版社,2010.

（5）中华人民共和国住房和城乡建设部.建筑施工安全检查标准 JGJ 59—2011[S].北京:中国建筑工业出版社,2011.

▶ 8.1 装配式钢结构建筑定义 ◀

2020 年伊始,武汉火神山医院和雷神山医院在极短的时间内建造完成,其中,雷神山医院仅十天时间就完成了验收,之所以如此快速,很大的原因是采用了装配式钢结构建筑。虽然建造时间短,但其功能非常完善,包括病房、接诊室、医技房、综合后勤区等。为了方便施工,提高效率,按照功能区的使用要求不同,施工方采用了不同的装配式建筑模式,其中有代表意义的是采用了模块钢结构装配式建筑。

区别于传统的钢结构建筑,装配式钢结构建筑是指:标准化设计、工业化生产、装配化施工、一体化装修、信息化管理、智能化应用,支持标准化部品部件的钢结构建筑。发展装配式钢结构建筑是建造方式的重大变革,是推进供给侧结构性改革和新型城镇化发展的重要举措,有利于节约资源、减少施工污染、提升劳动生产效率和质量安全水平,有利于促进建筑业与信息化工业化深度融合、培育新产业新动能、推动化解过剩产能。

钢结构建筑广泛应用于公共建筑、商业建筑、工业建筑、居住建筑等,钢结构住宅是钢结构建筑的重要类别,是中国发展装配式钢结构建筑的重点领域。中国钢结构住宅建筑体系主要包括低层轻钢住宅和多、高层钢结构住宅两大类。典型的装配式钢结构建筑如图 8-1 所示:

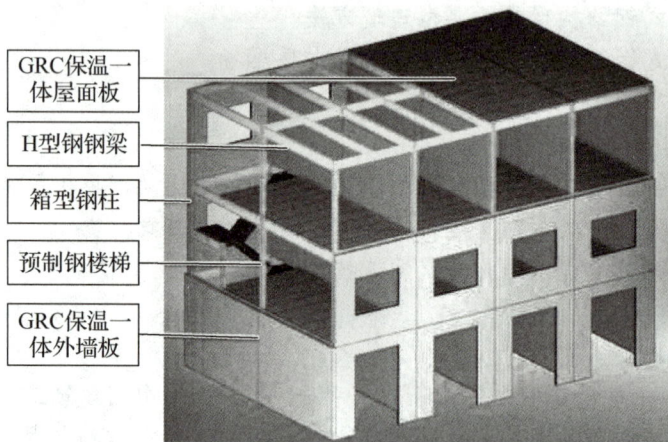

GRC保温一体屋面板
H型钢钢梁
箱型钢柱
预制钢楼梯
GRC保温一体外墙板

微课

钢结构—构件制作

图 8-1 装配式钢结构组成

8.2　装配式钢结构建筑优缺点分析

8.2.1　优点分析

相对于装配式混凝土建筑而言,装配式钢结构建筑具有以下优点:

(1) 钢结构住宅作为一种新型房屋结构体系,让住宅成为从工地"施工"到工厂"制造"的工业化产品,减少了现场作业不可控的质量缺陷,有效提高了装配施工质量。钢构件实现了工厂化制作,按照标准化、通用化流程生产,机械加工、精确下料,质量精度高,现场装配施工大幅度减少了人工作业量。

(2) 通过耐火、防腐工艺处理的建筑用钢梁柱,其抗腐蚀、耐火性能优异,易于拆卸、更换或加固。在抗震减灾上,钢结构住宅整体性强,承载强度高、抗震性能好,钢结构具有良好的材料延性和韧性,抗震、抗风性能优异。特别是采用高强螺栓连接结构,可有效抵御风雪和地震等自然灾害。

(3) 相对于混凝土结构,钢结构自重更轻,基础造价更低,在大跨度和超高层建筑中能够发挥良好效果。钢材是建筑结构当中抗压性能和抗拉性能都较高的材料,钢材的高强度、轻质量的优势可以在高层建筑和大跨度结构当中充分发挥出来,在居民居住空间个性化设计中可以得到良好应用,当前很多大型公共建筑比如体育场馆、车站、会展中心等都采用的是钢结构建筑体系。

(4) 绿色环保是轻钢结构建筑一个非常重要的特点。钢结构建筑是通过各种构件经过拼接组装而连接起来的,所以拆建起来比较方便,并且能够对使用过的钢材进行回收再利用,节约资源。据测算,轻钢结构住宅 70%~80%建筑构件材料可回收,住宅建筑时基本不采用模板和脚手架及砂浆等辅助工具、材料,资源耗用可节约 70%,实现循环发展目标。此外,由于是采用装配式的方式来进行建造的,施工现场无湿作业,粉尘等垃圾较少,现场噪声较小;其内隔墙、外墙均采用预制墙板,不使用黏土砖,符合绿色建筑的要求;而且所需要的施工场地不会太大,在施工过程中产生的噪音也比较小,对施工现场周边的居民所产生的影响也比较小。

(5) 在传统居住建筑中,建筑师和居民一直希望能够创造大跨度空间,减少竖向构件的数量;而钢结构住宅便于采用较大的柱距的结构柱网,构件的断面尺寸也相对较小,这使建筑平面分隔灵活、空间布局可变;这样,既让建筑师的设计回旋余地较大,又给用户提供了根据不同用途而改变布局的可能,可以利用非承重墙体灵活分隔室内空间,形成开放式住宅,为全生命周期使用创造改造的空间及便利条件。

(6) 钢结构建筑的墙体采用高效节能体系,具有呼吸功能,可调节室内空气干湿度;屋顶具有通风功能,可以使屋内部上空形成流动的空气间,保证屋顶内部的通风及散热需求。隔音效果也是评估宜居住宅的一个重要指标,轻钢体系安装的窗均采用中空玻璃,隔音效果好,隔音达 40 分贝以上;由轻钢龙骨、绿色保温材料组成的墙体,其隔音效果可高达 60 分贝。

(7) 现代钢结构住宅设计借助于计算机和专业化结构分析软件,使得设计周期大大缩短,设计中的修改和调整非常方便。同时,由于轻钢结构具有工厂预制、现场安装的特点,前期设计和现场的生产手段结合紧密,便于各工种之间的协调一致,提高整体效率。

(8)住宅建筑用钢结构承载力高,可以实现结构的大开间布置,构件截面小,与钢混凝土结构和砖混结构相比,自重比较轻,地基的处理较容易。由于基础在工程造价中比重比较大,上部结构重量轻可以降低基础的造价,从而减少整个项目的投资。钢结构施工机械化高的特点,从另一方面也减少了人工费用和模板等其它辅助材料费用,由此降低成本,使资金价值在施工中充分体现,这对开发商的销售和资金回笼极为有利。

▶ 8.2.2 缺点分析

(1)相对于装配式混凝土结构,外墙体系与传统建筑存在差别,较为复杂。

(2)如果处理不当或者没有经验,防火和防腐问题需要引起重视,钢结构装配式建筑本身因为采用大量钢材,因此对防腐的要求很高,为了使钢材能够达到70年使用要求,需要对钢材进行防腐处理,这导致使用和后期的维修费用升高。

(3)如设计不当,钢结构比传统混凝土结构更贵,但相对装配式混凝土建筑而言,仍然有一定的经济性。

(4)缺乏熟练的工人。建筑预制件的制作、施工现场的装配、施工一体化实施都要求受过专业培训、技术熟练的工人。这是阻碍我国钢结构装配式建筑发展的一个重要原因。

▶ 8.3　装配式钢结构国外发展现状 ◀

▶ 8.3.1 日本装配式钢结构发展现状

装配式钢结构住宅在日本的发展相对较早,已有近100年的发展历史。由于日本处于太平洋地区地震带,建筑的抗震性能格外重要,钢结构建筑得到迅速发展,广泛应用于居住建筑、公共建筑及基础设施建筑中,自1956年至1970年,钢结构建筑年开工面积从300万平方米跃升至6 000万平方米;到20世纪80年代,钢结构建筑的钢材年均消耗量超过了700万吨。钢结构建筑面积与同期建造的钢筋混凝土结构建筑面积相比,比例由1960年的0.7∶1跃升至1973年的1.4∶1。在1995年的阪神大地震后,震中兵库县实施了"不死鸟"计划,要求建筑物遭受8级地震不倒,日本政府则提出了"零死亡"计划,钢结构、轻质材料等防震手段被广泛应用,老式建筑均采用不同形状的钢结构框架进行加固。20世纪80年代中期,日本开始推行住宅部品化、集成住宅,政府制定了一系列政策对住宅构配件采取标准化、工厂化、系列化生产,至2000年,日本钢结构住宅实现了住宅部品的通用化。日本钢结构住宅设计坚持标准化、模数化、系列化,住宅材料、设备、部品、性能、结构等方面均有详细的配套标准。

根据日本官方统计门户网站数据,按套数测算,在2018年日本所有层高的住宅中,57%为木结构住宅,钢筋混凝土结构占比34%,钢结构占比8.8%,0.2%为其他结构。在高层住宅中,绝大多数采用钢筋混凝土结构。按套数统计,2018年日本住宅建筑层数为八至十层的公寓住宅中96%为钢筋混凝土结构,钢结构占4%;十层以上的住宅建筑则全部为钢筋混凝土结构。另外,在商业、酒店、写字楼的高层建筑中多采用钢结构。在多层公寓住宅中,以钢筋混凝土结构为主,钢结构仅占有较小部分。按套数统计,2018 年日本四至七层公寓住宅中,钢筋混凝土结构占比 93.2％,钢结构占比 6.7％。钢结构住宅所占比例在东京、大阪等人口密度较大城市中有所增加,分别为东京 9.2％、大阪 11％。在低层独立住宅中,木结构占有绝对优势,低层公寓式住宅中钢结构套数占比约 30％。

表 8－1　2018 年日本低层住宅中不同结构类型占比(按套数算)

建筑类型	层数	结构类型			
		木结构	钢筋混凝土	钢结构	其他
总计	总计	76.4％	13.0％	10.3％	0.3％
独立住宅	小计	92.6％	3.7％	3.5％	0.2％
	一层	95.1％	3.7％	0.9％	0.3％
	二层及以上	92.2％	3.7％	3.9％	0.2％
廉租房	小计	69.0％	14.3％	14.6％	2.1％
	一层	79.4％	8.5％	5.4％	5.6％
	二层及以上	65.6％	15.9％	17.6％	0.9％
公寓住宅	小计	29.9％	40.2％	29.6％	0.4％
	一层	55.8％	26.9％	15.4％	3.8％
	二层	43.3％	23.5％	32.6％	0.5％
	三层	6.2％	69.4％	24.2％	0.1％

　　2019 年,日本当年新开工住宅建筑 90.5 万套,其中木结构住宅 52.3 万套,占比 57.8％,钢筋混凝土结构住宅 23.7 万套,占比 26.2％,钢结构住宅 13.9 万套,占比 15.4％。可以看出,新开工住宅中木结构仍是主流,且根据以上分析,木结构主要用于独立式住宅中。在非木结构住宅中,钢筋混凝土结构和钢结构分别占 62％和 36％。同时,观察近 20 年来新开工住宅数据,日本住宅建筑中,钢筋混凝土住宅比例稳中有升,钢结构住宅占比基本稳定。

　　日本钢结构住宅以 70 m² 以下户型居多日本钢结构住宅通常为 70 m² 以下户型。根据 2018 年日本现有住宅套数统计,70 m² 以下户型住宅在所有住宅中数量上占比 39.8％,而在所有的钢结构住宅中 70 m² 以下户型占比 66.7％,分别为 29 m² 及以下户型占比 24.73％,30～49 m² 户型占比 24.46％,50～69 m² 户型占比 17.48％。日本现有住宅中,按套数统计,木结构住宅占比 57％,钢结构占比 8.8％,而 29 m² 以下、30～49 m²、50～69 m² 的住宅中,钢结构占比均超过半数,分别为 58.8％、56.1％和 57.2％。可见,木结构多为建筑面积较大的住宅,在 70 m² 以下的小户型住宅中钢结构住宅居多。

　　在日本,低层钢结构住宅的结构主要使用冷弯加工成型的钢管,焊接 H 型钢梁则主要应用于中高层钢结构住宅,外墙系统则多使用轻质混凝土板如蒸压加气混凝土板。积水房屋有限公司开发的预制装配式住宅 B 型体系在日本住宅中应用较广,该体系继承了传统建筑的优点,将传统的木结构住宅改进成由钢结构和合成板组合而成的住宅结构。除此之外还有大和房屋的 C 型结构体系、PANA 松下房屋体系、旭化成房屋体系等。

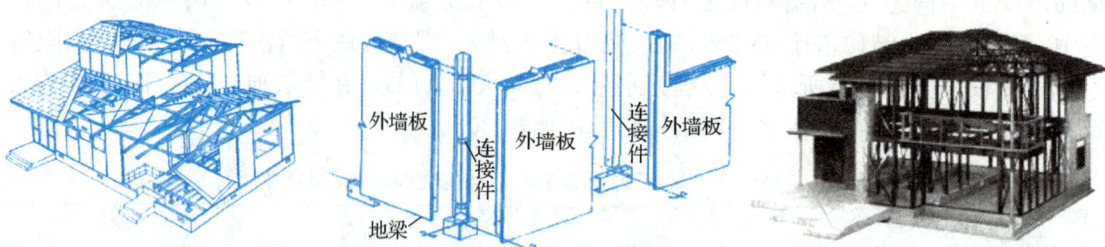

图 8-2 大和房屋的 C 型结构体系示意图

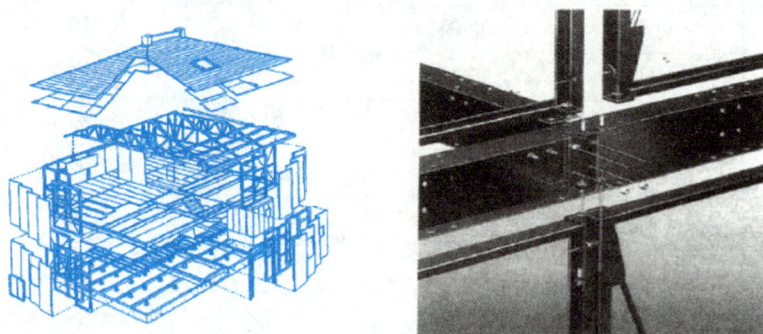

外墙板 外墙板 连接件 外墙板
连接件 地梁

图 8-3 积水房屋的结构体系构成示意图

微课

钢结构—
拼装与连接

日本钢结构建筑推进措施包括以下几个方面：

1. 注重推行钢结构抗震要求

1950 年，日本颁布了《建筑基准法》，以法律的形式明确了住宅建筑的抗震设计标准和材料检验、工程验收标准等。尽管政府对住宅建筑的结构形式的选择并没有明确的政策差异，均由开发商和业主自行决定，但对住宅的抗震性能却有非常明确的法律条款和强制性规范，这就使得当时更多民众倾向于选择抗震性能更好的钢结构住宅。此后，日本于 1981 年颁发《新耐震设计法》，并于 2001 年、2007 年两次修订《建筑基准法》补充条款，提高建筑的抗震标准，对新建筑抗震标准做出"大震不倒、中震不受损、小震不修"的规定要求，注重"耐震建筑""制震建筑""免震建筑"3 种技术的应用。

2. 大力推广建筑设计标准化、模数化

1969 年，日本政府制定了《推动住宅产业标准化五年计划》，开展材料、设备、制品标准、住宅性能标准、结构材料安全标准等方面的调查研究工作，并依靠各有关协会加强住宅产品标准化工作。1974 年日本建立优良住宅部品(BL)认定制度，所认定的住宅部品由建设省以建设大臣的名义颁布，后转由住宅部品开发中心进行审定工作。住宅部品认定中心对部品的外观、质量、安全性、耐久性、使用性、易施工安装性、价格等进行综合审查，对合格的部品粘贴"BL 部品"标签，有效时间为五年。优良住宅部品认定制度建立，逐渐形成了住宅部品优胜劣汰的机制。

3. 提高钢结构建筑性能

日本制定了钢结构建筑性能要求，一是针对钢结构建筑的抗震性能，要求梁所用钢材的

屈服强度具有一定的稳定性,较小的屈服比,为保证其性能,对钢材的磷、硫等杂质严格控制,要求钢材高韧性,耐火钢、耐候钢、高强度钢等高性能钢材在日本不断研发;二是针对钢结构建筑耐火性能进行要求,日本《建筑基础法》中对钢结构被覆材料的规定可大致分为两类,采用如硅酸钙板等耐火薄板和现场喷涂耐火材料,其中涂刷材料要求每 5 年检查一次。

8.3.2　欧美装配式钢结构发展

最早采用钢框架结构建造住宅的国家是美国。早在 1894 年,美国建筑师比尔斯和达顿在芝加哥建造的里德住宅就是一栋耐火钢材住宅。最具有影响力的是建筑师理查德·诺依特拉于 1929 年在洛杉矶为菲利普·洛维尔博士所设计"健康住宅",其建筑形式以轻钢复合结构直接表达了钢结构住宅框架。1930 年美国铜和黄铜协会组织研究赫瑞斯茨钢结构体系住宅;1931 年格罗皮担任赫瑞斯茨体系 K1 型住宅设计和多个家庭住宅的设计、技术、研究和市场顾问。第二次世界大战之后,美国钢产业突飞猛进,促使钢材成为适合住宅建筑的材料,建筑师皮埃尔·科恩林与巴克敏斯特·富勒利用钢骨架结构和产业化的技术创造了美国最初的钢结构住宅风格与建筑行业。1972 年美国 Structures 公司成立"A 型骨架三钢结构公司",在部分低层住宅中用截面外缘相同的镀锌轻钢龙骨代替木龙骨,逐步形成了冷弯薄壁轻钢结构住宅体系。该体系以其环保和抗震性能好、施工速度快等显著优点在美国被广泛应用。

进入 21 世纪,美国的钢结构技术日臻完善,绿色化钢结构装配住宅建筑已经走向专业化、产业化的生产模式。美国钢结构协会每年春秋两季都要召开轻钢结构展览会,组织业内技术与信息交流,有力地推动了钢结构装配建筑体系的发展。由于钢结构建筑住宅具有耐腐蚀、防白蚁等特殊优势,其保险费率比其它建筑形式低约 40%,因此其市场规模正在美国逐年迅猛扩大。

由于装配式建筑产业的驱动,美国钢结构市场迅猛发展。据美国钢结构协会(AISI)2018 年发布的《全球装配式建筑钢结构市场预测》报告显示:2012 年全球装配式建筑钢结构市场规模为 1 377.4 亿美元;2013 年达到 1 474.5 亿美元,同比增长率 7.0%;2014 年 1 575.9 亿美元,同比增长率 6.90%;2015 年 1 722.6 亿美元,同比增长率 9.30%;2016 年 1 999.40 亿美元,同比增长率 16.1%;2017 年 2 501.2 亿美元,同比增长率 25.1%。

又据 AISI 发布的《全球装配式建筑钢结构市场预测》,2017 年全球装配式建筑钢结构市场格局显示:美国 18.67%,市场规模 466.97 亿美元;欧洲 27.12%,市场规模 678.32 亿美元;亚洲 15.74%,市场规模 393.68 亿美元;其它 38.47%,市场规模 962.21 亿美元。

典型的欧美装配式钢结构住宅采用的是轻钢龙骨体系,如图 8-4 所示。该体系的承重墙体、楼盖、屋盖及维护结构均由冷弯薄壁型钢及其组合件组成,通过螺钉及扣件进行连接,一般适用于三层以下的独立或联排住宅,其每个住宅单元的平面尺寸:最大长度 18 米,宽度为 12 米;单层承重墙高度不超过 3.3 米,檐口高度不超过 9 米;屋面坡度值宜在 1:4~1:1 范围内。

作为"密肋型结构体系"之一,轻钢龙骨住宅主要具有以下优点:
(1)自重轻,基础费用和运输安装费用省。
(2)骨架构件和维护结构材料以及各种配件均可工厂化生产,精度高、质量好。

（3）建筑造型容易实现，个性化设计可满足客户的不同需求，房间空间大、布置灵活。

（4）具有良好的抗风和抗震性能。

（5）施工安装简单、周期短，资金回收快，施工现场文明，基本为干作业，建筑垃圾少，材料易于回收。

（6）室内水电管线可暗藏于墙体和楼板结构中，可保证室内空间完整，如图 8-5 所示。

图 8-4　轻钢龙骨体系

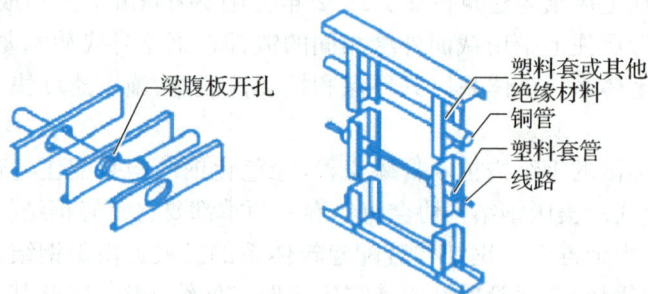

图 8-5　管线穿过钢构件

8.4　装配式钢结构国内发展现状

我国对装配式钢结构住宅体系的研究起步较晚，直到 1994 年才正式提出住宅产业化的概念。中国从 20 世纪 80 年代末至 90 年代初从国外引进了轻型装配式小住宅，主要是轻钢龙骨承重墙结构体系和轻钢框架结构体系，分别适用于低层装配式轻钢结构住宅和多层钢结构住宅。高层钢结构住宅是中国近期实践较多的钢结构住宅，主要包括六大类：钢框架体系、钢框架-支撑体系、钢框架-核心筒体系、钢框架模块-核心筒体系、钢框架-混凝土剪力墙体系、钢管束剪力墙体系。其中钢框架-支撑体系是高层钢结构住宅中应用最广泛的体系。

8.4.1　低层轻钢装配式住宅

2002 年，北新集团和新日本制铁株式会社、丰田汽车株式会社、三菱商事株式会社共同组建的北新房屋，通过对欧美国家及日本房屋制造体系的深入研究，在与日本大型房屋制造公司合作的基础上，全面引进新日本最新的制铁技术，并结合自身的技术和产品基础，推出了北新薄板钢骨住宅体系。该结构是冷弯薄壁型钢结构的一种特殊形式,采用厚的热镀锌钢板,经辊轧成截面为型和型的轻钢龙骨;在组成墙板、楼板、屋架时形成工厂化规模生产;在现场施工时无需焊接、无需涂装,是一种墙板承重的、能快速组合的装配式轻钢结构住宅体系。

北新薄板钢骨住宅体系汇集多项现代高科技成果,具有用钢量少、抗震性能好、外墙饰面丰富、保温性能好以及能源自给等特点。北新集团运用该体系建造一座 300 m² 的小楼,从设计到交付不到两个月,造价约为 1 200～1 300 元/m²。

2013 年宝业集团浙江建设产业研究院有限公司、日本大和房屋工业株式会社与同济大学合作,在借鉴日本相关工业化住宅产品基础上,基于中国国情和规范要求,改进开发出一种新型分层装配式支撑钢结构体系并对其进行了相关性能的研究。分层装配式支撑钢结构工业化建筑体系作为一种新型低层工业化住宅结构体系,其主要特点为密柱、梁贯通、柱梁铰接、水平力主要由柱间支撑承担、模数化集成设计及标准化生产和分层装配式施工安装。

▶▶ 8.4.2　多、高层钢结构装配式住宅

1996 年,远大第一代创业团队以发展新型工业化住宅、建立工业化住宅技术体系为目标,发展"住宅工业化制造模式"的特征,建立了建设部设置的首家综合型"国家住宅产业化基地"。1999 年,远大在部品技术研发的基础上,仅用时 97 天建成了我国第一代钢结构新型工业化集成住宅一号实验楼。该住宅是我国住宅工业化道路上最具影响力的作品之一。2009 年,远大集团又创建远大可建科技有限公司,重点发展装配式钢结构建筑,在提出"像造汽车一样造房子"理念的同时,独创了节点斜撑加强型钢框架结构体系。该结构体系主要由主板、立柱、斜支撑等几部分组成,如图 8-6 所示。将压型钢板混凝土组合楼板支撑于钢梁上形成主板,主板支撑于立柱上,在梁与柱之间设置斜支撑,斜支撑加强节点连接,同时和梁、柱框架共同抵抗水平和竖向荷载,承重构件全部采用高强螺栓进行连接。此外,该体系的施工方式也独具匠心,采用"搭积木"方式,大大加快了现场施工速度。

图 8-6　节点斜撑加强型钢框架结构体系

综上所述,我国现阶段装配式钢结构住宅体系的发展还是主要以引进国外现有成熟体系再加以改造应用为主,虽在生产能力、新型建材和施工技术上有所提升,但在技术研发和市场推广上与欧美、日本等国存在明显差距,我国钢结构装配住宅实际上仍处于起步阶段。

▶ 8.5　我国装配式钢结构建筑及产业政策 ◀

2016年,装配式建筑和钢结构建筑产业政策密集出台,钢结构产业迎来前所未有的发展机遇。2016年2月1日,国务院发布《关于钢铁行业化解过剩产能实现脱困发展的意见》,明确指出推广应用钢结构建筑,结合棚户区改造、危房改造和抗震安居工程实施,开展钢结构建筑推广应用试点,大幅提高钢结构应用比例。2016年2月6日,中共中央、国务院发布《关于进一步加强城市规划建设管理工作的若干意见》,指出在发展新型建造方式方面加大政策支持力度,积极稳妥推广钢结构建筑。2016年3月5日,第十二届全国人民代表大会第四次会议上李克强作政府工作报告,提出积极推广绿色建筑和建材,大力发展钢结构和装配式建筑,提高建筑工程标准和质量。这是首次在国家政府工作报告中单独提出发展钢结构。2016年9月14日,李克强主持召开国务院常务会议,认为按照推进供给侧结构性改革和新型城镇化发展的要求,大力发展钢结构、混凝土等装配式建筑,具有发展节能环保新产业、提高建筑安全水平、推动化解过剩产能等一举多得之效,会议决定以京津冀、长三角、珠三角城市群为重点推进地区,常住人口超过300万的其他城市为积极推进地区,加快提高装配式建筑占新建建筑面积的比例。2016年9月27日,国务院办公厅《关于大力发展装配式建筑的指导意见》(国发办〔2016〕71号)发布,要求按照适用、经济、安全、绿色、美观的要求,推动建造方式创新,大力发展装配式混凝土建筑和钢结构建筑,不断提高装配式建筑在新建建筑中的比例。

2017年2月21日,《国务院办公厅关于促进建筑产业持续健康发展的意见》(国办发〔2017〕24号)提出,要推广智能和装配式建筑,大力发展装配式混凝土建筑和钢结构建筑,在具备条件的地方倡导发展现代木结构建筑。住房和城乡建设部全面贯彻实施中共中央国务院的部署,2017年3月23日,《住房和城乡建设部关于印发〈"十三五"装配式建筑行动方案〉〈装配式建筑示范城市管理办法〉〈装配式建筑产业基地管理办法〉的通知》(建科〔2017〕77号)提出一系列举措促进全国上下形成了发展装配式建筑的政策氛围和市场环境,整体发展态势初步形成。2017年9月5日,《中共中央国务院关于开展质量提升行动的指导意见》(中发〔2017〕24号)进一步提出,大力发展装配式建筑,提高建筑装修部品部件的质量和安全性能。2017年全国各地出台了推进装配式建筑发展相关政策文件。各地政府积极响应中共中央和国务院的号召,截至2017年底,全国31个省(自治区、直辖市)出台了推进发展装配式建筑发展的相关政策文件。各地在推进装配式建筑发展过程中,注重结合本地产业基础和社会发展情况,因地制宜确定发展目标和工作重点,在土地出让、规划、财税、金融等方面制定了相关鼓励措施,创新管理机制,确保装配式建筑平稳发展。

2019年3月11日,住建部印发了《住房和城乡建设部建筑市场监管司2019年工作要点》。工作要点第一条第一款要求:开展钢结构装配式住宅建设试点。选择部分地区开展试点,明确试点工作目标、任务和保障措施,稳步推进试点工作。推动试点项目落地,在试点地区保障性住房、装配式住宅建设和农村危房改造、易地扶贫搬迁中,明确一定比例的工程项目采用钢结构装配式建造方式,跟踪试点项目推进情况,完善相关配套政策,推动建立成熟的钢结构装配式住宅建设体系。2019年7月12日,住房和城乡建设部办公厅批复同意山东省、湖南省开展"钢结构装配式住宅"建设试点,试点期限均为3年(2019~2021年);2019年

7月18日,批复同意四川省开展"钢结构装配式住宅"建设试点,试点期限均为3年(2019年~2021年);2019年7月19日,批复同意浙江、江西、河南、青海省开展"钢结构装配式住宅"建设试点,试点期限均为3年(2019~2021年)。装配式式钢结构建筑在2019年迎来政策利好,其中钢结构住宅是推广的重点,更是国家"十四五"重点推进的建设领域。

▶ 8.6　装配式钢结构建筑部品和构配件分类 ◀

根据《装配式钢结构建筑技术标准》(GB/T 51232—2016),装配式钢结构建筑是指建筑的结构系统由钢部(构)件构成的装配式建筑,包括结构系统、外围护系统、设备与管线系统、内装系统。其中:

结构系统是指由结构构件通过可靠的连接方式装配而成,以承受或传递荷载作用的整体。主要包括钢梁、钢柱、钢框架等。

外围护系统主要包括建筑外墙、屋面、外门窗及其他部品部件,用于分隔建筑室内外环境。设备与管线系统主要包括给水排水、供暖通风空调、电气和智能化、燃气等设备与管线,用于满足建筑使用功能。

内装系统主要包括楼地面、墙面、轻质隔墙、吊顶、内门窗、厨房和卫生间,用于满足建筑空间使用要求。

装配式钢结构装配式构配件产品的分类,详见表8-2。

表8-2　装配式钢结构建筑部品和构配件分类

类　别	名　　　称	
钢构件	钢柱	型钢柱
		组合柱
	钢梁	型钢梁
		组合梁
	钢桁架	管桁架
		型钢桁架
	钢墙	钢板墙
		组合钢板墙
	楼板	轻钢楼板
		组合楼板
	钢支撑	单斜杆
		十字交叉斜杆
	索结构	
	钢拉杆	
	钢网架	

（续表）

类　别	名　　称
钢构件	钢楼梯
	防护栏杆及钢平台
配件	螺栓连接副
	高强螺栓
	螺栓、螺钉、螺柱
	螺母
	栓钉
	焊条

微课

钢结构安装

▶ 8.7　装配式钢结构建筑存在的问题 ◀

装配式钢结构建筑要完全实现其标准化生产、装配化施工,亟待从建筑形态、结构体系、围护体系及配套技术等方面入手,解决装配式钢结构建筑中存在的一系列关键问题。目前,我国装配式钢结构建筑主要存在以下关键问题急需解决。

8.7.1　装配式钢结构建筑的围护墙板问题

目前,装配式钢结构建筑围护体系主要采用预制砌块、预制条板、预制大板、金属面夹芯板等类型。预制砌块包括加气混凝土、石膏等,连接方式可以采用拉筋、角钢卡槽。优点是制作方便、容易生产、取材方便,缺点是装配化程度较低、现场湿作业多。

预制条板分为水泥类、石膏类、陶粒类和加气类,目前常用的装配式轻质外墙板主要有蒸压加气混凝土板(简称 ALC 板)、玻纤增强无机材料复合保温板(简称复合板)以及水泥夹芯板(简称 DK 板)。连接方式可以采用标准件、U 形导轨。优点是运输安装方便,容易标准化制作。缺点是现场后期作业多、拼缝多,容易开裂,防水效果差。

预制大板主要包括轻钢龙骨墙体和预制混凝土夹芯板,连接方式包括端板连接和栓焊连接。轻钢龙骨墙体的优点是重量轻、强度较高、耐火性好、通用性强、安装简易;缺点是墙板根部易受潮变形、耐久性较差;连接方式采用自攻螺钉、角钢卡件。预制混凝土夹芯板的优点是耐久性好、工业化程度高、施工快、更符合居住习惯,缺点是墙板偏重、施工难度较大。

装配式钢结构建筑围护体系存在的问题包括:墙板与主体结构的细部处理复杂,时间长久容易开裂、渗漏;墙板与主体连接构造种类繁多,通用性较差;墙板安装水平较差,粗放式施工管理;围护墙板体系没有统一的标准或规范、有工业化程度较低;外墙板的耐久性与保温节能性能依然需要进一步研究。

8.7.2　装配式钢结构建筑的抗震设计问题

在地震作用下,装配式钢结构的破坏形式主要包括节点破坏、构件破坏和结构倒塌等。

装配式钢结构建筑的现场拼接节点形式未能突破传统钢结构连接形式,现场装配率不高,目前,装配式钢结构建筑中钢柱多选取冷弯矩形管,因此连接节点多采用隔板式节点。常见的隔板可以分为三类:内隔板节点、隔板贯穿节点和外环板节点。这三种连接节点的破坏集中在节点域区域。针对其特点,新型构造方式的梁柱节点也不断被提出和被改进,如十字形肋环板节点、倒角隔板贯穿节点、盖板加强型节点、上环下隔节点,最近还出现单面连接螺栓连接节点、无焊缝全螺栓连接节点。然而,这些新型连接节点在地震作用下的抗震性能研究尚需进一步加强。

▮▶ 8.7.3　装配式钢结构建筑的防火防腐问题

装配式钢结构建筑受火时,构件受热膨胀,但由于构件端部的不同约束条件,导致构件内部产生附加内力。高温作用下,钢材的弹性模量和屈服强度随着温度升高而不断降低;且火灾下温度不断变化,造成结构内部产生不均匀的温度场。高温导致楼盖梁与钢柱等构件破坏,进而引起结构内力重分布,最终导致结构整体破坏或垮塌。近年来,火灾引起的工程事故不断增多,工程结构抗火与建筑防火显得更为迫切。目前,装配式钢结构建筑的防火措施可采用防火涂料和防火板材。其中,防火涂料分为厚型防火涂料和薄型防火涂料,多用于装配式大跨钢结构;防火板材可将建筑装饰和结构防火融为一体,安装方便快捷,多用于住宅和高层钢结构建筑。

钢结构发生腐蚀,会降低材料强度、塑性、韧性等力学性能,影响钢结构的耐久性。当前钢结构防腐措施主要包括镀锌防腐和涂料防腐。对装配式钢结构建筑,钢构件大多数隐匿于墙体中,一方面构件的防腐涂装维修十分困难、成本较高;另一方面,钢构件所处的环境较为密闭,对钢结构耐腐蚀有利。为此,装配式钢结构的防腐问题还有待于进一步研究与完善。

▮▶ 8.7.4　标准化模数体系未完全统一

各企业的结构形式种类繁多,不利于标准化和工业化。需要寻求适合中国国情的代表性的几种钢结构住宅体系,以利于推广应用。

▶ 思考练习题 ◀

1. 简述装配式钢结构建筑的特点。
2. 阐述日本装配式钢结构发展现状。
3. 简述装配式钢结构建筑的抗震设计问题。

第 3 篇

BIM 技术在装配式建筑中的应用

学习情境 9　BIM 技术推进装配式建筑建造全过程发展

素质目标（依据专业教学标准）

(1) 坚定拥护中国共产党领导和我国社会主义制度,践行社会主义核心价值观,具有深厚的爱国情感和中华民族自豪感。

(2) 崇尚宪法、遵纪守法、崇德向善、诚实守信、尊重生命、热爱劳动,履行道德准则和行为规范,具有社会责任感和社会参与意识。

(3) 具有质量意识、环保意识、安全意识、信息素养、工匠精神和创新意识。

(4) 勇于奋斗、乐观向上,具有自我管理能力和职业生涯规划意识,具有较强的集体意识和团队合作精神。

(5) 具有健康的体魄、心理和健全的人格,以及良好的行为习惯。

(6) 具有正确的审美和人文素养。

知识目标

(1) 了解 BIM 技术的发展背景。

(2) 了解 BIM 技术结合装配式建筑的具体优势。

(3) 了解标准化构件设计的基本概念。

(4) 掌握 PC 构件的深化设计要点。

(5) 掌握装配式建筑各阶段中的 BIM 技术应用。

能力目标

(1) 能够操作 REVIT 软件,针对具体工程建立 BIM 技术基本模型。

(2) 能针对具体工程看懂设备管线碰撞问题。

(3) 能初步运用 REVIT 软件进行工程量计算。

学习资料准备

(1) REVIT 等相关软件。

(2) 图纸。

9.1 数字化建造:BIM 驱动下的装配式建筑创新

9.1.1 BIM 技术发展背景

BIM 的全称是"建筑信息模型(Building Information Modeling)",传统的信息交换方式是通过各个软件之间点对点的方式来传递,而 BIM 一改传统模式下纸质协同方式,出现了目前我们所知的电子协同方式。在这种环境下,信息组成并非一直是相互关联的,所以得通过人为方式把各种孤立的信息串联起来。BIM 技术在建筑行业的发展中起到巨大的作用,也是建筑项目人员所面临的新挑战。BIM 技术可以使得各方在建筑工程的全生命周期中进行信息的交互、操作的协同、管理的并联,从而使得项目建设和运营管理从根本上进行改变。相比较于传统的建筑设计模式,BIM 技术的介入能够更好实现工作效率和质量的提高,减少错误和风险,显著降低成本。我国对于 BIM 技术的推广也在政策上予以支持,清晰地认识参数化设计和 BIM 技术本质,是走向建筑数字技术进步的关键。在 2011 年 5 月,住房和城乡建设部在发布的《2011—2015 建筑业信息化发展纲要》中将 BIM 技术定为"十二五"中的重要发展技术。2019 年 2 月 15 日,我国发布了《住房和城乡建设部工程质量安全监管司 2019 年工作要点》的通知,该通知说明了 BIM 信息技术如何有效运用,以及该通知和政策从研发上支持 BIM 的软件开发。2019 年 3 月 22 日,国家发展改革委联合住房城乡建设部发布了《关于推进全过程工程咨询服务发展的指导意见》,大力开展 BIM 技术的应用,为提高在目前的大数据物联网思维的基础上,努力提高信息化以及管理应用的综合水平,全面开展工程业务上的咨询保障。

BIM 技术经过多年的发展已经有了较多的实际工作和项目经验,为此,国家推广了三大数据标准以规范不同数据的交换与表达。虽然应用于设计、管理和运营等方面有了成熟的经验,作为目前市面上运用较为广泛的数据化管理工具还需要进一步的创新发展,在建筑的各行各业加以应用,提供了协同工作的平台,在项目中起到了重要的作用。

9.1.2 BIM 技术与装配式建筑

装配式建筑特点是标准化的构件和信息化的管理,而 BIM 技术应用的优势正好能完美契合装配式建筑发展的需要,实现建筑工业化发展,所以,装配式建筑与 BIM 技术的整合是建筑工业化与建筑信息化融合的必然结果。在人们对建筑要求标准日益提高的今天,传统的建筑模式已经无法适应如今建筑行业的高速发展,装配式建筑的兴起也成了必然,BIM 技术的介入在装配式建筑的发展过程中起到了不可或缺的重要作用。BIM 技术在装配式建筑的设计、施工、深化等多个阶段起到的信息传递和交互作用,提高了效率,在管理、运营、协同等多个方面也通过自己独特的信息集束作用提供了新的管理方式。装配式建筑不同于传统的建筑模式,信息传递的高效化、专业的协同化、管理的精细化一步步促进着装配式建筑技术的不断创新,不停推动着我国建筑行业的高速发展。

在建筑建造的全生命周期中,预制结构建筑存在管理工作复杂(预制结构建筑建造流程表如表 9-1 所示),施工数据易失真等问题,BIM 技术在各个阶段都能实现信息化管理和高效化交互。不仅有利于装配式建筑在施工过程中实现绿色施工、安全施工、文明施工,还能实现管理方面的精准化和高效化,可大幅度减少对建筑资源的需求,有利于环境的保护,有效地控制成本,促进装配式建筑可持续发展。多年以来在实际工程项目中,BIM技术的应用随着建筑行业的发展不断发展,从最初的只能进行三维模型的搭建,到后来的平台化协同、绿色建筑模拟、建筑的深化设计等方面面都在不断推陈出新,促进我国建筑行业不断摆脱固有的老旧思维模式,有益于建筑行业的良性发展。BIM技术在预制结构建筑中的多项领域都所有运用,标准化族库的建立、构件生产、预拼装检验、施工过程模拟、材料管理、碰撞检测、信息管理、设备故障检修、应急方案制定等方面都有所涉猎,具体如下:

表 9-1　预制结构建筑建造流程表

决策阶段	建造阶段									运维阶段
决策阶段	设计阶段		交易阶段		生产阶段	施工阶段				运维阶段
决策立项	设计	深化设计	项目招标	合同签订	构件生产	物流运输	施工准备	一体化装修	竣工交付	运营维护

（1）可加快设计流程,预制构件的设计完成后可以重复使用,设计的同时也可快速拼装、出图。

（2）BIM技术可进行精细化的三维建模,辅佐标准构件在工厂内的高精度预制生产;此外,使用BIM技术进行现场施工模拟可以保证装配式构件的合理拼装,避免返工等延误工期等情况。

（3）可以更好对接指导预制,可以对接自动化预制设备,预制自动化,可结合三维扫描等手段在出厂前对比预制与设计误差,同时还能通过模拟施工指导施工流程。

▐▶ 9.1.3　BIM技术结合装配式建筑的优势

（1）在装配式建筑工程项目设计和施工的全过程中,BIM技术的介入都可以使得管理方面比以往更加精确化和效率化,不仅在施工质量安全方面可以满足国家政策的要求,而且对于资源节约和环境保护等方面具有积极影响。

（2）随着装配式建筑的大力发展,建筑技术的变革和创新成了建筑行业发展中必不可少的一步。基于BIM技术的发展,不仅可以使我国新老技术不断更新换代,推陈出新,还能够不断推进我国建筑行业的产业化。

（3）绿色施工的综合管理贯穿于装配式建筑项目的全生命周期过程中,装配式建筑施工要求对环境污染降到最低,将BIM技术应用到绿色施工中,将有助于优化施工管理、减小环境影响、节约资源。

（4）BIM技术可以为预制结构建筑的发展提供有力的保证。

（5）BIM技术与装配化、精装修(住宅产业化)的无缝对接,形成一系列高效标准化流程与工作方法,提高各方的沟通效率。

(6) BIM 技术实现工程大数据的整合、分析与应用,通过对已有项目的数据积累,形成标准化产品构件库,实现项目的成本优化。

(7) BIM 数据可视化的管控方法,可形成一套完整的 BIM 模型展示的方法,融合标准化数据表现,在大幅增强项目在设计、管理、运维各个阶段的感受度的同时使得各方对项目处于实时管控状态。国内常用的 BIM 软件见表 9-2 所示。

表 9-2 BIM 软件介绍表

软件名称	主要功能	作 用
Revit	建筑、结构、机电建模,清单量统计	Revit 是国内 BIM 建模的主流软件,通过 Revit 对建筑、结构、机电、场地、内装等多个专业进行三维模型的绘制,Revit 平台是一个设计和记录系统,可以进行项目的多个参与方之间的信息交互,同时可以通过建立的三维模型导出图纸、构件的参数信息、工程量清单等数据,对于常规建筑有着很好的建模效果。
P-BIM	建筑设计、绿色建筑和节能设计,工程造价分析	P-BIM 软件能够实现装配式建筑的标准化和参数化,构件库的建立能够实现装配式建筑的精细化设计,此外,后期模型的深化能够进行碰撞检查、三维拆分、预制率统计、构件加工详图、材料统计等。
Micro Station	二维和三维 CAD 设计软件	作为 CAD 平台使用,兼容性很强,可以进行建筑、土木工程、交通运输等领域解决方案的基础平台。
Tekla	钢结构设计	Tekla 是国内钢结构应用最广泛的 BIM 软件,它的主要功能在于对三维实体模型和结构方面进行分析和整理,同时在三维钢结构的细化方面和钢筋混凝土材料的设计上有较大的优势。
Navisworks	碰撞检查	Navisworks 主要包含三大功能,漫游、碰撞检测和施工模拟,优点是操作简单,功能比较全面。
Fuzor	BIM 平台	Fuzor 作为 BIMVR 平台,可以使得 BIM(3D)模型直接进入虚拟现实系统,不需要进行额外的处理;BIM 模型实现数据的高效传输,使得 BIMVR 切实可行;具备一定的模型再编辑能力;拓展开发能力,贯彻模型和外部数据的有效整合。
Lumion	模型渲染	Lumion 是一个有效的后期模型渲染软件,在建模完成后,可以进行模型的 3D 可视化处理,在三维空间对模型进行精确的观察,方便后期进行深化设计和模型处理。

▶▶ 9.1.4 BIM 技术的应用前景

在要求通过三维可视化进行信息交互的建筑行业发展的今天,BIM 技术具有得天独厚的优势。BIM 技术可以通过三维模拟进行可视化、标准化的信息集成管理,不仅能够节省成本,还能建立信息共享的优势。建设单位建设项目过程中的设计、施工、管理、运维等各个阶段与 BIM 技术息息相关。首先,在项目建设中,设计单位可以让 BIM 数据库得以扩充,经过多个项目的实践形成一种良性发展,对于日后的项目有积极的促进作用。其次,施工单位可以用于进行碰撞检测、进度模拟、材料计算等方面,避免工程变更和工期变化带来的影响。最后,BIM 平台可以全方位多层次地进行施工管理,对于进度控制、项目协同、施工深化等方面都具有积极的意义。

9.2　BIM 技术在装配式建筑中的应用

9.2.1　BIM 技术带来的新模式

三维是 BIM 要素之一,在 BIM 技术日新月异的今天,虽然二维图纸也可以进行信息交互,但无法与三维所能表达的丰富信息相比。二维是初级的设计思维,BIM 的三维信息不仅囊括了二维,还能满足多种深化设计的需求。BIM 技术的核心是信息的交互,所能传达的信息量更为庞大。BIM 的定义是"利用数字化的手段,为工程服务的一种应用技术,同时也是一种信息化管理的技术",BIM 包括了工程项目与信息管理的交集,它具有技术应用特征、项目管理特征和信息化特征。BIM 作为一种可视化模型得以在现代三维技术的建筑行业广泛运用,三维模型能够高效生成所需要的各种建筑信息图纸,包括且不限于建筑、结构、机电、内装、场地等专业的出图。三维模型的搭建是可视化的一种直观体现,在此基础上还能够解决许多更深层次的问题,例如施工的模拟,模型的深化,管综的优化等等。随着 BIM 技术对项目更深层次地介入和应用,三维设计模式成了 BIM 技术实际运用的必然体现,三维模型设计和二维信息间的关联如图 9 - 1 所示:

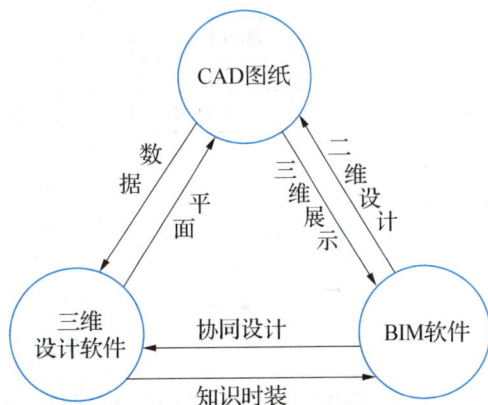

图 9 - 1　BIM 软件和 CAD 图纸关联图

9.2.2　BIM 技术在装配式建筑中应用

对比于传统的建筑建造施工模式,装配式建筑在施工之前便通过标准化设计和深化设计提前优化建筑构件并进行批量生产,然后再运送至施工现场安装,从而减少了施工工期。此外通过对构件进行的深化设计,提高了建筑项目的设计精度,减少了由于因为构件不够标准化和精细化而导致的误工现象,降低了材料成本,提高了施工效率。

1. 标准化设计

预制结构建筑的核心之一就是标准化的构件设计,BIM 技术的应用需要解决这个最关键的根本性问题。为了确保预制结构建筑的多样性和经济效益,标准化是预制结构广泛使用的标准之一。装配式建筑是"装"和"配",不是"拆"和"凑",所以,标准化是装配式建筑设计的重要原则之一。标准化的主要原则有统一化、系列化、通用化、组合化、模块化。在装配式建筑设计中为了使预制构件能够共用模具,节约成本,通常使构件做到形式统一;户型设计过程中构件尽量系统化,在一种连接节点和配筋形式下改变构件尺寸或者洞口数量得到相同的构件系列;组合化、模块化则将单一的构件赋予变化,通过一种构件甚至多种构件的排列组合形成不同的变化形式,这在建筑的户型、立面以及使用功能上都有反映;在构件生产中使用或创造不同的材料形式会有不同的效果表现,这样一来造型是丰富多变的,但设计是标准规范的。

标准化的前提是详细的数据和指令,标准化设计流程一般如下图9-2所示:

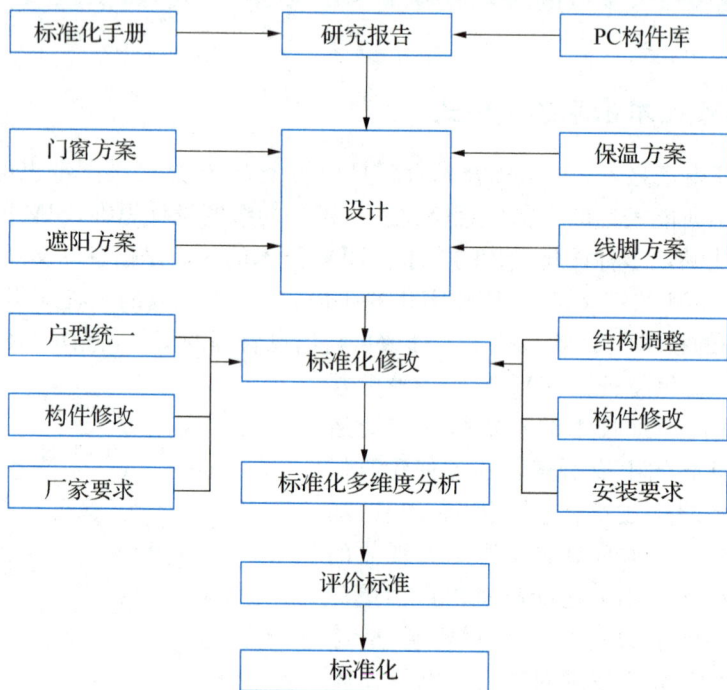

图9-2 标准化设计流程图

标准化设计是装配式建筑的基础,建筑所要达到的高度与其息息相关,它决定了建筑整体的建造标准。实施预制结构建筑的标准化设计,可以有效提升企业的高效生产和经济效益;实现装配式建筑的标准化管理,能保证项目实施过程中的参与者有效遵守相应的规章制度,有利于处理各种细节问题。装配式建筑的运行参照标准化规则实施,可以保证各个环节都规范化,尽可能减少整个项目建造过程出现的错误情况,进而提高建筑的质量、缩短工期,进而提升效益。

2. PC 构件的深化设计

BIM 技术应用于预制结构建筑的优势在于深化设计的简洁性和便利性,所以为了更深层次的运用其优势,需要在标准化的构件设计同时进行参数化设计。PC 构件的深化设计是在建筑、结构、暖通等各专业协同之下的深化设计,它是在各专业模型综合后,经各方需求、碰撞检测等过程之后进行的综合设计,它可以多专业多阶段展示建筑项目信息内容,丰富信息维度。PC 构件深化的内容一般有下面几个方面,如图9-3所示。

我国目前装配式建筑有着较快的发展,但仍然有一些难题需要解决。保证建筑总体质量就是装配式建筑中常见的难点,PC 构件的深化设计应运而生,它可以在装配式建筑设计阶段有效把控整体质量。标准化和精细化是装配式建筑的核心理念,在施工安装阶段所产生的问题,需要在设计阶段进行深化设计时就对其进行模拟,避免造成损失,因此深化设计必须细致、深入、协同。PC 构件深化阶段统一各参与方的诉求,解决工程项目建造各个阶段可能发生的问题,有效促进装配式建筑行业充满活力的发展。PC 构件深化设计的流程一般如下,见下图 9 - 4 所示:

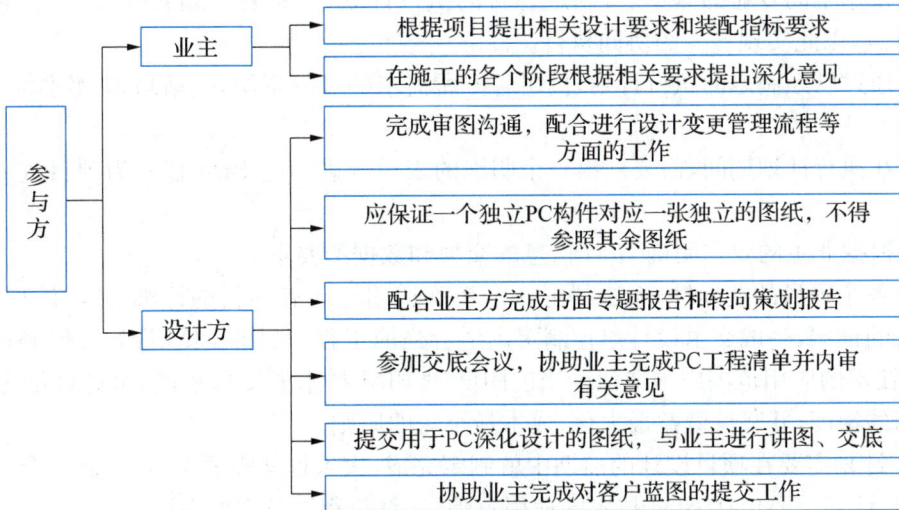

图 9 - 3　PC 构件深化内容图

图 9 - 4　PC 构件深化设计流程图

3. 装配式建筑中的 BIM 技术应用

在实际工程项目中实现 BIM 技术的应用需要完善的策略和完整的计划,无论是设计团队还是施工团队都需要规划好 BIM 应用的总体计划,防止出现因为信息缺失或者其它原因导致的工期延误、效益未达到预期等一系列问题。所以,为了实现 BIM 技术在项目中的应用价值,应该在前期就做好详细的规划,并将其与总体施工过程相结合,才能顺利地将 BIM

技术整合到总体工作流程中。制定 BIM 计划需要一个清晰明确的目标：

（1）团队的所有人员，包括设计方和施工方都需要正确理解 BIM 技术在建筑工程中的运用，了解 BIM 技术带来的优势和占据的比重。

（2）团队中得到各专业人员需要明确自己的任务。

（3）根据不同专业的侧重点，制定各自的执行计划，并将各计划统合起来，合并到统一的时间节点，以此实现各方的协同执行。

（4）通过已经制定的执行计划，提出各方所需求的额外资源，包括培训、软件需求、硬件要求等。

（5）在执行计划期间，需要列出一个明细的表单准确描述 BIM 技术为项目进展提供的优势。

（6）根据业主的要求明确 BIM 信息的交换和数据的要求。

因为各个项目的差异性，无法制定一个精确适用于所有项目的详细 BIM 计划，但可以制定大致的框架，一般交由设计单位制定出适合当前工程项目的 BIM 计划。但必须指出的是，BIM 技术的应用范围应当取值于当前团队对 BIM 技术的支持程度，由此详细定义 BIM 技术应用的深度，并坚持效益最大化、成本最小化的原则。

BIM 计划需要在项目设计的前期中就制定完成，大致框架需要确定，之后统合各方意见进行微调，计划需要包括 BIM 技术的适用范围、详细流程以及实施内容。

BIM 技术是在逐渐升级换代的，应当随着项目的进行和人员的流动以及各方的意见不断更新。只有制定了 BIM 计划，才能保证 BIM 技术能够有效运用于项目的各个阶段中，使得参与项目的各方有个明确的标准遵守。

4. BIM 设计内容

在建筑项目中，BIM 设计的内容适用于项目的全生命周期，应用于项目的各个阶段，并起到重要的作用，主要应用内容如下表 9-3 所示。

表 9-3　建筑项目中的 BIM 技术应用

阶　段	目　的	应用项
方案设计阶段	为建筑设计后续若干阶段的工作提供依据及指导性文件	1. 分析场地的布局性和合理性 2. 对建筑性能进行深入分析 3. 各参与方对设计方案进行探讨和总结 4. 对初步设计模型进行虚拟仿真漫游
初步设计阶段	初步设计阶段论证建筑工程项目的技术可行性和经济合理性	1. 多专业模型的搭建，包括且不限于建筑、结构、场地、内装 2. 详细检查建筑结构的平立剖面 3. 统计工程量清单，建立面积明细表
施工图设计阶段	设计向施工图交付设计成果阶段	1. 将设计好的各专业模型进行实际构建 2. 深化设计，包括碰撞检查及三维管线综合
深化设计阶段	构件深化设计、预拼装设计	1. 对设计阶段的预制构件进行深化设计 2. 在设计完成之后进行预制构件的碰撞检查

（续表）

阶　　段	目　　的	应用项
施工准备阶段	根据设计阶段进行的设计内容、方案修改、深化设计成果，为施工阶段提供技术支持	1. 施工模拟 2. 施工深化设计 3. 施工场地规划 4. 施工方案模拟 5. 施工进度管理 6. 构件预制生产加工
施工实施阶段	现场施工开始至竣工的整个实施过程	1. 根据实际进度的施工情况进行技术汇总，并和虚拟进度进行对比 2. 建筑资源的管理，包括设备和材料 3. 施工重点管理问题，包括质量管理和安全管理
运维阶段	这是建筑产品的应用阶段，承担运维与维护的所有管理任务，为用户提供安全、便捷、环保、健康的建筑环境	1. 对运维管理方案进行初步探讨和分析，并总结成文本方案 2. 根据项目的实际运维管理进行总结分析，构建管理系统，对项目的用地进行空间管理 3. 对项目的成本进行资产管理 4. 对项目的施工设施设备进行管理 5. 根据项目的应急情况进行系统管理 6. 能源管理 7. 对搭建的运维管理系统进行后期维护
工程量计算	BIM环境下根据不同阶段的应用要求进行工程量计算	1. 施工图预算 2. 清单工程量计算 3. 施工过程造价管理 4. 竣工结算工程量计算
协调管理平台	工程项目管理信息化整体解决方案的支撑平台	1. 业主协同管理平台 2. 设计协同管理平台 3. 施工协同管理平台

5. BIM 的管理

在预制结构项目里使用BIM技术，需要建立合适的管理模式。建设方需要基于管理目标，结构管理流程，在各个流程中将管理分为技术动作，通过考核每一个环节的技术动作达到管理的结果，实现管理的目标。首先需要确定全过程中参与BIM的各方职责，组织架构中间各个角色的管理关系，然后根据管理的目标，做好管控的目标计划，与BIM的功能相结合，形成BIM的管理思路，基于BIM的信息和数据进行决策。然后通过过程中产生的标准的、规则的数据，控制数据产生的节点、规则和标准，保障数据的及时性和有效性，最后建立一个可以用于存储数据的通用平台，将各方的数据协调管理。装配式项目BIM管理组织架构一般如下图9-5所示。

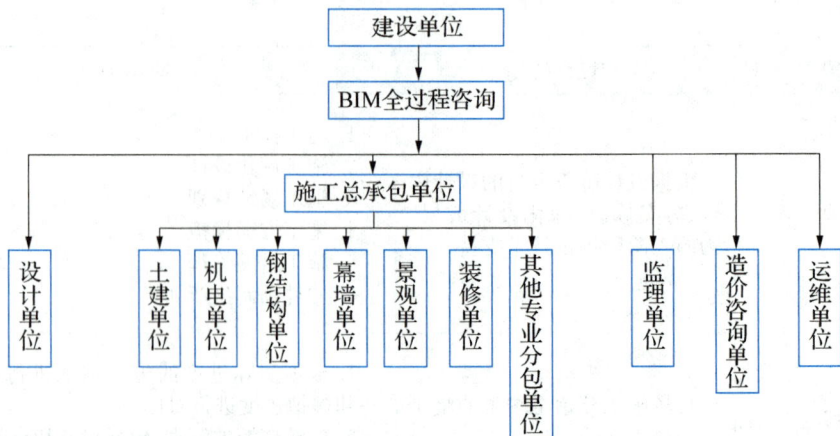

图 9‑5　装配式项目 BIM 管理组织架构图

9.2.3　装配式建筑各阶段中的 BIM 技术应用

1. 规划阶段 BIM 技术应用

在预制结构建筑前期规划阶段时，可以使用 BIM 技术进行场地分析。在此阶段中，设计方进行场地模型绘制，建设组对此提出意见，审批并更新图纸版本。

最后根据图纸最终版使用 BIM 软件创建场地数字化模型，由此得出最佳高程方案、最佳物流方案等，解决道路宽度不足以运输、塔吊布置不合理等可能出现的问题。在此过程中，设计施工的流程如图 9‑6 所示：

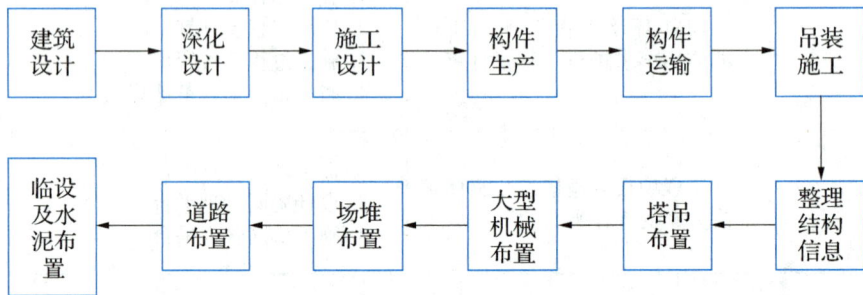

图 9‑6　基于 BIM 技术的装配式建筑设计施工流程图

此外，还可以利用相关软件创建方案模型，再使用 BIM 绿建软件对其进行建筑性能分析，以此达到绿色建筑设计的目的。把 BIM 模型和能耗分析软件相互结合，对每一个建筑都可以进行绿色环境分析，得到他的绿色度，对于建筑工程它还可以提供建筑的日照、采风、通风、供热等一些仿真数据，更有利对绿色建筑的设计。分析内容有风环境模拟、自然采光模拟、噪声环境模拟和热环境模拟等，通过建立这些模拟方案我们可以得到模拟结果从而进行可视化沟通，减少调整时间，证明其合理性。

2. 装配式建筑设计阶段中的 BIM 技术应用

装配式建筑由于其对构件的标准化要求，在设计阶段存在很大的设计难题，而 BIM 技术在预制结构建筑项目的设计阶段与传统建筑建造模式对比占据独特的优势，特别是前期的模型分析部分,是传统二维图纸所不能表述的,可以减少出错的概率,在各个专业的协同过程中更是起到了无可替代的作用。BIM 技术在预制结构建筑项目的设计阶段的应用可以归结为可视化设计、协同设计和管线综合三个部分,在此阶段中设计方进行场地,进行模型的建造,建设组审批并提出意见,供应商提供构件库,标准组则需要交付标准、确定软硬件要求、提供构件模型等。

（1）可视化设计

可视化设计也可以理解为 3D 设计,对建筑项目来说,可视化是十分关键的一个环节,可视化的实际应用在工程项目中的作用是十分关键的,对比于传统设计模型所需要的二维图纸,所能表达的信息完全没有可视化所能表达的信息全面,而且可能在传达过程中有误差。

BIM 模型的建立,可以视为该项目的大型建筑信息库的建立,进而在设计阶段就可以开始检查建筑空间以及相应的设备设施,从而在施工之前发现问题并处理问题。此外,可视化设计可以真实准确地表现出建筑完工后的样子,无论是外部景观构造还是内部装饰装修,都可以给予最准确的三维表达。在传统建筑建造过程中,对于施工过程中的碰撞检查,一般需要熟练的专业人员通过专业知识和自身经验来判断,不但精度不能确保还容易延误工期。可视化提供了一条良好的道路来解决这些问题,不再受限于二维图纸上的平面表达形式,团队中的各个参与者可以在三维模型中畅所欲言,清晰地表达自己的观念,通过可视化沟通减少设计失误、缩短沟通时间。

三维可视化设计流程如下图 9-7 所示：

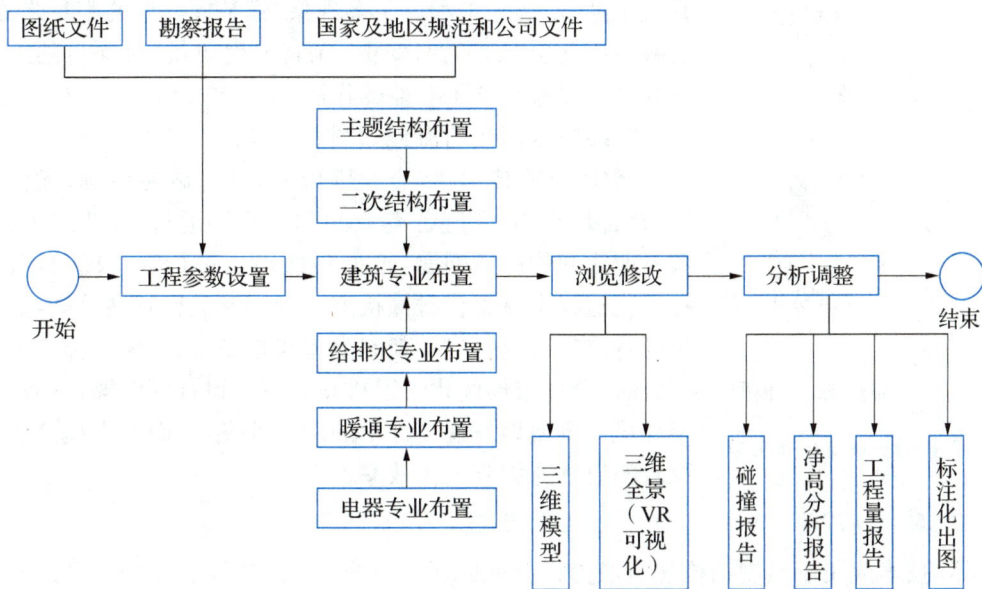

图 9-7　三维可视化设计流程图

（2）协同设计

BIM 技术在设计过程中地协同设计可以理解为在同一项目中,不同位置不同专业的设计人员通过同一个平台相互关联不同专业的数据,协同设计建模。一般为了保证效率和准确性,建筑、结构、机电等不同专业的三维模型需要各专业人员分工合作,最后统合到同一模型中。BIM 技术的便利性在于它可以同步各专业的模型,使得各专业人员进行跨专业信息交流,在协同建模的过程中进行各自专业模型的多次细致检查,保证其唯一且准确。为了实现预制结构建筑中的 BIM 协同,BIM 平台的搭建是必不可少的一个途径,BIM 平台的搭建可以保证各专业技术人员的技术沟通和各参与方的信息传递,BIM 软件平台是其中必不可少的关键因素。BIM 平台软件可以围绕工程项目中的 BIM 技术应用打造工程现场协同应用平台,可以协助项目参与人员高效采集与边界共享 BIM 数据,从而发挥每一个 BIM 的应用价值,满足 BIM 技术在工程行业大规模个性化、多样化应用需求,让项目管理更简单,让 BIM 应用更为普及。以某教学楼项目为例,各专业先完成对应专业的 BIM 计划任务,然后通过多方协同交流,并加以修改完善后得出下图所示的综合模型,该模型结合建筑、结构、机电、场地、内装等多专业内容,在各方保证各自效率的基础上加以综合,协同过程中通过多专业的相互模拟检测,有效减少了各方可能存在的错误和遗漏。

(3) 管线综合

该部分主题内容是在协同设计上的深化,主要是将不同专业的管线图纸通过软件综合在一起,通过 BIM 分析软件进行碰撞检测,检测出碰撞点,然后综合各方意见和建议,优化碰撞区域,重新排布管线,以此减少施工变更,有效进行空间管理。相较于传统的图纸对比法,在能够达到同样目的的基础上进一步地提升了工作的效率和便捷,提高精确度并避免失误。通过 BIM 管综模型进行管线碰撞和排砖检查等操作,可以及早发现失误并汇报给各专业设计人员进行调整,能够就这些问题与项目参与方进行及早地沟通,减少项目实施工程中的延误工期、二次施工和返工等现象,弥补原设计的不足之处,显著减少由此引起的工期变更,提高工程质量,对项目的工程效率和经济效益起到了有益的作用。

管线综合深化的流程如图 9-8 所示。

运用 BIM 技术,结合三维模型,进行碰撞检测,优化管道排布;合理布局,规避各专业间的碰撞。通过 BIM 技术,发现各专业之间的碰撞问题,根据碰撞报告进行管线优化,各专业在深化过程中就管线碰撞检测出的问题进行归纳分类,然后通过与各方的交流探讨重新制定管线排布方案,修改施工图和模型,通过合理布局优化管道排布方案。设计师能够在虚拟的三维环境下方便地发现设计中的碰撞冲突,从而大大提高了管线综合的设计能力和工作效率。

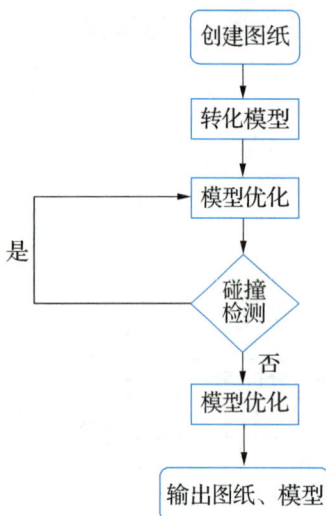

图 9-8 管线综合深化流程图

3. 装配式建筑施工阶段中的 BIM 技术应用

BIM 技术应用于预制结构建筑最为突出的阶段在于项目的实际施工阶段,可以同步施工阶段实时解决该阶段的工程进度、方案修改、进度模拟等问题。

BIM 技术在装配式建筑项目中设计阶段的应用可以归结为施工模拟、4D 进度模拟和现场管理三个部分。此阶段设计方负责模型深化,建设组要进行资料管理、安全管理、进度管理、质量管理等方面的工作,采购组要进行造价控制和商务谈判,供应商需要提供交付标准和建设施工方面的要求,监理则负责标准规范、图片格式和质量报告文件。基于 BIM 技术的装配式施工,应当以相应装配式建筑施工要求标准为前提,在此基础上对其他工序加以深化。施工要求标准图和三维施工设计流程如下图 9-9 和 9-10 所示:

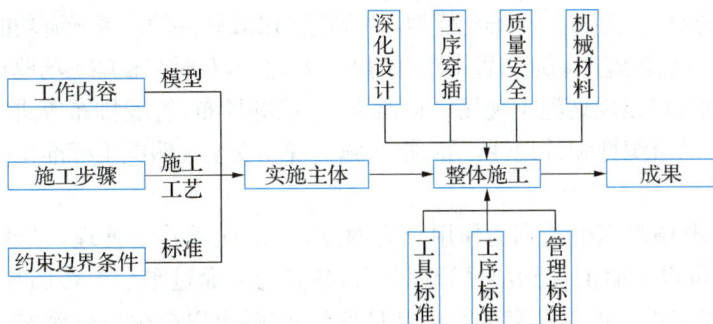

图 9‑9　施工工序要求标准图

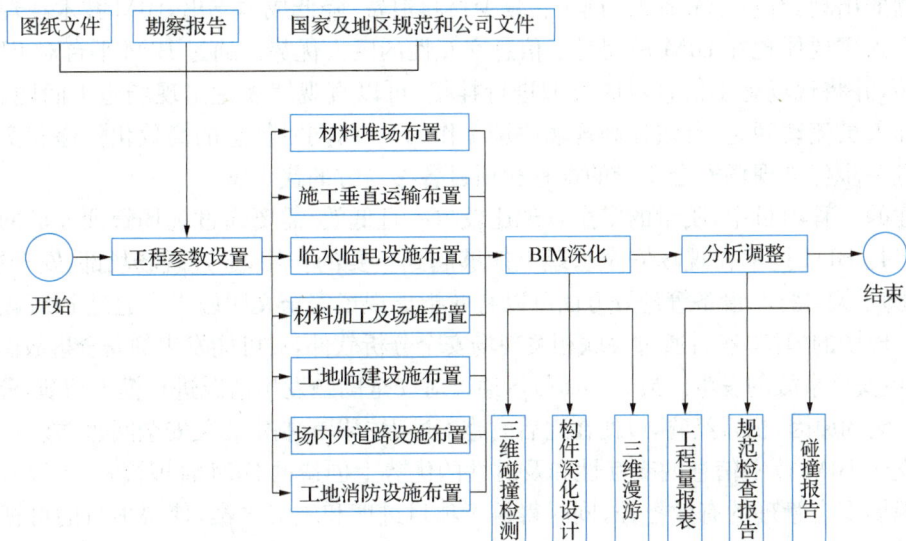

图 9‑10　基于 BIM 技术的三维施工设计流程图

（1）施工模拟

项目在施工阶段会出现很多问题,而施工模拟在其中可以起到预知、交互与优化的作用。让项目的各个参与方在同一平台上对出现的问题进行分析、模拟与处理,不仅能够有效地探讨符合各方要求的结果,而且不会延误施工的进度。BIM 技术可以在项目建造过程中通过数字化建造来模拟施工现场各个工序状态、现场布置、物流交通、建造过程等,通过方案预演,工序预演等步骤使得繁复的施工过程变得简单,而且模型加上数据信息的模式更有益于成本的控制。大部分项目为了真实传达建筑施工过程中的现场施工情况,展示各施工方的施工工序和施工工艺,以及表达施工方案,通过使用 BIM4D 软件进行施工阶段的动态模拟。形象直观、动态模拟施工阶段过程和重要环节施工工艺,将多种施工及工艺方案的可实施性进行比较,为最终方案优选决策提供支持。同时根据 BIM 技术在施工模拟阶段的灵活应用,还可以进行施工材料的动态追踪、施工工期的精准估算、进度计划的合理与否、场地布局的优化分割等深化,有利于项目对偏差的工期进行矫正,对进度计划的调整进行完善,对物资物料的使用进行规划,从而保证编制工程进度的正确性以及劳动力分配的均衡性,可以及时处理发现的问题。主要操作方式是通过各施工阶段总平面布置图,可以使用 BIM 施工策划软件的内置构件库快速生成各施工阶段的三维现场布置模型,从而建立施工场地布置模型,再结合安全文明标准手册,创建符合施工现场的现场安全文明施工标准化模型,然后通过 BIM 软件的内置漫游功能,对各施工阶段进行动态漫游展示,查找施工场地布置中存在的不合理之处,及时调整施工场地布置模型。

通过施工模拟,可以规划施工现场的道路交通、现场场布、管线排布等进行合理有效的布置,达成现场施工的组织性和计划性,同时指导施工现场安全文明施工标准化的落地落实。

(2)现场管理

BIM 技术在现场管理中起到的作用分为两点,一是现场质量管理,二是安全文明管理。现场的各种信息可以实时上传到项目管理平台,各参与方通过平台上传图片、报告等信息管理现场状态,管理方式从点对点交流变成点对平台交流,可以减少信息流失,管理全部记录。

在施工过程中难免出现问题,但是如果能够事先发现问题并进行修改,能够有效地避免误工问题的出现,有益于节省人力消耗、减少材料浪费、降低成本支出,BIM 技术在现场管理方面的介入主要体现在 BIM 模型对于信息交互性的巨大优势。通过 BIM 平台对 BIM 模型进行上传,并将现场施工信息对应模型进行挂接,可以直观地表达出现场施工问题、项目质量问题和人员流动问题,有效提高现场协调工作的开展,同时信息的高效化传递和实时化更新可以进一步促进现场安全质量的检查和项目各参与方的代入感。

以往的工程项目中,质量的安全管理比较单一且低效,需要通过现场管理人员的经验来进行。但是 BIM 技术在现场安全管理上能够起到重要的作用,通过现场场部、安全措施、模型(内外脚手架)搭建、设备管理等方面可以有效指导现场安全文明施工。通过 BIM 模型的搭建和施工现场的模拟,然后通过关联相关现场安全分析软件,对可能发生的安全事故隐患进行排查,避免安全事故的发生。或者在事故后通过对安全问题发生情况进行模拟预演,分析可能产生该问题的原因,积累经验,以便在之后的施工过程中提前制定相关安全问题方案。

建立于 BIM 技术信息的交互性和及时性的优势上创造的 BIM 管理模式,可以有效进行各方对现场安全管理的有效把控,同时得益于项目进度和施工方案,使得项目的可视化管理能够有效实施。

9.3　BIM 技术在装配式建筑中的应用案例

BIM 技术在装配式建筑中的应用案例

9.4　BIM 技术在装配式建筑全生命周期中的系统应用

9.4.1　BIM 技术在装配式建筑全生命周期中的应用总体架构

按照"互联网+智慧建造"发展新思路,通过 BIM 技术和物联网技术应用,实现三维信息化设计 BIM 模型，并基于 BIM 模型、GIS 技术、物联网和感知网络等建立项目管控平台，以分项工程为精细化管控对象，以虚拟施工为技术手段，进行项目质量、安全、进度、费用、档案等可视化、集成化、协同化管理，推进 BIM 技术在装配式建筑工程建设从设计、施工到运维的全生命周期中的整合应用。实现设计标准化、生产工厂化、施工装配化、装修一体化、管理信息化、应用智能化的装配式建筑建造方式。

BIM 技术各阶段实施流程图如图 9-33 所示。

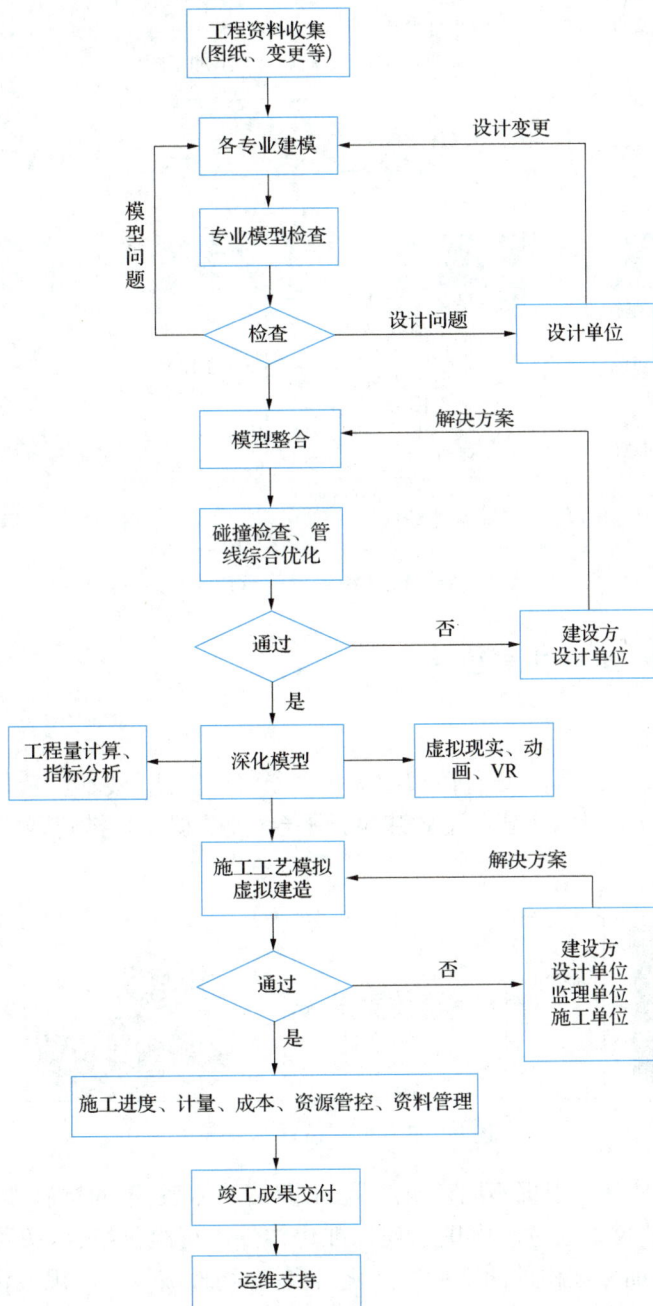

图 9-33　BIM 技术各阶段实施流程图

9.4.2 BIM 技术应用

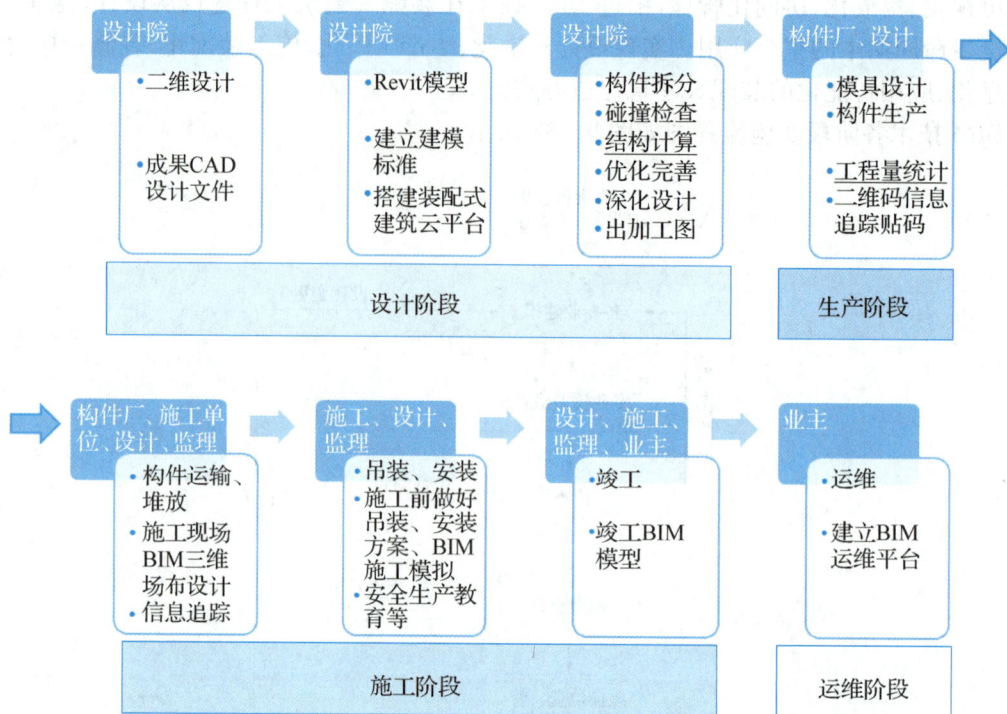

图 9-34　BIM 技术项目运营各阶段

9.4.3　各阶段 BIM 主要应用

1. 设计阶段

(1) 共建 BIM 实施标准。设计阶段建立了建筑、结构、水、暖、电、精装各个专业的 BIM 模型,实现各专业协同工作,搭建装配式建筑云平台(大数据库),搭建装配式建筑 BIM 族库(图 9-35)。

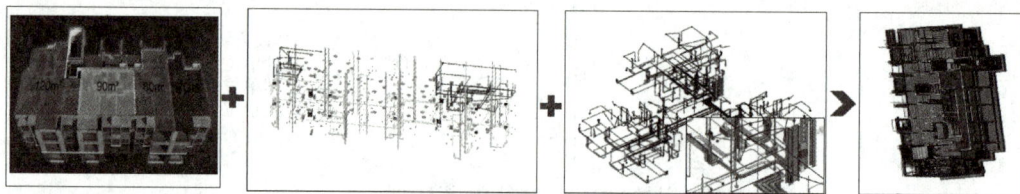

图 9-35　共建 BIM 实施标准

① 构件标准化族库　根据不同建筑产品、不同结构体系、不同抗震烈度区,建立相对应标准化的深化设计构件。通过族库里系列标准化构件进行组拼组合,按照装配式建筑特性进行"组装"设计,从而保证构件的系列标准化,且各个构件满足工厂规模化自动化加工和现场的高效装配。

②门窗标准化族库　根据不同建筑产品、不同功能需求,建立相对应的标准化门窗部品。

③厨卫部品标准化族库　根据建筑模块功能的要求,按照建筑模数,建立系列不同尺寸、不同形状的标准化厨房部品和卫生间部品。

④零配件及预埋件标准化族库　系列套筒族库、系列预埋吊点族库。

⑤机电管线的标准化族库　电气、给排水、暖通、设备。

⑥生产环节的模具标准化族库　与标准化构件或钢筋笼相匹配对应的边模模具(墙、梁、板、柱、异形构件)。模具宜少规格、多组合,实现同类型模具通过不同组合满足不同构件生产的需要。

⑦装配环节的吊钩吊具标准化族库　与标准化构件以及预埋件相匹配对应的吊钩和吊具系列。

⑧构建堆放架体、支撑系统标准化族库与标准化构件相对应的构件堆放架体;支撑系统标准化族库。

(2)模型检查与优化。通过运用BIM技术,对各专业模型进行碰撞检查。预制构件的节点、机电管线本身、机电管线与结构构件、机电管线与内装装修等(图9-36)。

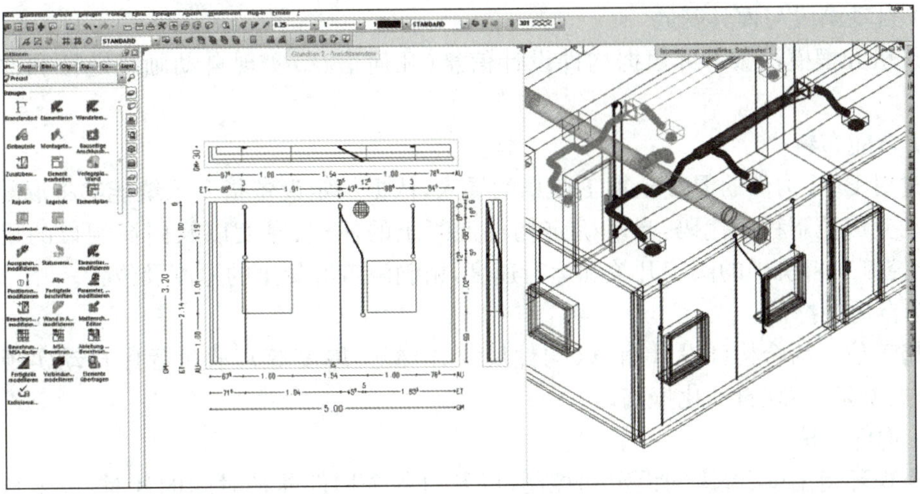

图9-36　模型检查

(3)三维可视化设计。结构体系实现三维可视化,设计标准化,并拆分成模数化、体系化预制构件。

(4)深化设计。基于BIM三维可视化模型,充分考虑专业间的协同,以及构件生产安装环节,机电管线与构件的预留预埋、构件支撑及吊点的预留预埋。

在设计阶段,可以做好拆分、设计优化、安全计算,最终能出具生产加工图纸供构件厂、施工单位使用,指导生产和施工;同时研究工程量计算和计价,得出施工图预算成本。

2.基于BIM的智能化加工生产阶段

基于BIM模型的预制装配式建筑部件计算机辅助加工技术及构件生产管理系统,实现BIM信息直接导入工厂中央控制系统,与加工设备对接,识别设计信息,设计信息与加工信息共享,实现设计-加工一体化,减少生产过程人工干预,无需设计信息的重复录入。

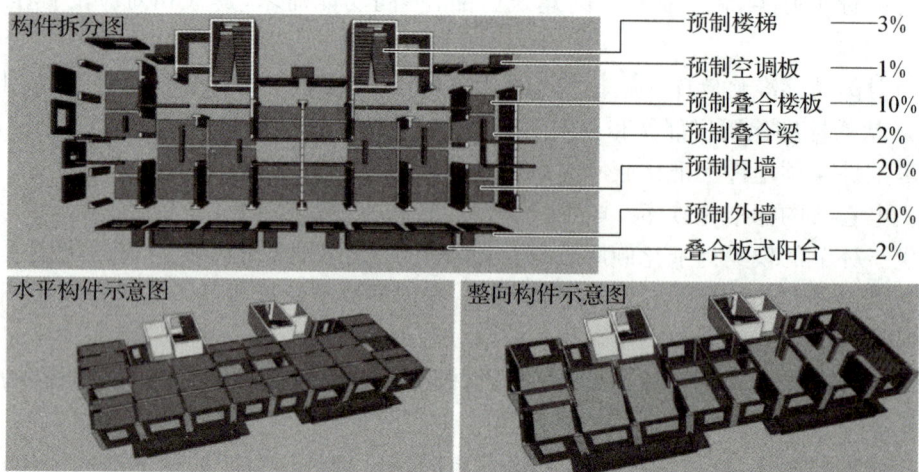

图 9-37　三维可视化设计

生产线设备通过 BIM 形成的构件设计信息,自动完成画线定位、模具摆放、成品钢筋摆放、混凝土浇筑振捣、杆平、预养护、抹平、养护、拆模、翻转起吊等一系列工序。

(1)自动画线与模具安放

画线机和摆模机械手可根据构件设计信息(几何信息)实现自动画线定位和部分模具摆放。

(2)智能布料

通过对 BIM 构件的混凝土加工信息的导入,依据特定设备指令系统能够将混凝土加工信息自动生成控制程序代码,自动确定构件混凝土的体积、厚度以及门窗洞口的尺寸和位置,智能控制布料机中的阀门开关和运行速度,精确浇筑混凝土的厚度及位置。

(3)自动振捣

振捣工位可结合构件设计信息(构件尺寸、混凝土厚度等),通过程序自动实现振捣时间、频率的确定,实现自动化振捣。

(4)构件养护

可实现环境温度、湿度的设定和控制,以及对各个构件养护时间的计时,设定自动化存取相应构件,实现自动化养护和提取。

(5)翻转吊运

翻转起吊工位通过激光测距或传感器配置,实现构件的传运、起吊信息实时传递,安全适时自动翻转。

(6)过程监控

构件生产设备加工过程信息实时反馈给中央控制系统,信息记录,掌握及时、准确、全面的生产动态,提高管理效率。

(7)设备运维管理

工艺设备运行的负荷效能状况(满荷/正常/低荷),设备运行及耗能实时监控,设备运行状态的自动排查,维修信息记录,远程监控。

3. 施工阶段

（1）信息化控制。通过构件的预埋芯片，实现基于构件的设计信息、生产信息、运输信息、装配信息的信息共享，通过安装方案的制定，明确构件的生产、装车、运输计划；依据现场构件吊装的需求和运输情况进行分析，通过构件安装计划与装车、运输计划的协同，明确装车、运输构件类型及数量，协同配送装车、协同配送运输，保证构件现场的安装需求（图9-38）。

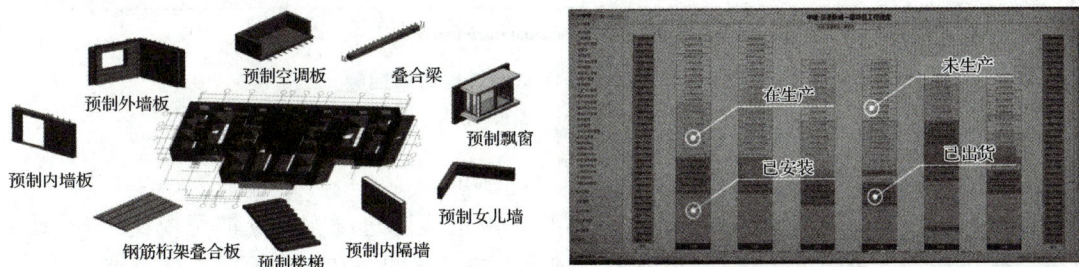

图9-38　信息化过程控制

（2）BIM三维场布。通过5D-BIM模拟工程现场的实际情况，针对性地布置临时用水、用电位置，实现工程各个阶段总平面各功能区的（构件及材料堆场、场内道路、临建等）动态优化配置，可视化管理。

（3）BIM施工模拟。基于BIM模型，对构件吊装、支撑、构件连接、安装以及机电其他专业的现场装配方案进行工序及工艺模拟及优化。

（4）BIM实时查看。通过移动终端，实时查看构件的装配要点、细部节点展示，在安装操作过程中保证构件、设备、部品件等安装的精准性和协同性，避免构件装配失误。

（5）基于BIM的全过程信息追溯系统

① 通过手机扫描预制构件二维码信息，进行构件从生产、运输到现场的信息追溯（图9-39）。

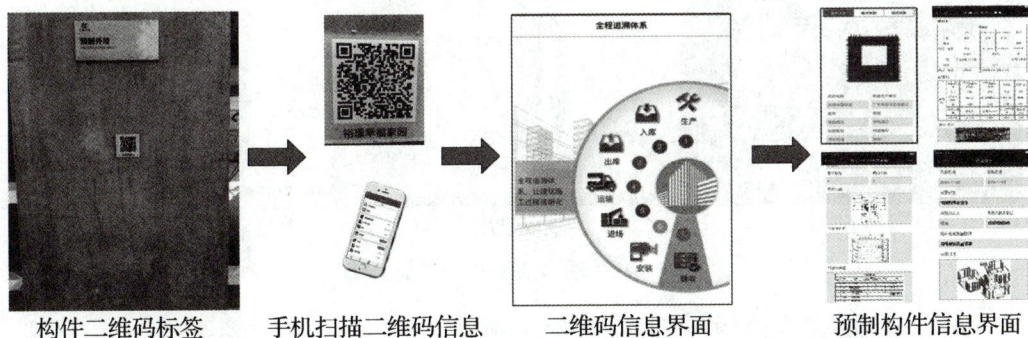

构件二维码标签　　手机扫描二维码信息　　二维码信息界面　　预制构件信息界面

图9-39　二维码信息识别技术

② 预制构件二维码信息全过程追溯，做到管理全过程用数据说话（图9-40）。

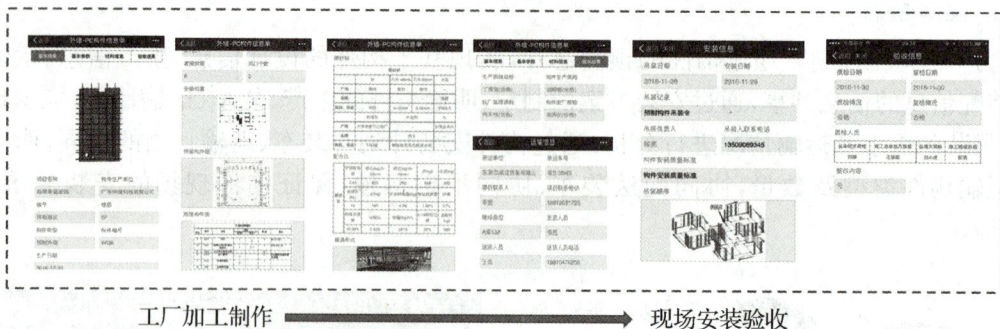

工厂加工制作 ⟶ 现场安装验收

图9‑40 二维码信息全过程数据控制

(6) 装配现场的进度信息化管理

① 移动终端的信息采集(图9‑41)

通过现场拍照、扫描和施工日报的填报,将现场的实际进度实时反馈至模型中,与计划进度形成对比。记录施工全过程,实现任意时间点的工况回顾和工作面状态的查询。

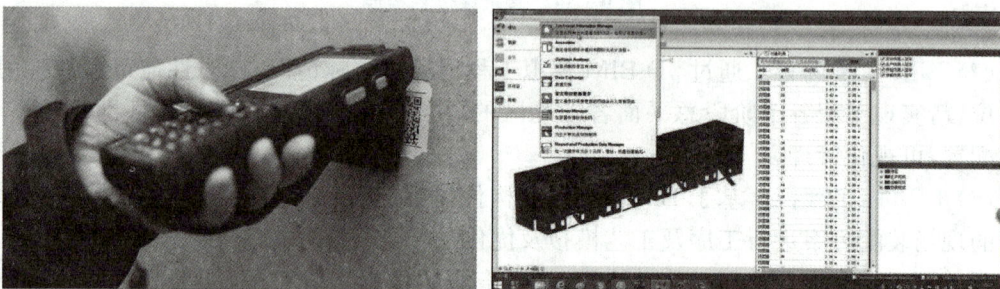

图9‑41 移动终端的信息采集

② 三维动态实时展示实体进度

实体进度与计划进度的对比分析,关键节点偏差自动分析和深度追踪(图9‑42)。

计划进度　　　　　　实际进度　　　　　　偏差分析

图9‑42 动态模型指导现场施工

(7) 装配现场的商务合约和成本信息化控制

① 实现工程量的自动计算及各维度(时间、部位、专业)的工程量汇总;

② 实现主、分包合同单价信息的关联;

③ 实现预算成本、目标成本、实际成本的对比分析。

4. 运维阶段

利用 BIM 竣工模型和装配式构件信息建立项目后期运维平台，为后期智慧物业管理打下基础。

5. BIM 技术在装配式建筑全生命周期中的系统应用清单(表 9-5)

表 9-5　项目全生命周期 BIM 系统应用清单

类别	序号	工作内容	详细描述
BIM 标准制定	1	《装配式建筑 BIM 实施标准及相关流程》	对模型精细度、模型分类、文件命名、色彩管理等进行规定，对 BIM 行为设计、施工进行统一规范化管理。
模型部分	2	三维场地分析	根据现场临时设施、预制构件和起重设备运输路线的布置模拟，搭建相关模型。
模型部分	3	建筑专业建模	根据二维施工图纸进行各专业模型搭建，实现各专业间的设计信息交流，根据机电各专业施工图(暖通、水和电桥架)完成机电管线的综合设计；管线综合碰撞设计重点为地下室的机电模型建立(注：喷淋支管 DN50 以下不建立模型)。
模型部分	4	结构专业建模	
模型部分	5	机电专业建模	
模型部分	6	预制构件模型(带配筋)	根据现浇工艺图纸及 PC 深化设计图纸建模，详细表现出构件三维模型，反映出构件几何体积、材质，包含混凝土、钢筋、保温层、预埋件、预留孔洞。
模型部分	7	现浇段模型	根据现浇工艺图纸建模，核查与预制构件钢筋是否碰撞，安装对孔是否准确。
模型部分	8	非预制部分设备管线模型	根据现浇工艺图纸建模，核查与非预制部分管线是否对接准确。
应用部分	9	设计错误反馈	在 BIM 模型搭建及图纸审核过程中，当发现项目中的"错、漏、碰、缺"时，及时记录并反馈图纸问题。
应用部分	10	设计变更跟踪	变更跟踪：变更及时在模型中更新，并审查变更是否会引起的其他需要协调碰撞的问题，并进行跟踪。
应用部分	11	碰撞检查	通过 Navisworks 对各专业模型进行碰撞检查，并形成碰撞报告。
应用部分	12	工程计量和计价	对于装配式建筑 BIM 模型，提取工程量作为工程量统计的依据。利用造价软件进行模型对接，一键出量算价。
应用部分	13	辅助出图	对已经创建完的 BIM 模型，可通过剖切模型生成节点图纸。
应用部分	14	"三板"应用比例分析	实时统计出项目中预制构件的类型、体积、面积、数量、重量，并汇总"三板"应用比例的占比情况，为优化装配式建筑实施方案提供依据。
应用部分	15	管线综合	根据 BIM 更新模型，进行建筑主体的三维管线设计，合理优化室内管线综合排布。
应用部分	16	施工方案或施工工艺关键节点、关键工序模拟	根据施工方案或装配式建筑关键施工工艺特点，有效进行局部施工计划的三维可视化模拟，主要为预制构件的吊装顺序模拟

(续表)

类别	序号	工作内容	详细描述
应用部分	17	塔吊吊装能力分析及应用方案	核查构件重量是否在塔吊起重范围内,并优化塔吊使用效率
	18	"三板"支撑方案布置	前置支撑方案设计,部分安装孔洞预留,减少误、返、窝工现象,加快施工进度
项目展示部分	19	漫游展示	通过漫游,对项目空间进行浏览,直观地展示项目真实情况。
	20	可视化交底	通过可视化技术,以动画形式形象分析工程技术重难点,帮助工人理解图纸。
	21	3D 动画展示	通过动画展示项目装配式全过程施工及应用展示

▶ 思考练习题 ◀

1. 简要说明 BIM 技术对装配式建筑的作用。
2. 阐述装配式建筑项目中的 BIM 技术应用内容(分阶段)。
3. 简述 BIM 平台软件装配式建筑实施过程质量与进度的作用。

拓展学习 1　装配式建筑
技术创新篇

拓展学习 2　全预制装配整体式
剪力墙结构

附录　装配式建筑
相关标准

参考文献

［1］中华人民共和国住房和城乡建设部.《"十四五"建筑业发展规划》(建市〔2022〕11 号),2022.1.19.

［2］中华人民共和国住房和城乡建设部.混凝土结构设计规范(2015 版):GB 50010—2010[S].北京:中国建筑工业出版社,2016.

［3］中华人民共和国住房和城乡建设部.钢筋套筒灌浆连接应用技术规程(2023 年版):JGJ 355—2015[S].北京:中国建筑工业出版社,2023.

［4］装配式建筑混凝土结构施工[M].北京:中国建筑工业出版社,2016.

［5］装配式混凝土住宅工程施工手册[M].北京:中国建筑工业出版社,2015.

［6］中华人民共和国住房和城乡建设部.钢筋连接用套筒灌浆料:JG/T 408—2019[S].北京:中国标准出版社,2020.

［7］中华人民共和国住房和城乡建设部.普通混凝土配合比设计规程:JGJ 55—2011[S].北京:中国建筑工业出版社,2012.

［8］中华人民共和国住房和城乡建设部.钢筋机械连接技术规程:JGJ 107—2016[S].北京:中国建筑工业出版社,2016.

［9］中华人民共和国住房和城乡建设部.建筑施工扣件式钢管脚手架安全技术规范:JGJ 130—2011[S].北京:中国建筑工业出版社,2011.

［10］中华人民共和国住房和城乡建设部.建筑施工临时支撑结构技术规范:JGJ 300—2013[S].北京:中国建筑工业出版社,2013.

［11］中华人民共和国住房和城乡建设部.建筑施工安全检查标准:JGJ 59—2011[S].北京:中国建筑工业出版社,2011.

［12］中华人民共和国住房和城乡建设部.建筑施工模板安全技术规范:JGJ 162—2008[S].北京:中国建筑工业出版社,2008.

［13］中华人民共和国住房和城乡建设部.中华人民共和国国家质量监督检验检疫总局.建筑结构荷载规范:GB 50009—2012[S].北京:中国建筑工业出版社,2012.

［14］中华人民共和国住房和城乡建设部.建筑施工塔式起重机安装、使用、拆卸安全技术规程:JGJ 196—2010[S].北京:中国建筑工业出版社,2010.

［15］中华人民共和国住房和城乡建设部.建筑施工高处作业安全技术规范:JGJ 80—2016[S].北京:中国建筑工业出版社,1992.

［16］中国建筑标准设计研究院.预制混凝土剪力墙外墙板:15G365—1[S].北京:中国计划出版社,2015.

［17］中华人民共和国住房和城乡建设部.装配式混凝土结构连接节点构造(2015 年合订本):15G310—1～2[S].北京:中国计划出版社,2015.

[18] 中华人民共和国住房和城乡建设部.预应力混凝土用金属波纹管:JG/T 225—2020[S].
中国质检出版社,2020.

[19] 山东省住房和城乡建设厅,山东省市场监督管理局.装配式建筑预制混凝土构件制作与
验收标准:DB37/T 5020—2023[S].北京:中国计划出版社,2023.

[20] 周睿.我国现代木结构建筑的发展趋势分析[J].四川建材.2020,46(2):56-57.

[21] 赵晓茜,韦妍.解读装配式木结构建筑的应用现状及展望[J].建材与装饰.2020(1):
27-28.

[22] 张树君.装配式现代木结构建筑[J].城市住宅.2016,23(05):35-40.

[23] 徐强,白志超.吉林省装配式木结构建筑产业发展现状研究[J].安徽建筑.2020,
27(03):13-14.

[24] 肖亮,周振坤.装配式木结构建筑构件在室内设计中的应用探讨[J].林产工业.2020,
57(06):98-100.

[25] 王瑞胜,陈有亮,陈诚.我国现代木结构建筑发展战略研究[J].林产工业.2019,56(9):
1-5.

[26] 宋梦梅,吴和根,夏兵.日欧木结构对比——以博尔贡教堂和法隆寺为例[J].城市建筑.
2020,17(15):132-135.

[27] 史知广,苗伯兼,黄华力,等.装配式木结构建筑在中加生态示范区的探索与实践[J].
建筑技术.2020,51(03):267-271.

[28] 戚仁广,许昂,邹军.装配式建筑部品和构配件分类研究[J].住宅产业.2020(10):
91-95.

[29] 牛禹潼.预制装配式建筑在北方地区乡村住宅应用可行性探究[D].青岛理工大
学,2020.

[30] 卢求.德国超低能耗装配式木构建筑探析[J].建筑技术.2020,51(03):326-332.

[31] 刘伟庆,杨会峰.现代木结构研究进展[J].建筑结构学报.2019,40(02):16-43.

[32] 刘若南,张健,王羽,等.中国装配式建筑发展背景及现状[J].住宅与房地产.2019(32):
32-47.

[33] 林树枝,施有志.装配式木结构建筑的应用现状及展望[J].建设科技.2019(01):
46-51.

[34] 李胜强,郭红燕,何勇毅,等.我国装配式建筑应用现状及存在问题[J].山西建筑.2020,
46(06):16-19.

[35] 加拿大木业.现代木结构建筑的结构类型和优势[J].国际木业.2020,50(4):10-11.

[36] 龚迎春,娄万里,李明月,等.我国木结构产业发展展望[J].木材工业.2019,33(05):
20-24.

[37] 岑晓倩,甄映红,植凤娟,等.装配式木结构建筑的现状与发展——以黔东南州为例[J].
科学技术创新.2020(31):131-133.

[38] 丛璺.装配式钢结构住宅新型复合保温板外墙系统构造技术研究[D].山东建筑大
学,2020.

[39] 刘蓝萍. 绿色装配式钢结构建筑体系及应用方向[J]. 绿色环保建材.2020(09)：46-47.

[40] 韩叙,武振,冯仕章. 日本钢结构住宅发展现状与经验借鉴[J]. 住宅产业.2020(03)：21-27.

[41] 郝际平,薛强,郭亮,等. 装配式多、高层钢结构住宅建筑体系研究与进展[J]. 中国建筑金属结构.2020(03)：27-34.

[42] 韩赛. 新型墙板装配式钢结构住宅体系及其关键技术的研究[J]. 建筑工程技术与设计.2018(25)：462.

[43] 夏海山,李敏. 中日住宅建筑工业化技术体系比较研究[J]. 建筑师.2019(06)：90-95.

[44] 韩叙,武振,冯仕章. 日本钢结构住宅发展现状与经验借鉴[J]. 结构住宅.

[45] 李文翰. 新型墙板装配式钢结构住宅体系及其关键技术的研究[D]. 西安建筑科技大学,2014.

[46] 王立志,王月栋,桂宇飞. 装配式钢结构建筑的创新与发展[Z]. 中国北京：2020.3.

[47] 宋小成,吴昌根,刘翠,等. 装配式建筑工程项目中钢结构的具体应用[J]. 中外建筑.2020(10)：183-184.

[48] 童亮. 钢结构在装配式建筑中的实际运用价值研究[J]. 中国建材科技.2020,29(05)：101-134.

[49] 王志成,帕特里克·麦卡伦,约翰·凯·史密斯,等. 美国钢结构装配建筑产业动向与发展趋势[J]. 住宅与房地产.2020(29)：75-80.

[50] 叶蛟龙,张慧,王能林,等. 南京市装配式建筑发展现状研究[J]. 绿色环保建材.2020(11)：149-150.

[51] 王兴冲.基于 BIM 技术的装配式建筑预制构件深化设计方法研究[D]. 深圳大学,2020.

[52] 中华人民共和国住房和城乡建设部.混凝土结构工程施工质量验收规范:GB 50204—2015[S].北京:中国建筑工业出版社,2015.

[53] 中华人民共和国住房和城乡建设部.水泥基灌浆材料应用技术规范:GB/T 50448—2015[S].北京:中国建筑工业出版社,2015.

[54] 江苏省建设工程质量监督总站,江苏省建设工程质量检测中心有限公司.装配式结构工程施工质量验收规程:DB32/T 4301—2022[S].南京:东南大学出版社,2023.